U0280797

国家出版基金资助项目

"淮河洪涝治理"系列专著

淮河流域
规划与治理

主　编　顾　洪

副主编　王世龙　何华松　陈　彪

中国水利水电出版社

www.waterpub.com.cn

·北京·

内 容 提 要

本书系国家出版基金资助项目"淮河洪涝治理"系列专著之一。"淮河洪涝治理"系列专著包括《淮河中游洪涝问题与对策》《淮河流域旱涝气候演变》《淮河流域规划与治理》三卷。本卷为《淮河流域规划与治理》，共11章，简要介绍了淮河流域自然地理概况和河流水系变迁，回顾了明清时期黄淮运治理思路和民国时期导淮的方略与主张，系统介绍了中华人民共和国成立以来五次流域规划的编制过程、主要成果及实施情况，梳理了淮河中游行蓄洪区、下游洪水出路及低洼易涝地区治理的规划思路演变和治理过程，对了解淮河流域规划治理历程及当前流域规划治理中的一些问题，科学制定流域治理方案有着重要的参考和借鉴意义。

本书对各级政府及相关职能部门决策、水利规划工作具有重要参考价值，也可供水利工作者及相关专业大专院校师生阅读参考。

图书在版编目（ＣＩＰ）数据

淮河流域规划与治理 / 顾洪主编. -- 北京：中国
水利水电出版社，2019.8
（"淮河洪涝治理"系列专著）
ISBN 978-7-5170-7898-2

Ⅰ.①淮… Ⅱ.①顾… Ⅲ.①淮河流域—流域规划②
淮河流域—流域治理 Ⅳ.①TV212.4②TV882.3

中国版本图书馆CIP数据核字(2019)第165150号

	"淮河洪涝治理"系列专著	
书　　名	**淮河流域规划与治理** HUAI HE LIUYU GUIHUA YU ZHILI	
作　　者	主编　顾　洪 副主编　王世龙　何华松　陈　彪	
出版发行	中国水利水电出版社 （北京市海淀区玉渊潭南路1号D座　100038） 网址：www.waterpub.com.cn E-mail：sales@waterpub.com.cn 电话：（010）68367658（营销中心）	
经　　售	北京科水图书销售中心（零售） 电话：（010）88383994、63202643、68545874 全国各地新华书店和相关出版物销售网点	
排　　版	中国水利水电出版社微机排版中心	
印　　刷	北京印匠彩色印刷有限公司	
规　　格	184mm×260mm　16开本　15.75印张　321千字	
版　　次	2019年8月第1版　2019年8月第1次印刷	
印　　数	0001—1000册	
定　　价	**140.00元**	

序

　　淮河流域位于中国大陆的东中部，西起伏牛山、桐柏山，东临黄海，南以大别山、江淮丘陵和通扬运河、如泰运河与长江流域毗邻，北以黄河南堤和沂蒙山脉与黄河流域接壤，流域面积27万 km²，三分之二是平原地区。淮河与秦岭构成中国南北方的一条自然气候分界线，北部属暖温带半湿润季风气候区，南部属亚热带湿润季风气候区。这里气候温和，地势平坦，土地肥沃，物产丰饶，是中华民族发祥地之一，孕育了灿烂的华夏文明，诞生了老子、孔子、孟子、庄子、墨子、韩非子等闻名于世的伟大思想巨匠。这里治水历史悠久，远古时期就有大禹治水和伯益凿井的传说；春秋战国时期兴建的芍陂（现称安丰塘），是中国现存最古老的蓄水灌溉工程，至今仍在发挥效益；始建于东汉、增筑于明朝的高家堰（即洪泽湖大堤）拦淮蓄水形成的洪泽湖，是中国五大淡水湖之一；历经数个朝代开凿的京杭大运河，沟通海河、黄河、淮河、长江和钱塘江五大水系，对当时经济社会发展起到了至关重要的作用，对后世也影响深远。淮河流域在中国数千年文明发展史上，始终占有极其重要的位置。

　　《尔雅·释水》云："江河淮济为四渎。"《尚书·禹贡》载："导淮自桐柏，东会于泗沂，东入于海。"古老的淮河曾经是独流入海的河流，流域水系完整，湖泊陂塘众多，尾闾深阔通畅，水旱灾害相对较少，素有"江淮熟，天下足"之说，民间也流传着"走千走万，不如淮河两岸"的美誉。淮河与黄河相邻而居，历史上黄河洪水始终是淮河的心腹大患。淮河曾长期遭受黄河决口南泛的侵扰，其中1194—1855年黄河夺淮660余年，为害尤为惨烈。河流水系发生巨变，入海出路淤塞受阻，干支流河道排水不畅，洪涝灾害愈加严重，逐渐沦为"大雨大灾，小雨小灾，无雨旱灾""十年倒有九年荒"的境地。1855年黄河改道北徙之后的近百年间，朝野上下提出过"淮复故道""导淮入江""江海分疏"各种治理淮河的方略和主张，终因经济凋敝、战乱频仍，大多未能付诸实施。

1950年10月14日，政务院发布了《关于治理淮河的决定》，开启了中华人民共和国成立后全面系统治理淮河的进程。经过数十年不懈的努力，取得了显著成效，流域防洪除涝减灾体系初步形成，对保障人民生命财产安全、促进经济社会发展发挥了巨大作用。但是，由于淮河流域特殊的气候、地理和社会条件，以及黄河夺淮的影响，流域防洪除涝体系仍然存在一些亟须完善的问题。淮河与洪泽湖关系、沿淮及淮北平原地区涝灾严重、行蓄洪区运用与区内经济社会发展矛盾突出等问题，社会各界十分关注，尤其是河湖关系问题一直是关注的焦点。从2005年起，在水利部的大力支持下，水利部淮河水利委员会科学技术委员会联合相关高等院校、科研和设计单位，从黄河夺淮前后淮河水系和洪泽湖的生成演变过程，淮河流域洪涝灾害的气候特征，明清以来淮河治理过程，淮河中游洪涝问题与洪泽湖的关系，当前淮河中游洪涝主要问题及其对策等多个方面开展了研究工作，形成了《淮河中游洪涝问题与对策研究》综合报告及相关专题研究报告。钱正英院士等资深专家组成顾问组，全程指导了这项研究工作。顾问组在肯定主要研究结论的同时，也提出了《淮河中游的洪涝及其治理的建议——〈淮河中游洪涝问题与对策研究〉的咨询意见》。顾问组认为，这项研究成果基于当前的技术条件和对今后一个时期经济社会发展的预测，对淮河中游地区洪涝问题的治理思路和方案给出了阶段性的结论，研究工作是系统和深入的，其成果有利于解决一些历史性争议，可以指导当前和今后相当时期的治淮工作。

20世纪80年代初期，我曾在治淮委员会水情处参加过淮河流域水情预报和防汛调度等工作，以后长期在水利部及其科研机构工作，对淮河问题的复杂性、淮河治理的难度和治淮工作的紧迫性等有着切身的感受和深刻的认识。2007年淮河洪水以后，国务院先后召开常务会议、治淮会议，作出了进一步治理淮河的部署；2013年国务院批复了《淮河流域综合规划（2012—2030年）》，淮河治理工作进入了一个新的时期。现在，淮河水利委员会组织专家对这项研究成果进一步梳理、完善和提炼，在此基础上，编撰了"淮河洪涝治理"系列专著，包括《淮河中游洪涝问题与对策》《淮河流域旱涝气候演变》和《淮河流域规划与治理》三卷。该系列专著在酝酿出版之初，我就很高兴推荐其申报国家出版基金的资助并获得了成功，该系列专著成为国家出版基金资助项目。相信此系列专著的出版，将为今后淮河的科学治理提供丰富的资料，发挥重要的指导作用。

淮河流域的自然条件和黄河长期夺淮的影响决定了淮河治理的长期性和复杂性；社会经济的发展对治淮也不断提出新的要求。因此，我们还须继续重视淮河重大问题的研究，不断深化对淮河基本规律的认识，为今后的治理工作提供技术支撑。

是为序。

南京水利科学研究院院长
中国工程院院士
英国皇家工程院外籍院士　　张建云

2018 年 9 月 28 日

前　言

　　淮河流域地跨河南、安徽、江苏、山东及湖北 5 省，人口众多，城镇密集，资源丰富，交通便捷。流域处在我国南北气候过渡地区，天气气候复杂多变，降雨时空分布不均；流域内平原广阔，地势低平，支流众多，上下游、左右岸水事关系复杂，人水争地矛盾突出；流域水旱灾害频发多发，洪涝和干旱往往交替发生。历史上，黄河长期侵淮夺淮，致使淮河失去入海尾闾，河流水系也变得紊乱不堪，其影响至今难以根本消除。

　　中华人民共和国成立后，淮河治理问题受到高度重视，1950 年 10 月，政务院发布《关于治理淮河的决定》，掀开了全面系统治理淮河的序幕，经过60 多年持续治理，淮河流域已初步形成由水库、河道、堤防、行蓄洪区、控制型湖泊、水土保持和防洪管理系统等工程和非工程措施组成的防洪减灾体系，为保障流域经济和社会发展发挥了巨大作用。

　　由于淮河流域特殊的气候、地理和社会条件的影响，淮河的防洪除涝形势依然严峻，特别是从 2003 年洪水的情况看，流域防洪除涝体系尚不完善，与流域经济社会可持续发展的要求不相适应。为此，在水利部的支持下，淮河水利委员会科学技术委员会成立了研究项目组，联合有关高校、科研和设计单位，在由钱正英、宁远、刘宁、徐乾清、姚榜义、何孝俅、周魁一等 7位专家组成的顾问组指导下，开展了对相关问题的研究和论证，最终形成了《淮河中游洪涝问题与对策研究》综合报告及相关专题报告等研究成果。该成果对厘清淮河中游洪涝治理思路、形成共识、更好地协调好当前和长远的关系有重要意义。因此，2016 年起淮河水利委员会又组织人员在这项研究成果基础上进行进一步补充、完善和提炼，编撰了"淮河洪涝治理"系列专著，包括《淮河中游洪涝问题与对策》《淮河流域旱涝气候演变》和《淮河流域规划与治理》三卷。

　　本系列专著的出版得到了南京水利科学研究院院长、中国工程院院士、英国皇家工程院外籍院士张建云，国务院南水北调工程建设委员会专家委员会副主任宁远等专家学者，国家出版基金规划管理办公室和中国水利水电出版社的大力支持。张建云院士和宁远副主任向国家出版基金规划管理办公室出具推荐意见，中国水利水电出版社鼎力支持，使本系列专著得到国家出版基金的资助；张建云院士还在百忙之中撰写了序。在此向张建云院士、宁远副主任和中国水利水电出版社表示衷心感谢！

本书是"淮河洪涝治理"系列专著之一，全书共 11 章，第 1 章介绍了淮河流域自然地理概况和河流水系变迁过程，第 2 章主要梳理了历史洪涝灾害情况，第 3 章主要对明清及民国时期治淮导淮的主要思路和主张进行了回顾，第 4～8 章主要介绍了新中国成立以来五次流域规划主要内容及实施概况，第 9～11 章主要梳理了淮河中游行蓄洪区、下游洪水出路及淮河流域低洼易涝地区治理等社会上比较关注问题的规划思路演变和治理过程，以便为了解淮河流域规划治理思路演变的脉络及当前流域规划治理中的一些问题提供参考。

本书主编由顾洪担任，副主编有王世龙、何华松、陈彪。第 1～3 章由顾洪编写，第 4 章、第 6 章由王世龙、洪成编写，第 5 章、第 11 章第 1～2 节由陈娥编写，第 7～8 章由何华松、王再明编写，第 9～10 章由陈彪、张学军、洪成、王再明编写，第 11 章第 3 节由徐迎春编写，第 11 章第 4 节由张亚中、朱大伟编写，第 11 章第 5 节由闫芳阶、李方俭编写。在本书编写过程中钱敏、万隆、周虹、夏成宁等审阅了全书并提出了建设性的意见，王先达、郑朝纲、王文龙、姜健俊、夏广义、海燕、辜兵等在资料收集等方面作出了贡献，淮河水利委员会、中水淮河规划设计研究有限公司、治淮档案馆等单位对本书编写给予了大力支持与帮助，在此一并表示感谢。

自 1950 年 11 月设立新中国治淮机构治淮委员会至今，机构名称和隶属关系在不同时期有所变化。本书中机构全称采用当时的名称，简称均为淮委。

限于编者水平和认识，加之相关资料收集不全等影响，本书难免存在疏漏和错误，个别数据因资料来源不同而存在差异，特此说明并敬请读者批评指正。

本书所涉及的高程，除注明者外，均是废黄河高程。

作者

2018 年 9 月

目录
CONTENTS

1

流域自然地理和水系变迁

1.1　流域自然状况

淮河流域地处我国东部，位于东经 111°55′～121°25′、北纬 30°55′～36°36′，西起桐柏山、伏牛山，东临黄海，南以大别山、江淮丘陵、通扬运河及如泰运河与长江流域毗邻，北以黄河南堤和沂蒙山脉为界。流域跨鄂、豫、皖、苏、鲁五省，流域面积为 27 万 km²。

淮河流域地形总体为由西北向东南倾斜，淮南山丘区、沂沭泗山丘区分别向北和向南倾斜。流域西、南、东北部为山丘区，面积约占流域总面积的 1/3；其余为平原（含湖泊和洼地），面积约占流域总面积的 2/3。流域西部的伏牛、桐柏山区高程一般为 200～300m，沙颍河上游尧山（石人山）为全流域最高峰，高程 2153m，南部大别山区高程一般为 300～500m，东北部沂蒙山区高程一般为 200～500m。丘陵主要分布在山区的延伸部分。淮河干流以北为广大冲洪积平原，高程为 15～50m；南四湖湖西为黄泛平原，高程为 30～50m；里下河水网区高程为 2～5m。

淮河流域地处我国南北气候过渡带，秦岭—淮河是我国主要的南北气候分界线。淮河以北属暖温带半湿润季风气候区，淮河以南属亚热带季风气候区，自北向南形成暖温带向亚热带过渡的气候类型。影响淮河流域的天气系统众多，既有北方的西风槽、冷涡，又有热带的台风、东风波，也有本地产生的江淮切变线、气旋波。因此流域的气候多变，天气变化剧烈。东亚季风是影响淮河流域天气的主要因素。春季（3—4 月），东北季风减弱，西南季风开始活跃，降水逐渐增多。夏季（5—8 月）西南季风盛行，携带了大量的暖湿空气，为淮河的雨季提供了所必需的水汽，这是一年中降水最多的时期。秋冬季，随着西南季风开始南退，东北季风不断侵袭，降水逐渐减少。东北季风与西南季风的进退与转换，形成了四季的明显差异，使淮河流域具有四季分明、春季冷暖多变、夏季炎热多雨、秋季天高气爽、冬季寒冷干燥的特点。

淮河流域降水的特点是地区分布不均，年内分配集中，年际变化大。流域多年平均年降水量为 875mm（1956—2000 年系列），其中淮河水系为 911mm，沂沭泗河水系为788mm。降水量在地区分布总体上是南部大于北部、山区大于平原、沿海大于内陆。南部大别山区的年平均降水量达1400～1500mm，北边黄河沿岸仅为600～700mm。降水量的年际变化大，1954年全流域平均年降水量为1185mm，1966年仅为578mm；降水量年内分布不均匀，淮河上游和淮南山区，雨季集中在5—9月，其他地区集中在6—9月。汛期（6—9月）降水量占全年降水量的50%～75%。

淮河流域多年平均年径流深约为221mm，其中淮河水系为238mm，沂沭泗河水系为181mm。径流的地区分布类似于降水，南部大北部小，沿海大于内陆，同纬度山区大于平原，大别山区的年径流深可达1100mm，淮北北部、南四湖湖西地区则不到100mm。径流的年内分配不均的程度和年际间变化更甚于降水，汛期淮河干流实测径流量占全年径流量的60%左右，沂沭泗河水系约占全年径流量的70%～80%；各站最大与最小年径流的比值一般为5～30，山丘区比值小，其他地区大。

淮河流域暴雨多集中在6—9月，其中6月暴雨主要在淮南山区；7月全流域出现暴雨的概率大体相当；8月西部伏牛山区、东北部沂蒙山区和东部沿海地区暴雨相对增多；9月流域各地暴雨减少。产生淮河流域暴雨的天气系统，主要有江淮气旋、切变线、低涡、低空急流和台风及其多种组合，同一场暴雨可能受多个天气系统的共同影响。

淮河流域洪水大致可分三类：①由连续一个月左右的大面积暴雨形成的流域性洪水，量大而集中，对中下游威胁最大，如淮河1931年、1954年、2003年、2007年洪水和沂沭泗河1957年洪水；②由连续两个月以上的长历时降水形成的洪水，整个汛期洪水总量很大但不集中，对淮河干流的影响不如前者严重，如1921年、1991年洪水；③由一、二次大暴雨形成的局部地区洪水，洪水在暴雨中心地区很突出，但全流域洪水总量不算很大，如1968年淮河上游洪水，1975年洪汝河、沙颍河洪水及1974年沂沭河洪水。

1.2　黄河夺淮过程

唐宋以前的淮河，源于桐柏，东会泗沂，出云梯关独流入海，流域水系相对完整（见图1.2-1）。自1194年黄河夺淮以后，水系发生剧烈变化。根据《淮河水利简史》《黄河水利史述要》《淮系年表全编》等文献，对黄河夺淮过程作一简述。

黄河侵淮历史可以上溯到西汉时期，一般认为汉文帝十二年（公元前168年）黄河在酸枣（今河南延津县西北）决口，是有关黄河侵淮最早的记载。汉武帝元光三年（公元前132年），黄河又在瓠子口（今河南濮阳县境内）决口，"东南注巨野，通于淮泗"，泛滥16郡县，持续24年之久，决口才堵塞。西汉末至东汉王景治汴前，曾出现黄河、汴水、济水乱流的局面，汴水是鸿沟水系的一支，据《黄河水利史述要》，魏晋南北朝时期史书记载黄河决溢的不太多；隋代也缺乏黄河决溢的记载；唐代从

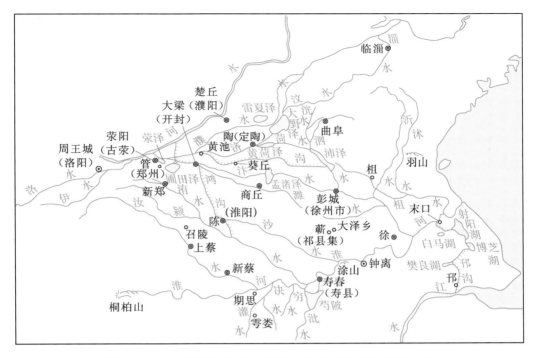

图 1.2-1　古代淮河流域水系图（引自《淮河水利简史》）

唐贞观十一年（637年）起到乾宁三年（896年）的260年间，河决、河溢的年份达21年；五代时期的50多年间，黄河发生决溢的年份有18年，决溢三四十处。这些时期虽无明确黄河决口泛淮记载，但也不能排除这种可能，如隋开皇十八年（598年），据《淮河水利简史》，这一年是淮河流域历史水灾较大年份，"河南八州大水"，但《开封府志》记为河决（《黄河水利史述要》）。从北宋开始黄河侵淮的情况较之以前频繁。北宋建隆元年（960年）至靖康二年（1127年）共168年，黄河决溢年份有69年，其中太平兴国八年（983年）、咸平三年（1000年）、天禧三年（1019年）和天禧四年（1020年）、熙宁十年（1077年）等年份向南侵淮。

南宋高宗建炎二年（金太宗天会六年，1128年），东京（今开封）留守杜充为阻止金兵南下决开黄河，自泗入淮，此时正是南北用兵的混战时期，金王朝也无暇过问，以致形成黄河在金灭北宋后"数十年间，迁徙无定"。到金大定年间又有了黄河决溢的记载，金大定六年（1166年）河决阳武，郓城徙治，到金天兴三年（1234年）金灭亡的69年，黄河决溢年份12年，当然这些年份决溢未必全是向南侵淮。金大定八年（1168年）黄河在李固渡（今河南浚县南）决口，"水溃曹州城，分流于单州之境。……新河水六分，旧河水四分"，南流入泗侵淮已占6/10，河势不断南移。由于金代对黄河流路缺乏明确记载，《黄河水利史述要》根据这个时期有河防任务州县的分布，推测金大定二十七年（1187年）前后，黄河大致分走三条泛道：正道在今淮河流域经东明、济阴、定陶、单父（今单县）、虞城、丰县、萧县、徐州会泗入淮；北面一支从李固渡东北经白马（今滑县）、濮阳、郓城、嘉祥、沛县至徐州南流入淮；南面一支由延津西分出，经封丘、开封、陈留，下接杞县、襄邑（今睢县）、宋城（今商丘），至虞城与正流汇合。从上述流路看，这时黄河泛滥影响范围可能主要还是在今涡河以东地区。

南宋绍熙五年（金明昌五年，1194年），黄河决阳武故堤，黄河大致经封丘、长垣、曹县以南，商丘、砀山以北至徐州入泗水。这次决口后，金王朝对决口不予堵塞，任其泛滥，成为黄河夺淮的开端。南宋端平元年（金天兴三年，1234年）蒙古军灭金后，以水代兵，决寸金淀（在开封北）淹宋军。此次决口后，黄河更加南移，《淮河水利简史》等分析，此后的黄河可能由封丘南、开封东至陈留、杞县分为三股，主流经涡河入淮，北支经汴水故道和睢水合泗南下入淮，南支亦东流入涡，泛滥及颍河。也就是说，1234年黄河在寸金淀决口南泛后，主流由涡河入淮，泛滥范围已经波及颍河。

元代黄河决溢泛滥更加频繁。据《黄河水利史述要》，在元代98年间，黄河决溢的年份达42年，有时一年决十几处甚至几十处。至元二十三年（1286年）十月，黄河在开封、祥符、陈留、杞、太康等十五处决口。《淮河水利简史》认为此时的黄河在淮河流域基本上仍沿元朝未建国前的三股河道分流，一支经陈留、通许、杞县、太康等地注涡入淮，为黄河主流；一支经中牟、尉氏、洧川、鄢陵、扶沟等地注颍入淮；北支故汴水泛道亦未断流。此时颍河已经成为黄河泛道之一。这种三路并流入淮的局面大约维持了60多年，涡、颍两河出现淤积，到大德元年（1297年），黄河在杞县蒲口决口一千余步，黄水直趋东北二百里，至归德（今河南商丘）横堤以下和古汴水泛道合并流入淮河。至正四年（1344年），黄河在曹县西南白茅堤和金堤决口，水势北侵安山，漫入会通河。为了保运，元惠宗派贾鲁治河，至正十一年（1351年）贾鲁治河成功，使黄河又回归了古汴水泛道，但是北流、南流都未完全断绝。

明初黄河主流基本仍走贾鲁故道。洪武二十四年（1391年），黄河在原武黑洋山决口后，分三支，一支仍沿贾鲁故道东流徐州，为小河，主流经开封城北东南由陈州入颍河；另一支由曹州、郓城漫东平安山，致使元代开凿的会通河淤塞。永乐十四年（1416年）黄河在开封决口，"经怀远县由涡河入淮。其出徐州、淮安者仍为小河"。正统十三年（1448年）南北决口，其中在荥泽县孙家渡南决，"正流徙汴城西南，经杞县南境，自睢、亳入涡，至怀远入淮。又出项城、太和，达颍州正阳，注于淮"；向北决新乡八柳树口，"从原武黑洋山后由故道经延津、封丘，漫流山东曹州、濮州，抵东昌，冲张秋，溃沙湾，坏运道，合大清河入海"。此后朝廷派员对向北决口进行复堵，至景泰六年（1455年）完成沙湾决口复堵。"七月，沙湾筑塞成功，大河仍趋涡、颍，会通河复安"。弘治二年（1489年），黄河大决于开封及封丘金龙口。此次决口后，河道乱流情况更为严重，除继续向南入颍河、向东侵入张秋运河外，还经亳州侵入涡河。此后，白昂、刘大夏相继治河，在北岸筑堤引河南行，使黄河由归、徐故道和颍水、涡水入淮。此后一个时期因颍、涡河淤积，黄河又开始南北泛滥，河道更加紊乱，"嘉靖三十七年（1558年）河道分支竟有11支之多"，直到明万历年间，潘季驯治黄，筑黄河两岸堤防，束水攻沙，改变了黄河分流并行的局面，此后又短暂分流外，一直到1855年是由泗经淮入海，期间在1851年淮河改道入长江前，黄、淮在今淮阴以下合流入海。

清朝时期，从清初到咸丰五年（1855年）黄河铜瓦厢决口北徙，期间河道没有大的变化，经泗河夺淮入海，但是决溢泛滥仍频繁发生，据《黄河水利史述要》，从清顺治元年（1644年）初到咸丰元年（1851年），黄河决溢年份达到68次。

总体上看，从西汉初黄河有南泛侵淮记录以来一直到北宋时期，黄河主要是北流渤海，期间虽有南泛，基本上也都是经泗入淮，未及今淮河水系的区域。1194年黄河决阳武，金王朝任其泛滥，黄河迁徙无定，对今颍河以东广大地区的影响也日益加重，1234年蒙古军决寸金淀（在开封北）淹宋军，主流由涡河入淮，涡河成为泛道之一，数流并行的格局日益突出。到元至元二十三年（1286年）十月，黄河在开封等多处决口，颍河成为黄河泛道之一。在元、明时期，黄河在颍河以东地区南北摆动，河道紊乱，多路行水的格局直到明万历潘季驯治河后才得以改变，从此黄河经泗入淮后沿淮河故道入海。六百多年夺淮也在淮河流域留下了泗水、古汴水、睢水、涡河、颍河等五条主要泛道（见图1.2-2）。

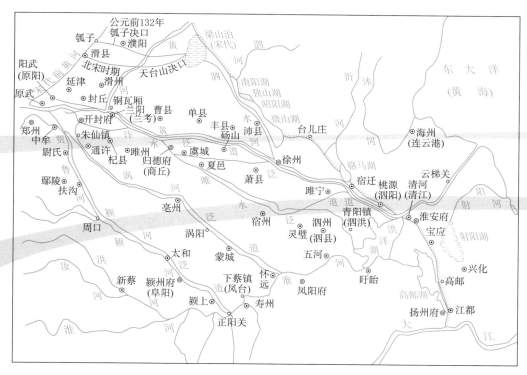

图 1.2-2 黄河夺淮路线图（引自《淮河水利简史》）

1.3 水系变迁

淮河是一条古老的河道，是"四渎"之一。古籍《禹贡》《山海经》等均有关于古淮河的描述。《禹贡》记述"导淮自桐柏，东汇于泗沂，东入于海"。《水经注》记述北岸主要支流有汝水、颍水、涡水、濉水、汴水等；南岸有油水、淝水、淠水、决水、沘水等。淮河从河南南阳桐柏山发源，向东流经河南、安徽、江苏，沿途汇入众多支流，在今江苏省响水县注入黄海。淮河流域河流水系的变迁主要是黄河侵袭造成的，淮河北岸支流一般是由西北向东南注入淮河，而淮河与黄河之间无天然分水岭，一旦黄河南泛，往往沿北岸支流南下进入淮河，自然对淮河干流中下游河道和北岸支流造成的影响就很大。

1.3.1 淮河干流河道

据《禹贡》《水经注》等古籍记载及古今淮河水系图的对比来看，古淮河干流在洪泽湖以西大致与今淮河相似，淮阴以下大致沿今废黄河在江苏响水县境内入黄海。在古代，今洪泽湖的区域内是一块地势低洼呈起伏状态的冲积平原，在淮河两岸散布着许多小的湖泊，见诸于历史记载的有破釜塘、白水塘、富陵湖、泥墩湖、万家湖等，各湖间都有水道相通。

黄河夺淮影响到今沙颍河以东的广大区域，在正阳关附近汇入淮河的沙颍河是历史上黄河主要泛道之一，正阳关以下淮河干流都因黄河南泛而发生了变化。正阳关到洪泽湖之间因黄河泥沙和洪泽湖的形成，淤积严重，水流不畅，河水在干流两岸积聚，形成了城西湖、城东湖、瓦埠湖等一连串湖泊洼地。变化最大的是在下游，主要表现在河湖一体化的形成和淮河改道入江，形成洪泽湖和入江水道。

古代的淮河与长江并未沟通。春秋时期吴王夫差开凿邗沟以后，江淮开始沟通，当时是"江高淮低"，邗沟水流方向是由长江往北，淮水不能入江。明清以来，随着洪泽湖逐步形成和水位的抬升，淮河与长江之间形成了"淮高江低"的态势，淮河入江才成为可能。

明万历三年（1575年）黄淮并涨，淮决高家堰，宝应等湖堤决口多处，经开扬州城东沙河坝及芒稻河坝，水势才减。万历五年（1577年），礼科给事中汤聘尹提出导淮入江的主张。万历二十一年（1593年），洪泽湖大堤在高良涧、周家桥等处决口22处，次年黄河发大水，洪泽湖水位急剧上升，浸没了泗州城和明祖陵，万历二十三年（1595年）又侵袭祖陵，洪泽湖大堤也决口。河道总督杨一魁采纳分黄导淮的建议，在桃源到灌河口开挖黄坝新河分黄入海，同时也在洪泽湖大堤修建了武家墩、高良涧、周家桥三座减水坝，分泄淮河洪水经运河下泄至里下河地区入海，又开连接高邮湖和邵伯湖的茆塘港（即今毛塘港），引水入邵伯湖，建金湾、芒稻减水坝，开始有少量淮水入长江，不过此时淮河自洪泽湖下泄的洪水主要出路是向东入海，入江还是次要的，入江的主要河道是金湾河和芒稻河。

清康熙元年至十二年（1662—1673年），有九年大水，八决运堤，清政府为保漕运，开始重视分淮入江的问题。康熙元年开入江河道的人字河（今运盐河），康熙十年开石羊河（今太平河），建东湾、西湾滚水坝等。康熙十六年（1677年），靳辅任河道总督，在继续筑高家堰的同时，又建高家堰周桥、高良涧、武家墩、塘埂、古沟东西6座减水坝〔据《江苏省志·水利志》，自明嘉靖元年（1522年）始建减水坝，至清道光六年（1826年），有记载的各种减水坝有26座。其中：自明嘉靖元年至清康熙二十一年（1522—1681年），先后建有武家墩、高良涧、周桥、古沟、古沟东、古沟西、塘埂北、塘埂东、塘埂南、茆家圩南、茆家圩北、夏家桥等减水坝12座〕，泄淮河过量洪水，防止高家堰漫顶决口。在运河西建通湖22港，在运河东堤上建归海坝8座（其中2座此前已有）。汛期洪泽湖部分洪水入宝应、高邮诸湖，再入运河，通过8座归海坝泄入里下河地区。通湖22港用石块砌筑，平时用草土封住入港口门，大水时扒口排洪。8座归海坝为土质，这就是所谓"以新建八坝抵泄周桥六坝之水"，由此看，此时高邮、宝应等湖洪水应当主要还是通过里下河地区入海。康熙三十九年（1700年）张鹏翮任河道总督后，对高家堰减水坝和运河归海五坝进行了改建。高家堰六坝堵闭，又始建仁、义、礼三座减水石坝，到清乾隆十六年（1751年）又添建智、信两坝，史称洪泽湖五坝或"上五坝"。到嘉庆、道光年间，因湖水位抬高，将仁、义、礼三坝移建到蒋坝镇南面地面较高地带，并在坝下开河，名仁、义、礼河，又名头河、二河、三河，以分泄洪水。对归海坝，或堵闭，或移址，改建为4座石坝；乾隆二十二年（1757年）又建新坝1座，共有南关坝、五里中坝、新坝、车逻坝和昭关坝等5座，这就是历史上所称的"归海五坝"，到咸丰三年（1853年）尚存南关坝、新坝和车逻坝，所以后来又称"归海三坝"。归海坝改为石坝后，在坝上封土，大水时才开启。乾隆年间又拓宽了凤凰河、壁虎河等归江河道，扩大入江泄量。到道光年间，入江水道的口门有6条河，即运盐河、金湾河、太平河、凤凰河、新河、淮扬运河（即里运河）。咸丰元年（1851年），淮河洪水冲开礼坝，经三河、宝应湖、高邮湖和入江水道入长江，三河口就此成为淮河洪水入江的口门。黄河北徙后，五坝废弛，仅礼坝常年敞口，每年冬春枯水季节，筑草坝蓄水，汛期拆坝排洪。从此入江水道成为淮河主要的排水通道，淮河也由黄淮汇流入海为主改道入长江为主。

由此可见，从明万历二十四（1596年）开始分黄导淮，到清咸丰元年（1851年）黄河北徙改道的200多年中，淮河下游出路是以黄淮汇流经淮河故道入海为主，汛期部分洪水经高、宝湖南下入江和向东经越过运河、经里下河入海，1851年以后淮河才由黄淮汇流入海为主改道入长江。

1.3.2 主要支流河道

古淮河水系支流众多，历史上今淮河干流以北、沙颍河以东区域的支流都不同程度地受到了黄河南泛的影响，古汝、颍、涡、泗水等主要支流也发生了不同程度的变化。

1. 汝河

古汝水是淮河最大的支流，发源于河南嵩县伏牛山，流经汝阳、汝州、襄城、郾城、西平、上蔡、汝南、新蔡到淮滨入淮河。今属颍河支流的北汝河是古汝水的上游，沙河、澧河、汝河、小洪河上游（古溹水）、臻头河等是古汝水右岸支流，东岸分出溃水（即大瀖水）、澺水（今小洪河），《淮河水利简史》推算其流域面积约达到2.5万 km^2。

历史上汝河受黄泛影响较小，其变迁主要是人为改道造成的。元朝初年，为解决蔡州水患（今西平、上蔡、遂平、汝南一带），在郾城将南下汝水截断，向东经溃水引入颍河。元末又因同样的原因将汝水右岸支流（此时已为汝水源）甘江河截入澧河，汝水以今小洪河上游为上源。明嘉靖时期，汝水在西平附近被淤断，后经疏浚改道入澺水，古溹水由入汝水改为入澺水，演变成今小洪河，而汝水以源于泌阳的古瀙水（今汝河）为源。到清代澺水改称为洪河，瀙水改为南汝河，两河在新蔡南会合后，新蔡以下河道仍称为汝水；民国时期将新蔡以下的汝水改称为洪河。至此汝水成了洪河的支流，改称为汝河。班台以下河道属于古汝水，而宿鸭湖水库以北有一条河道称为北汝河，恐怕也是由古汝水几经变迁形成的河道。

2. 颍河

颍河是淮河的主要支流。古颍水发源于嵩山，今商水以下颍河河道大致与古颍水河道相似。历史上颍水上游受黄河影响较小，受人类活动的影响很大。元朝时期先后将原汝水上游的北汝河、甘江河等改道向东入颍河，使颍河成为淮河最大的支流。颍河中下游地区受黄河影响较大，在元、明时期长期是黄河泛道，左岸贾鲁河等支流因淤积变化较大，入淮口淤积严重，在周口以下、颍河以东地区形成许多串沟和古河床高地。现颍河以沙河为主源，统称为沙颍河。

3. 涡河

涡河是淮河北岸支流之一。古涡水是从鸿沟水系中分出的一支，东南至沛国入淮（交汇处在今安徽怀远县荆山北）。涡河上游受黄河南泛影响很大，南宋端平元年（金天兴三年，1234年）蒙古军决寸金淀（在开封北）后，黄河南移，主流经涡河入淮。由于黄河长期夺淮影响，上游原有支流或被淤积、或被袭夺，也形成了一些新支流。涡河干流中下游变迁不大。

4. 沂、沭河

古沂、沭水是古泗水的两条支流。沂水发源于鲁山南麓，向南流至睢宁古邳镇东入泗水。沭水源出沂山南麓泰薄顶，向南流至厚丘县（今沭阳与东海之间）分为两支：一支向西南流至宿迁县东南入泗水；另一支东南流至灌云县（古朐县）注入游水，再入淮。

黄河夺淮以前，沂水线路变化不大，一直入泗水。黄河夺淮以后，黄河侵占泗水徐州以下河道，明朝以后，随着黄河（泗水）河道不断淤积，沂水入黄（泗）受阻，洪水在宿迁马陵山西侧一带洼地蓄积，加之黄河屡次决口、漫溢，逐步形成骆马湖。

明万历年间起，为避免黄河对运河的干扰，开始开挖了泇河运道，将泗河洪涝水引入沂、沭河水系，沂河入黄口逐步下移，改道入骆马湖。为排泄骆马湖洪水保漕运，1644年（清顺治元年）开挖了拦马河（即总六塘河），泄骆马湖水东流入项硕湖。康熙中期项硕湖淤废，又在其南北开挖了南、北六塘河，上接总六塘河，向东经盐河由灌河入海，至此沂水脱离泗水。

沭水变迁较早，南北朝时期齐王肖宝寅镇守徐州时，在沭阳西北截断南下入泗通道，全部向东南入游水。明正德年间，郯城县令毁禹王台，取石筑城，沭河向西南汇白马河入沂河。明万历二十三年（1595年），杨一魁分黄导淮，开从桃源（今泗阳）至灌河口、长达三百里的黄坝新河，以分黄河水由灌河口入海。黄坝新河横穿沂、沭河下游地区，不久便淤废，但对沂、沭河下游无疑是一大浩劫，使沂沭泗下游地区水系遭到严重破坏，沭水经由游水入淮通道被阻断，被迫经蔷薇河由临洪口入海。清初时，沭水每逢大水，即挟白马河、墨河会沂水入骆马湖，加重了骆马湖以北地区的洪涝灾害。为防止沭水侵沂、减骆马湖洪水负担，保漕运安全，清康熙二十八年（1689年）在郯城禹王台修竹络坝，使沭水全流南下，在沭阳西北龙堰分两支，北支经蔷薇河由临洪口入海，南支分两路分别由埒子口、灌河口入海。此时沂、沭水尾闾已经形成相互串通的局面。

5. 泗河

古泗水是淮河下游最大的支流，源于今泗水县东陪尾山，向西南至今鱼台，再向东南至徐州、睢宁、在淮阴西入淮河。泗水支流较多，沂、沭、汴、濉水均是其支流。

历史上黄河夺淮经常是由泗入淮。由于长期受黄河干扰，微山鲁桥以下河道发生剧烈变化，今只剩鲁桥以上经泗水、曲阜、兖州入南四湖的一段河道，即泗河。泗水鲁桥以下河道剧变，主要是从明万历年间潘季驯治黄以后开始。潘季驯筑黄河两岸堤防束水归槽、形成固定河道后，黄河夺徐州到淮阴的泗水河道，成为黄河河道的一段，黄河泥沙逐年淤积，河床逐步抬高，徐州以上泗水入黄受阻，下泄不畅，在鲁桥至徐州段泗水两侧洼地滞蓄，逐步形成了南阳湖、独山湖、昭阳湖、微山湖。在南四湖南部先后修建了韩庄闸、蔺家坝、伊家河闸等工程，以排泄南四湖洪水。随着南四湖的形成，鲁桥至徐州的泗水河道被南四湖所取代，徐州至淮阴的泗水河道经黄河多年行水淤高，成为一条地上河，1855年黄河北徙后，成为今淮河、沂沭泗两大水系之间的分水岭，也就是废黄河，古老的泗水已不复存在。

元朝建都北京后，开通京杭大运河，济宁与淮阴之间的泗水河道是京杭运河的一段。由于徐州以下泗水（黄河）淤积阻航，加之黄河洪水不断决口泛滥冲击运道，明万历年间从南四湖出口韩庄开挖泇河，会沂水等河道到邳州直河口入黄河。此后，由于黄河不断淤积造成入黄运口行船困难，因此入黄运口不断下移，运河也不断向南延伸，直到清康熙年间，相继完成皂河、中河，形成北起韩庄、南至淮阴杨庄的运河，黄运分离，泗运河水系基本形成，原泗水的支流改道入运河，形成以运河为骨干的排水系统。

6. 汴水、濉水

汴水是鸿沟水系中分出的一条河道。鸿沟水系是战国时期魏国以开封为中心开凿的航道网络。鸿沟水与济水在同一水门受黄河水，东流至浚仪（今河南开封）便分成许多支派，其中汴水东流至彭城（今江苏省徐州）入泗；濉水东南到下邳国入泗（交汇处在江苏省睢宁县东）。

东汉以前，汴水或汴渠乃至"汴"字都不见于典籍。在浚仪以上的这段鸿沟水，或可以叫浪荡渠，在浚仪以下至蒙县（今河南省商丘）的一段，名甾获渠；蒙县以下段名获水。西汉前，浚仪以东至彭城这条水道又名丹水，东汉以后又名汳水。东汉王景治汴后，从黄河引水口到彭城入泗这条包括浪荡渠和汳水的水道的统称为汴渠。黄河侵入汴渠的时间很早，至少1194年阳武决口后，黄河主流由封丘沿汴至徐州入泗；1234年寸金淀决口后分三路，其中一路是经汴水故道和濉水入泗水。此后古汴水泛道仅明代很短的时间断流外，一直是黄河泛道的骨干，直到1855年黄河北徙，消失在今黄河故道。

濉水也是受黄泛影响很大的一条河道，由于黄河夺淮而不断改道。明朝弘治初年白昂治河，濉水成为黄河主要泛道，黄河主流由濉水入泗，但泛流时间不长。明万历年间黄河形成固定河槽以后，河道逐渐淤高，濉水入黄（入泗）逐步受阻。清康熙二十三年（1684年），归仁堤五堡减水坝冲毁，濉水改道由安河入洪泽湖。清雍正三年（1725年），濉水又改道谢家沟老汴河入洪泽湖。

1.3.3 洪泽湖

洪泽湖是我国五大淡水湖之一，地处淮河中下游结合部，也是该段淮河河床组成部分。从洪泽湖的形成过程来看，它不是单纯地经历着自然作用的过程，还突出地受到人为因素的影响。明清时期淮河治理中对"蓄清刷黄济运"政策的落实，在一定意义上加速了洪泽湖的形成。

洪泽湖区原来是古淮河下游所经的地方。在洪泽湖形成以前，在今洪泽湖水域分布着一些湖泊沼泽，见于记载的小湖有破釜塘、白水塘、富陵湖、泥墩湖、万家湖等，这些湖泊中以白水塘最大。洪泽湖因筑高家堰而成湖，但起初筑高家堰与屯垦有关，据《淮系年表全编》，东汉建安初，"陈登筑高家堰，名捍淮堰，堰西为阜陵湖，湖西通淮，并立陂塘。堰在淮阴县南，长三十里"，图1.3-1为宋朝洪泽湖湖区示意图。

洪泽湖最后形成却是明、清两朝对黄、淮、运治理的结果，是随着高家堰的加高延长逐步形成。明永乐年间，运河与淮河相交的口门段出现了淤积，永乐二年（1404年），平江伯陈瑄开清江浦，移运口于清河县对岸，中国水利水电科学研究院《洪泽湖的演变》认为，此时"在清口三河汇合处，呈淮河高于运河，运河略高于黄河的形势"；正德十三年（1518年）成书的《淮安府志》所载淮安府疆域图中淮河与洪泽、阜陵等湖还各自分离。到隆庆时，开始出现黄河倒灌于淮河，淮河倒灌于湖的情况。隆庆三年（1569年），黄淮并涨，黄河入淮洪水灌入白水塘诸湖，再东泛决淮安礼、

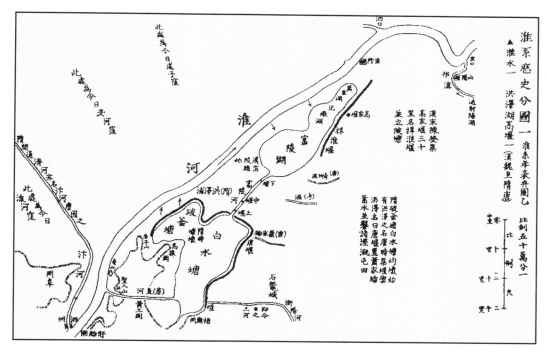

图 1.3－1　宋朝洪泽湖湖区示意图（引自《中国水利史典·淮河卷一》之《淮系年表全编》）

信二坝出海，时人称为数十年所仅见。

明朝后期增筑高家堰，起初主要还是为了淮安、高宝等地区免受淮河洪水的威胁，由于黄河泥沙在淮河下游淤积，淮水尾闾不畅，在洪泽湖一带滞蓄，湖面逐渐扩大，此时洪泽湖高家堰一带的土堤出现了屡决屡筑的情况，淮河洪水威胁淮安、高宝地区。嘉靖三十一年（1552 年），河道都御史曾钧、漕运都御史连广提出"增筑高家堰长堤"的方策。隆庆六年（1572 年），总督漕运王宗沐修筑了高家堰，捍淮东侵，保护淮安和运河的安全。

万历六年（1578 年），潘季驯第三次出任总河，定"蓄清刷黄"之策，在武家墩以南，越城以北，原有高家堰基础上，筑了长六十里的土堤。洪泽湖高家堰土堤建成后，大堤南北各二十里稍高，中二十里低洼，为防风浪冲击，于万历八年（1580 年），开始在大涧口等险段修筑石工墙，后又将大堤自越城向南延筑至周家桥。这时的高家堰不仅是淮河和洪泽湖的防洪屏障，洪泽湖也有了拦蓄淮水功能，与治黄济运联系起来。在高家堰新堤建成后的一个时期，"蓄清刷黄"的效果是明显的。据《洪泽湖的演变》，在高家堰建成的次年五月，淮河发生大洪水，尽管洪水直抵泗州城，水位接近明祖陵台阶，但汛后湖区水位下降了 2.5m，水流通畅，高家堰西侧原被淹没的农田也逐渐露出水面，坝前缓坡地带靠近坝根处恢复成民田。隆庆时湖西河湖不分，此时也河湖分开。泗州城外水落归槽，"淮由地中，去堤岸十余丈，黄童白叟共曰十数年来未见"。

虽然高家堰建成初期"蓄清刷黄"取得明显效果，但毕竟黄河多泥沙淤积下游河道的情况并未改变。据《淮系年表全编》等，到万历十九年（1591 年）"秋，淮溢，灌泗州盱眙城，侵及祖陵"；万历二十一年（1593 年）"夏，淮涨五河，泗州水漫城，高堰决高良涧、周家桥等二十二口"；万历二十二年（1594 年）"黄水大涨，清口沙垫，上浸泗陵"；万历二十三年（1595 年）"夏、秋，淮水大涨，浸泗陵，高堰复决高良涧诸处"。短短四年时间，祖陵接连受淮水或黄水侵扰，二次决高家堰多处，"泗陵水患，建议纷起"。因此，万历二十三年杨一魁开始分黄导淮，即开三百里黄坝新河分黄河经灌河口入海，同时在高家堰建武墩、高良涧、周桥三座减水坝导淮向东经宝应湖等入海。此时，保祖陵又成为黄、淮、运和洪泽湖治理中需要考虑的很重要的因素、甚至是制约因素。武墩等三座减水坝的建成后，控制洪泽湖洪水位有了一定的手段，除了变被动决口为主动行洪、保障洪泽湖大堤安全的考虑外，应当也有调节洪泽湖水位、避免明祖陵被淹的目的。

对于这时洪泽湖的状况，《洪泽湖的演变》根据万历十九年（1591 年）明祖陵"淹及御路仪卫底座三四寸深"的记载，推测此时洪泽湖西部水位最高时达 11.2～12.2m。考虑到水力坡降及天然沟涧溢洪的影响，东部拦河坝前的水位应略低，估计在 11.0m 左右。湖面东南水域最大时可远至今蒋坝一带，汛期常水位时则湖与河相连，湖区面积约 1160km²。

到清初时，黄河下游河道淤积已经非常严重。据《淮系年表全编》，在康熙元年（1662 年）到康熙十五年（1676 年）的十五年中，十二年有黄河决口的记录。这期间黄河频繁决口，应当是由于黄河河道淤积，影响洪水下泄，河道行洪水位长期居高不下造成的。这种状况也使得淮河洪水下泄困难，洪泽湖水位抬高，造成洪泽湖大堤多次多处决口、洪水漫溢，进而造成运河堤防多次决口。黄河倒灌的情况时常发生，康熙元年、十年（1671 年）、十五年（1676 年）均有黄水倒灌清口的记载。因此，康熙十六年（1677 年）靳辅就任河道总督后，以"浚淤、筑堤、塞决、以水治水、藉清敌黄"为第一要义，疏浚清口，又开张福口、帅家庄、裴家场、烂泥浅和三汊河五道引河，培修高家堰残破堤岸，堵塞高家堰各决口，接筑周桥以南至翟坝土堤二十五里，康熙十九年（1680 年）在高家堰大堤建周桥、高良涧、武家墩、塘埝、古沟东西六座减水坝。这时因为没有了保陵因素的制约，对治理洪泽湖而言，抬高蓄水位、增加蓄水，防黄河倒灌、刷黄、济运成为主要目标。通过靳辅的系统整治，这时洪泽湖进一步扩大，已形成一座人工水库。此后，继续对高家堰进行加固改建，到乾隆十六年（1751 年）前后，整个大堤北至武家墩，南到蒋坝镇，长约 80km 的临湖面都筑了石工墙，大堤上建成了仁、义、礼、智、信五座滚水坝。随着洪泽湖蓄水位的抬高，湖区范围不断延伸、面积不断扩大。据《洪泽湖的演变》推测，1680 年大水使洪泽湖水位达历史最高，湖面面积应在 4000km²以上；而到乾隆后期，溧河洼、安河洼及成子洼也与洪泽湖连为一体，成为洪泽湖的一部分，此时洪泽湖的范围与今洪泽湖可能差不多（清乾隆中期洪泽湖示意图见图 1.3－2）。

图 1.3-2　清乾隆中期洪泽湖示意图（引自《中国水利史典·淮河卷一》之《淮系年表全编》）

1.3.4　小结

综上所述，淮河流域的河流水系之所以发生重大变化，其根本原因在于黄河夺淮南泛。从 1194 年黄河决阳武故堤南泛至 1855 年铜瓦厢决口北徙，661 年的夺淮使淮河流域的水系地理环境产生了以下几大变化：

（1）古代以淮河干流为主干的淮河流域演变分为淮河、沂沭泗河两大水系，古汴水、泗水和淮阴以下的淮河故道因黄河泥沙淤积、河床不断抬高，最终成为淮、沂两大水系的分水岭。

（2）淮河淮阴以下入海故道被黄河淤废，淮河失去了向东直接入海的通道；古高家堰经多次加高加固，逐步形成洪泽大堤，古白水塘地区形成了洪泽湖。入江水道逐渐形成，淮河改由宝应湖、高邮湖、邵伯湖等南下由三江营入长江。淮河中游河道出现淤积，河床升高，加之洪泽湖水位升高的影响，在淮河中游两岸支流入河口形成洼地湖沼。

（3）曾经是淮河下游最大支流的古泗水，其徐州至淮阴之间的河道成为黄河夺淮主要泛道——古汴水泛道的一部分，演变为淮、沂两大水系之间的分水岭，泗水经人工开凿的运河南下，沿线低洼地区逐步形成南四湖、骆马湖。原本是泗水支流的沂、沭水也因运河开凿以及入泗出路受阻等原因，各找出路，经灌河口、埒子口、临洪口等入海。泗水支流之一的古汴水已经湮灭，另一支流濉水上游也已湮灭，下游改道入洪泽湖。

（4）豫东、皖北、鲁西南等平原地区的大小河流都遭到黄河水的袭扰和破坏，一些古河道消失，又形成了一些新河道，原有的河流水系发生变化和调整。淮北地区的河道普遍存在泥沙淤积的问题，造成排水不畅，平原地区水无出路的后果。

1.4　黄河北徙后的水系状况

黄河夺淮 661 年，淮河流域水系发生了重大变化，废黄河横亘东西，将淮河完整水系一分为二，北边是沂沭泗河水系，南边为淮河水系。图 1.4 - 1 为民国初期淮沂泗沭实测水道图。

黄河北徙后淮河河道的情况，清末时曾进行过测量。1906 年淮河流域大水，苏北地区灾情很重，张謇上书两江总督端方，要求设立导淮局，先从事测量工作，据《淮系年表全编》，在清光绪三十三年（1907 年）"设导淮局实测淮水故道，自洪泽湖至杨庄，自杨庄至海口。[测图安东（即涟水）河底加高约三丈，大误]"。《淮河水利简史》认为，端方一方面指示淮扬道杨文鼎等在清江浦设立筹议导淮局，另一方面又叫杨文鼎指使测量人员在淮河故道涟水段纵断面图上凭空加高 9m，并据此以开挖工程量过大等理由否决了张謇"复淮浚河标本兼治"的建议。宣统三年（1911 年）在清江浦设江淮水利测量局（后改为导淮测量处，隶属全国水利局），引入西方测量技术，进行了比较系统、全面测量工作。此次测量宣统三年正月开始，九月停工，民国元年（1912 年）四月继续测量工作，这一年安徽督军柏文蔚提议裁兵导淮，也设立机构测量安徽境内淮河河道。此次测量工作前后历时 12 年，测量的内容不仅有河道地形，也包括水位、流量、含沙量、降雨等要素。沈秉璜曾任导淮测量处处长，他将测量资料整理形成《勘淮笔记》发表，武同举在其《淮系年表全编》叙例中提到"沈君主测淮有年，充分供给新资料"，说明该著作采用了此次测量成果。以下主要依据《勘淮笔记》《淮系年表全编》等文献对黄河北徙后淮河流域的河流水系状况进行梳理。

1.4.1　干支流河道

黄河北徙后的淮河的线路在洪泽湖以西地区基本与今淮河差不多。

淮河干流洪河口以上的河道两岸基本是山区、丘陵岗地，河道比降较大，河面宽窄不一，桐柏县城至长台关"河面宽，上游三十丈，下游拓宽至一百五十丈。河底下游低于上游二十丈强"，而长台关至息县城南"……水行或远或近之两岗间，各处河面宽窄不等，略如长台关迤上形势而稍杀。息县城附近河底低于长台关约十丈"。息县至三河尖"各处河面阔狭不等，较息县以上又稍杀矣"，"两岸大小支流八十有八"，左岸洪河"其水量强倍于淮之自身"，右岸诸支流"虽非巨川，流均不弱"。洪河口以下河道处于平原地区，河身本应渐次宽深，其竟不然，三河尖至正阳关"河宽恒在一

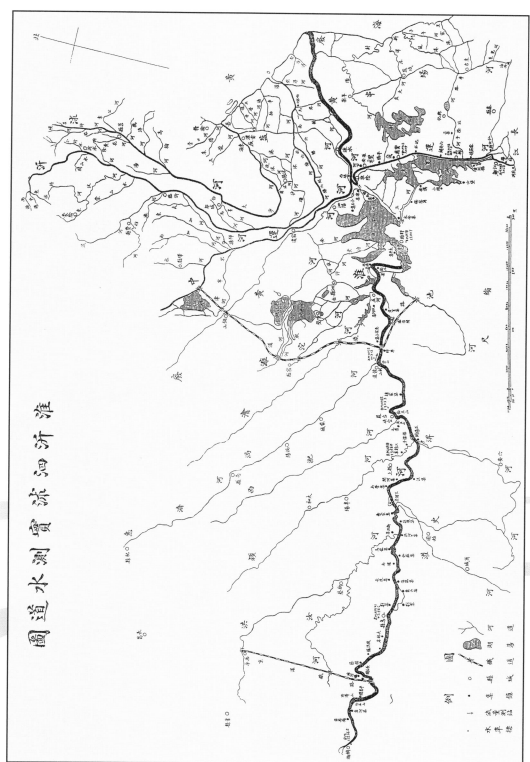

图 1.4-1　民国初期淮沂泗沭实测水道图（引自《中国水利史典·淮河卷二》之《勘淮笔记》）

百五十与二百公尺之间","两岸近旁湖沼累累如串珠","水患问题自此始矣"。到蚌埠至五河县城之间"河面平均宽度一百五十丈以上",至"马过嘴（今安徽省明光市马岗嘴，为池河入淮口）以东淮面最宽处几及约二十里，俨然湖形"。

洪河口以下河道比降总体看比较平缓，但河底高程有一定的起伏。三河尖"河底低于息县五丈四尺许"，三河尖至正阳关"河底之差，下游反高于上游七尺许"，正阳关至蚌埠"河底下游低于上游一丈四尺许，每百里之高差不过五尺许"，蚌埠到五河"河底高低差几无倾斜可言"，五河县"高于海平七米突三六，合二丈三尺"，五河至浮山间"有数处低于海平两丈上下，浮山淮底最低，低于海平两丈五尺许，其深度为全淮之冠；五河至马过嘴，淮底深浅不一，马过嘴以下周嘴至盱眙间，淮底平衍，普律高于海平九米突许，合两丈八尺上下"。由此可以看出，三河尖至正阳关之间河底呈上低下高的态势；正阳关至蚌埠之间河底高差很小，蚌埠到五河接近平底，而五河至浮山间有数处河底高程低于海平面，浮山附近低于海平面约合8m多，马过嘴以下到盱眙河底又基本呈平底状，高程大致9m多，比上游五河附近还高。

当时淮河干流的堤防基本是从洪河口开始向下游延伸。洪河口以下"河身为两堤束缚"，"……然洪河口以上不过间段有堤，洪河口以下则两堤绵亘"；三河尖至正阳关之间"凡无岗之处均有堤防"；正阳关至蚌埠间"仅北岸正阳关至峡山口间、怀远到蚌埠间有之，余均无堤，南岸尚有来自皖山之岗脉为之拦约，北岸则岗地绝少。或云北岸旧亦有堤，自黄河夺淮，颍、肥、芡、涡各口之附近支离破碎，土岸尽蚀殆尽……"；蚌埠至五河北岸有民国初年华洋赈灾会所修堤防，南岸堤防间断不连续，无堤处有土岗高地（如临淮关附近）或湖泊（如花园湖）。五河以下淮河两岸无堤。从此记载看，淮河干流洪河口以下依靠堤防解决防洪问题，还是有一定历史的，但限于当时的条件，堤防的标准可能不会高。

淮河中游自正阳关以下河道淤积很严重，加上洪泽湖底高出海平面10m左右，水流不畅，河水在干流两岸积聚，形成了城西湖、城东湖、瓦埠湖等一连串湖泊洼地。淮河中游洪泽湖以上河道出现了倒比降。民国初年，江淮水利局等水利单位对此进行过实地测量，张謇和武同举等水利专家在其著作中也作了较详细的记述。淮河正阳关河底比上游三河尖河底"高七尺五寸"，淮河蚌埠段河底"较低于洪泽湖底七尺许"，"临淮关段，淮底较低于洪泽湖两丈许"。在蚌埠河段至江苏双沟集之间，有10多处淮河底在海平面以下。

洪泽湖以下出路有废黄河和三河。淮阴以下的淮河，虽然经黄河侵扰、淤积，但故河道尚在，由于河道淤积严重、河床抬升，河道行洪能力十分有限，在黄河北徙后也成为淮河水系与沂沭泗河水系之间分水岭。洪泽湖水主要由三河下泄，南下经宝应湖、高邮湖、邵伯湖等滞蓄后入长江，当洪水位高邮御码头旧水志一丈七尺以上时，开启归海坝，部分洪水经里下河地区诸河道入海。民国10年（1921年）大水，三河下泄流量14600m³/s，当时除归江十坝全开外，增开土堤300多米，泄量增至8400m³/s，水不见退。乃开高邮归海三坝，泄量4000m³/s。

淮河中上游水系呈不对称扇形分布，干流偏南，支流众多。北岸较大的支流有闾河、洪河（今洪汝河）、颍河（今沙颍河）、涡河、北淝河、沱河、浍河等。洪河由古汝水演变而来，元代汝水上游北汝河等河道经人工改道汇入今沙颍河。颍河由古颍水演变而来，元代以前颍水流域面积没有汝水大，几经变迁"今为入淮之第一巨川"。南岸较大的支流有游河、狮子河（今浉河）、竹竿河、寨河、潢河、白鹭河（今白露河）、史河、沣河、汲河、淠河（今淠河）、东淝河、池河等。游河，《水经注》之"油水"。狮子河，《水经注》之"狮口水"。竹竿河（又名宣化河），即《水经注》之"谷水"，下游左岸有小黄河（今小潢河）汇入，小黄河又名"小横河"，即《水经注》之"瑟水"。寨河（又名柴河），《水经注》之"壑水"。潢河（又称小黄河），《水经注》之"黄水"。白鹭河，《水经注》之"淠河"。史河，《水经》谓之"决水"，《水经注》之"史水"，左岸有曲河汇入，曲河即《水经注》之"灌水"。沣河，在霍邱县城西汇入西湖。汲河（古名沘河），《水经注》之"泄水"，汇入霍邱城东之荣湖（又名"东湖"）。淠河，《水经注》谓之"沘水"。东淝河，下游汇入瓦埠湖。池河，汇入七里湖。上述支流中，除东淝河、池河外，均在正阳关以上汇入淮河。

在淮河下游地区，因黄河泥沙淤积和黄河入海口三角洲的延伸，苏北地区海岸线也向东延伸。据《江苏省志·水利志》，苏北地区的海岸线"除全新世高海面时期海水入侵较深外，长时期相对稳定于赣榆、板浦、阜宁、盐城和海安一线"。距今约6000年前，长江、淮河分别在扬州、涟水一带入海。随着长江、淮河三角洲的伸涨，在里下河东部滨海浅滩形成沙岗，在今里下河地区分布大小湖泊和沼泽洼地，最大是射阳湖，长约150km，宽约10km。唐大历元年至四年（766—779年），沿沙岗筑常丰堰御潮；北宋末沿常丰堰加筑范公堤，在盐城北门、东门建闸挡潮泄水。黄河夺淮以后，由于黄河挟带着大量泥沙，特别是明万历年间"束水攻沙"策略付诸实施，使大量泥沙到河口入海、积累，并受海流搬运南下，加以长江在海口淤积泥沙受海流搬运北上，使范公堤以外的海岸向东延伸50～60km，形成了6000多km²的沙滩和陆地，即今日的滨海地区。里运河、串场河（又名下河）之间的里下河地区洪水入海通道主要有射阳河等五港。五港自北向南分别为射阳河、新洋港、斗龙港、王家港、东川港（又名竹港），由南北向的串场河所贯通。串场河为唐代修筑海堤时形成，后经疏浚、改建，因贯通淮河以南诸盐场而得名。串场河"为贯串东、盐、泰、阜各场所之交通河，亦承受西水东注之南北输送河。昔日沿河有十八闸、二十四涵洞、四水口之称，皆所以引水入五港以入海"，也就是说，里下河地区的洪水经串场河沿线的闸涵入串场河，再经射阳河、新洋港、斗龙港、王家港、东川港向东入海。当淮河洪水较大，使"高邮御码头旧水志一丈七尺以上，例开归海坝"，部分淮河洪水由里运河经归海坝进入里下河地区，再经车逻河等大致向东入串场河，由五港入海。

曾经是淮河下游最大支流的泗水也发生了巨大变化。徐州到淮阴的古泗水河道在黄河北徙后成为淮、沂分水岭，徐州以上的泗水与京杭运河等，构成泗运河水系，在徐州以北有南阳湖、独山湖、昭阳湖、微山湖，称南四湖；在宿迁有骆马湖、黄墩湖。古泗水支流中，汴水是黄河夺淮的主要泛道，黄河北徙后也成为淮、沂分水岭的一部分。濉水改入洪泽湖。沂、沭水尾闾相互串通，沂水由六塘河经盐河由灌河入海，沭水分别经蔷薇河由临洪口以及经埒子口、灌河口入海。沂沭泗河水系流域面积约 8 万 km²，其洪涝水主要靠蔷薇河、六塘河、灌河等河道排泄入海，总泄量还不足 1000m³/s。

1.4.2　洪泽湖

《淮系年表全编》《勘淮笔记》等记叙了清末民初的洪泽湖状况："盱眙至龟山为洪泽湖首，张福口至里运口为洪泽湖尾，然湖水大势实倾注于三河口。湖面东西宽自临淮头至张福口约八十里，南北宽自马狼岗至尚家嘴约三十里，全湖面积大小水位不等，约四千至八千方里，湖周曲线约三百余里至四百余里。湖底中部稀淤深一丈五尺上下，近岸稀淤深不及三尺，全部淤面即为今日淮底，普律高于海平面十米突上下，湖床类平碟，并非中凹。溧河、安河、成子河三大洼，古为低地，今则水与湖连"，"据本届实测，计算洪水位（光绪三十二年，即 1906 年）以下之面积七千三百三十九方里有奇，容量 9579886543 立方公尺（292354936 立方丈）。溧河、安河、成子河三大洼皆被水浸入之低地也"。由此看，以上所述湖首、湖面、湖尾及溧河、安河、成子河三大洼地的范围与今洪泽湖范围大致差不多。湖底如碟形，湖底高程大致 10m 左右。民国前期洪泽湖现势测图见图 1.4-2。

国民政府导淮委员会萧开瀛研究认为（《水利月刊》第一卷 萧开瀛《说洪泽湖》），黄河北徙后 77 年来，洪泽湖的历史面貌没有发生大的变动，"其当时湖形如浅碟，不若其他湖泊之深入地中"。根据民国时期江淮水利局所测绘的洪泽湖图，在各种不同高程情况下湖的面积和洪水容量见表 1.4-1。

表 1.4-1　　　　　洪泽湖高度、相应面积和容量表

高程 /m	面积 /km²	容积 /亿 m³	备　　注
9.50	1		高度在 10m 以下，容量不计。因湖底洼处水能进而不能出
9.75	7		
10.00	125	0	
10.50	739	2.16	
11.00	1170	6.94	
11.50	1389	13.33	
12.00	1617	20.85	
12.50	2110	29.40	龟山以上双沟以下，虽属河身，形同湖泊。从高度 12.5m 起一并加入计算
13.00	2280	40.40	
13.50	2390	52.10	
14.00	2500	64.30	
14.50	2580	77.00	

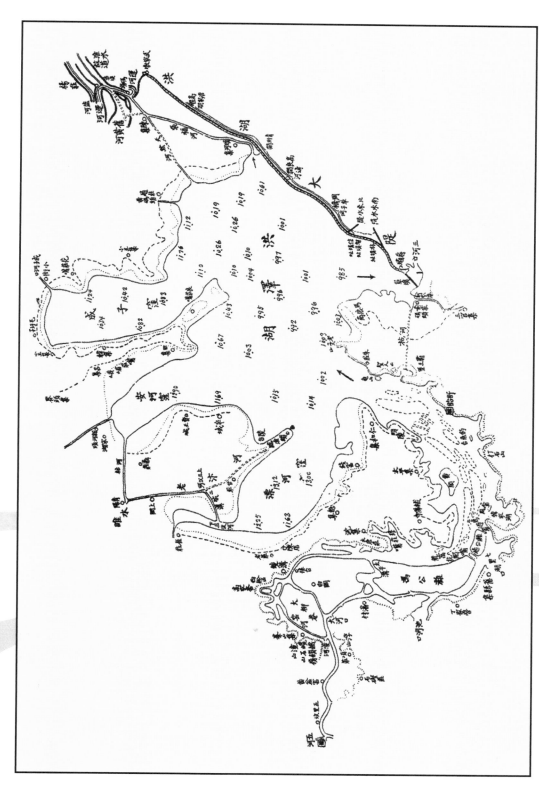

图 1.4-2 民国前期洪泽湖现势测图（引自《中国水利史典·淮河卷一》之《淮系年表全编》）

又据现代南京师范学院鞠继武教授调查研究，认为三河闸（1953年）建成以前，根据12个水文年的统计，洪泽湖一般年份平均水位经常在10.2m（1953年）到11.76m（1938年）之间（高良涧站）变动。近代历史上，洪泽湖出现2次最高的水位，其相应的面积和容积见表1.4-2。

表1.4-2　　　　　　　　历史上洪泽湖（蒋坝镇）最高水位情况

日期	水位/m	面积/km²	容积/亿 m³
1921年9月7日	15.93	3650	135.0
1931年8月8日	16.25	3880	147.5

洪泽湖出口有张福河和三河两处。张福河上接洪泽湖，出口在码头镇附近，在此与运河汇合，由此既可以进入里运河，也可以经码头镇至杨庄的运河进入废黄河和中运河。"张福、天然两河为淮、湖北尾，天然就淤，张福河通畅，长三十六里。张福河上口顺河集附近河底高于海平面八米突九八〇，较洪泽湖底低三尺许，张福河下口会沂、泗入里运河处河底高于海平面五米突三二六，较洪泽湖底低一丈四尺许"，"自马头镇至杨庄，河线长约十里，北与中运河相接，南与里运相接，或统被以旧日顺清河之名，实已完全变为运河……，此段河底真高，马头镇附近五米突二六，杨庄附近三米突九九"。由此看，从张福河上口至杨庄这一段运河河道河底高程越往下游越低，约23km河道，河底高程降低约5m，应当说这段河道泄水条件还是很好。但是杨庄附近的废黄河河底高程较高，"自杨庄至六洪子海口旧黄河河底真高度：杨庄、西坝两处均十米突，草湾九米突五三，涟水八米突一七……"，杨庄以下的废黄河河底高程与洪泽湖底高程差不多，成为严重阻水的河段，这自然影响洪泽湖水由废黄河下泄，洪泽湖水由张福河、废黄河下泄之路也不可能通畅。"寻常会沂、泗入里运河，沂泗水位高则倒灌张福河入洪泽湖，洪泽湖水位高顶托沂、泗同入旧黄河，水势无定"，"中运、里运直接沟通，泗、沂之水一部分由旧黄河分泄入海，一部分南流会淮入里运，淮水遂大泄出三河口，其清口故道已无泄量可言。惟当洪泽湖异涨时，湖水顶托中运可同入旧黄河，并可顶托中运至双金闸入盐河，而以旧黄河为淮水所独有分泄之道，是淮水故道尚未完全绝，惜故道已垫高，不能多量直注……"。也就是说，在一般情况下，洪泽湖水出张福河后，无法进入废黄河，而是与由中运河南下的洪水合流，进入里运河，三河成为洪泽湖水主要的出路；只有在洪泽湖水位很高时，湖水才可进入废黄河，与中运河水合流由废黄河入海。1921年大水，三河最大流量约14600m³/s，张福河下泄666m³/s，而1921年洪泽湖水位是比较高的，"民国十年大水（高良涧水志二丈零六寸，前所未有），洪泽湖老子山最高水位高于海平面十六米突二〇，蒋坝镇水位较低八寸许"，由此推得蒋坝水位约15.9m，因此，即便洪泽湖在高水位情况下，湖水也主要是由三河下泄。

历史上的水灾

淮河流域是一个水灾频发的区域，尧、舜、禹时期就有发生大洪水的传说，历史上水灾是淮河两岸先民生产生活的重要影响因素之一。随着1194年黄河夺淮后，淮河不仅失去了入海尾闾，而且大部分的淮北支流还被黄河挟来的大量泥沙所淤塞，淮河流域逐渐成为水灾极为严重的区域。1855年黄河北徙后，淮河的水系依旧混乱，出海无路，入江不畅，洪涝旱碱，交相侵袭，淮河成为一条闻名于世的灾害之河。本章对历史上的水灾情况进行梳理和统计分析，并对1855—1949年间水灾特点及其成因进行探讨。

2.1 水灾统计

淮河流域水灾伴随着水系变迁表现出不同的特点。随着历史发展和人口增多，水灾对流域先民生存的威胁越来越大，历史文献对此记载较为详细。以下以秦汉至新中国成立前各历史时期史料记载的水灾为依据，结合淮河水系变迁的实际，对这一时期发生的水灾进行分析。

2.1.1 公元前246—1949年的水灾统计

从秦王政元年（公元前246年）至民国38年（1949年）的2195年里，淮河流域发生洪水灾害的年份共有979次。见表2.1-1。

表 2.1-1　　　　　　　淮河流域不同时期水灾次数分布表

公　　元	水灾次数	其　　中	
		大水灾（年数）	黄泛水灾
前 246 年—前 101 年	11	3	
前 100 年—前 1 年	13	1	
1 世纪	15	9	
2 世纪	26		

公　　元	水灾次数	其　　中	
		大水灾（年数）	黄泛水灾
3 世纪	26	9	
4 世纪	24	1	
5 世纪	22	5	
6 世纪	24	9	
7 世纪	29	9	
8 世纪	26	10	
9 世纪	40	21	
10 世纪	54	16	
11 世纪	46	8	
12 世纪	29	11	1
13 世纪	35	5	10（1）
14 世纪	73	10	17（1）
15 世纪	74	8	15
16 世纪	93	21	32（8）
17 世纪	94	23	40（9）
18 世纪	96	34	22（9）
19 世纪	87	28	18（3）
1901—1949 年	42	15	4
合　计	979	256	159（31）

注　1. 本表摘自《淮河流域片水旱灾害》。
　　2. 黄泛水灾括号内数据表示与淮河水灾发生在同一年的次数。

从表 2.1-1 可知：①从 1 世纪到黄河夺淮前（一般将 1194 年作为黄河夺淮起始点，因资料原因，统计到 1200 年即 12 世纪末）的 1200 年中，共发生水灾 385 次，发生水灾的频次约为 0.32；黄河夺淮后（13 世纪到 1949 年）的 749 年，发生水灾 594 次，频次约为 0.79。黄河夺淮以后水灾发生的频次明显上升；②黄河夺淮前后发生大水灾的年份，分别为 112 年和 144 年，其频次分别为 0.09、0.19，也呈上升趋势；③黄河夺淮以后，黄河对淮河造成的水灾显著增加。

2.1.2　1855—1949 年间受灾范围及成灾原因

1855—1949 年间，淮河流域的水灾频发，发生的省份及成灾原因也有其特点，统计见表 2.1-2。

在 1855—1949 年的 94 年间，剔除 1938—1947 年的黄泛，淮河流域发生水灾的年份有 55 年，可以认为：

表 2.1 - 2　　　　　　1855—1949 年间受灾范围及成灾原因统计表

年份	受灾范围	成灾原因		备　注
		淮河及支流洪涝	黄河洪水	
1855	豫、皖、苏	√	√	黄河决铜瓦厢；山东菏泽、苏北等地区洪灾较重
1857	豫、苏	√	√	豫东南商丘、沈丘、睢县，江苏里下河地区、洪泽湖区有洪灾
1858	豫	√		豫东南商丘、西华、沈丘等地秋禾被淹
1859	皖	√		皖北宿州、颍上、蒙城、霍邱、亳州秋禾被淹、受灾较重
1860	豫、皖、苏、鲁	√	√	淮河流域四省发生洪涝灾害，其中山东及江苏里下河地区受灾极重。沂州、曹州、济宁等州县，因兰阳决口未堵，黄河仍漫溢为灾
1861	豫	√		
1865	豫、皖、苏		√	七月河决郑州下汛十堡，启放高邮车、新二坝，宿迁大水，秋睢宁大水
1866	豫、皖、苏、鲁	√		本年为流域性大水
1867	豫、苏	√		
1868	豫、皖、鲁	√	√	江淮春夏叠遭大雨，湖河泛涨；豫境夏秋雨水积淹十八州县；黄河决赵王河之红川口，六月决荥泽县十堡，水入洪湖
1870	豫、皖、苏	√		砀山、夏邑、永城、宿州、泗州等处大水，七月高邮车逻坝启放，涝灾较重
1871	鲁		√	黄河于郓城县民堰侯家林决口，黄水贯运，灾害较大
1872	鲁		√	9 月 9 日黄河异涨，赵王河东岸张家支门决口，淹郓城县
1873	苏、鲁	√	√	秋，黄河在东明县石庄户决口，两年后才堵闭。江苏淮安、徐州、海州涝灾较重
1874	苏、鲁	√	√	
1875	皖、苏	√		
1878	豫、皖	√		豫夏秋雨水积淹，四十州县灾荒，民颠沛流离；皖境江潮与淮水同时泛涨，临淮滨江低洼田地被淹，秋收歉薄
1879	豫、皖、苏	√		
1880	鲁		√	东明县境内高村口堤工被冲，黄河漫溢成灾
1881	苏	√		盐城、阜宁一带海潮上涌，受灾较重。洪泽湖洪水较大

续表

年份	受灾范围	成灾原因		备注
		淮河及支流洪涝	黄河洪水	
1882	鲁、苏	√	√	高邮湖盛涨。是后，山东黄河溃溢屡见，遂普筑两岸大堤
1883	皖、苏	√		泗州淮、湖并涨，五河大水。七月运河决，高邮车、南二坝启放
1884	豫	√		7月4日，沙河、澧河暴雨洪水，损失较大
1885	皖、苏	√		入夏雨多晴少，六安等地山洪交发，江淮并涨，淮河中下游多地被淹
1886	皖	√		
1887	豫、皖、苏		√	八月黄河在郑州石家桥决口，由贾鲁河、颍河入淮，挟淮水入洪泽湖，直抵扬州府，及至东台县入海，三省二三十州县尽在洪流巨浸之中
1888	豫、皖	√	√	黄泛及江淮并涨
1889	豫、皖	√		河南新蔡等四十四州县因秋雨过多，秋收均形歉薄。安徽霍邱等六州县因五、六月间雨多水大，先后受灾
1890	豫、皖、苏	√		豫东南、皖北、苏北发生洪涝灾害，灾情一般
1891	豫	√		河南永城等五十二厅州县先旱后涝
1893	豫、皖	√		河南山水暴注，支河漫溢，平原也被淹。安徽凤阳、颍州、泗州等低洼之处被淹
1894	皖、鲁	√		
1895	皖、苏	√		
1896	豫、皖	√		河南信阳、舞阳、叶县等州县或河流漫溢，或山水奔注。安徽凤阳、颍州等十三府州，沿江滨淮低洼各处，多被淹侵
1897	豫、皖、苏、鲁	√		皖北洪水较大，灾情较重，江苏里下河地区涝灾严重，豫、鲁局部洪水
1898	豫、皖、苏、鲁	√	√	淮河流域洪水较大，豫东淫雨百日，岁夏大水，十三州县洼地被淹极重；皖沫河口破堤，淮水泛溢；徐、沛大水，总沭河北决；六月，山东黄河南岸黑虎庙漫溢
1900	皖、苏	√		皖北及里下河地区涝大于洪，灾情一般
1901	豫、苏	√	√	洪泽湖地区有洪水，黄河决口，兰仪、考城两县受灾
1902	鲁	√		
1903	豫、苏、鲁	√		河南、山东洪灾较重，江苏里下河地区涝灾严重

续表

年份	受灾范围	成灾原因		备　注
		淮河及支流洪涝	黄河洪水	
1904	皖	√		
1905	皖、苏	√		安徽淮河干流有洪水，江苏里下河地区因涝成灾
1906	豫、皖、苏、鲁	√		本年为流域性大水
1907	皖、苏	√		皖北遭受洪灾，江苏里下河地区涝灾严重
1909	皖、苏、鲁	√		本年洪水较大，受灾极重
1910	豫、皖、苏	√		河南永城、夏邑、太康、西华等县洪灾较重，皖北各支流洪水较大、受灾较重
1911	鲁、苏	√	√	黄河于东明县南堤决口，灾情极重。山东省沂沭泗区域暴雨如注，东滨骆马湖，西至黄墩湖，湖河汪洋一片，堤身浸没水中，人力难施
1912	鲁、苏	√		主要是沂沭河洪水，灾情主要在苏、鲁两省
1914	鲁、苏	√		主要是沂沭河洪水，灾情主要在苏、鲁两省
1916	豫、皖、苏	√		洪水发生在淮河水系，皖北、江苏里下河地区灾情较重
1921	豫、皖、苏、鲁	√		本年为流域性大水
1926	苏、鲁	√		洪水主要发生在泗河水系
1931	豫、皖、苏、鲁	√		本年为流域性大水
1933	豫、苏、鲁		√	黄河发生特大洪水，温县至长垣决口72处，南岸决口从长垣及铜瓦厢走明清故道，泛滥于豫、鲁、苏三省67个县，灾民达364万，死亡1.8万人
1935	苏、鲁		√	黄河在山东鄄城董庄决口，漫菏泽、鄄城、巨野、嘉祥、济宁、金乡、鱼台等县，沿洙水、赵王河注入南阳、昭阳、微山诸湖，经运河进入苏北，受灾面积12215km²，受灾人口341万人，死亡3750人
1937	鲁、苏	√		洪水主要发生在泗河水系
1938—1947	豫、皖、苏		√	郑州附近花园口处的黄河南堤被炸开，泛滥淮河流域达9年之久。洪水泛滥面积达5万多km²，受灾人口1250万人，死亡人数达89万人

注　1. 本表资料来源于淮河与洪泽湖关系研究项目之成果《复淮导淮方略辑要及其借鉴》，再据《淮系年表全编》《淮河水利简史》《淮河志》等作了适当补充。

　　2. 1938—1947年黄河泛淮统计为一次流域性洪水。

（1）尽管黄河已经北徙，但黄河洪水对淮河流域造成灾害仍然比较严重。这一时期单独由黄河洪水造成灾害年份有 6 年，黄淮并发致灾年份有 10 年。二者合计约占 55 年的 29%。

（2）从受灾范围看：①数省同年发生灾害的情况比较普遍。四省同年受灾年份有 7 年，三省同年受灾的有 12 年，二者合计约占 34%；二省同年受灾的年份达 26 年；②由于这一时期淮河、沂沭泗河已经成为两个独立的水系，因此，往往出现淮河水系的豫、皖、苏三省或其中两省同年受灾，或沂沭泗河水系的苏、鲁两省同年受灾的情况，比如，在这一时期三省及以上省份同年受灾的 19 年中，豫、皖、苏同年受灾的有 15 年，二省及以上省份同年受灾的年份共 44 年，其中苏、鲁两省同年受灾的有 19 年。

（3）1938—1947 年的黄泛是一次人为因素造成的灾难，这次黄泛过程历时长达 9 年，范围波及豫、皖、苏 3 省 40 余县，洪水泛滥面积达到 5 万多 km^2，死亡人口达 89 万之多，灾情十分严重。另外，这次黄泛也使泛区河流水系受到破坏。

2.2 黄河北徙后大洪水年洪涝灾害

1855 年黄河北徙后，淮河流域发生较大洪涝灾害的年份有 1860 年、1865 年、1866 年、1887 年、1889 年、1898 年、1906 年、1909 年、1912 年、1914 年、1916 年、1921 年、1926 年、1931 年、1933 年、1935 年、1937 年、1938 年。其中 1866 年、1921 年、1931 年洪水为流域性大洪水；1865 年、1887 年、1933 年、1935 年、1938 年洪涝灾害主要是由黄河向南决口而引发，受灾范围一般都波及三省以上，影响较大；1912 年、1914 年两年的洪水在沂沭河，1926 年与 1937 年两年洪水在泗河水系，灾情均限于山东、江苏两省。为了更好地研究淮河流域洪涝灾害成因及区域分布规律、特征，提供直观的流域性洪水发生始末，选取 1921 年、1931 年及民国时期黄河南泛三次流域性大水灾年进行记述。

1. 民国 10 年（1921 年）大水

1921 年 6—9 月，淮河流域不断出现大雨、暴雨，造成 20 世纪淮河历时最长的一次大洪水。从 7 月中旬至 9 月底，淮河干流长期处于高水位状态。淮河上游来水以 7 月中旬最大，淮河洪河口最高水位出现在 7 月 11 日，8 月及 9 月上旬连续出现几次洪峰。淮河中游各站水位持续居高，正阳关 7 月 19 日第一次洪峰水位为 22.96m，水位下落约 1m 后，8 月 2 日继续上涨，8 月 30 日出现最高水位 23.50m，至 11 月 20 日退尽；蚌埠（铁桥）水位 7 月上旬从 15.50m 起涨，7 月 27 日水位为 19.96m，直至 9 月 17 日水位仍持续在 19.90m 以上，8 月 19 日达最高水位 20.09m，延至 11 月底退尽；洪泽湖蒋坝 6 月 30 日起涨，9 月 7 日最高水位为 16.00m。据《淮河干流设计洪水复核报告》（2015 年），正阳关、蚌埠、中渡 30 天洪量分别为 222.8 亿 m^3、282.2 亿 m^3、360.9 亿 m^3，60 天洪量分别为 392 亿 m^3、485 亿 m^3、646 亿 m^3。

1921 年淮河大水为 20 世纪淮河流域大水之一，影响范围较大，淮河上、中、下游普遍成灾，沂沭泗河水灾也很严重。据《淮河综述志》记载：1921 年水灾农田淹没面积近 4903 万亩，损失庄稼 3267 万石，毁房 88.1 万间，灾民 766 万人，死亡 2.49 万人，财产损失 2.14 亿银元（见表 2.2-1）。

表 2.2-1　　　　　　　　　　　淮河流域 1921 年洪水灾情调查一览表

省份	淹没田地/亩	禾稼损失/石	房屋损坏/间	牲畜死亡/头	建筑物损失/元	损失总值/元	灾民总数/人	死亡人口/人	蠲免田赋银数/元
河南	7571394	2652134	236410	22427	100269	32066879	1833061	3211	90264
安徽	15606096	13681779	385032	81274	34700	80346808	3397933	17852	423028
江苏	19984033	15124795	238831	114700	419792	92554865	1890926	3004	1285755
山东	5868157	1214393	20425	13910	3500	8614922	540045	823	349319
合计	49029680	32673101	880698	232311	558261	213583474	7661965	24891	2148366

注　本表引自淮河志第二卷《淮河综述志》（原表注：本表摘自中国第二历史档案馆资料室，豫、皖、苏、鲁各县水灾调查一览表）。

　　2. 民国 20 年（1931 年）大水

　　1931 年 6—7 月间，北方冷空气势强，活动频繁，而太平洋副高压又明显西伸，稳定少动，淮河流域处于冷暖气流交汇之地，降雨持续时间长，强度大而面广，雨量主要集中在 7 月，雨日多达 15～25 天，月雨量为常年同期雨量的 2～3.5 倍，月雨量超过 300mm 的笼罩面积约 13 万 km²。6 月 17—22 日、7 月 3—12 日和 7 月 15—25 日连续发生 3 次暴雨，暴雨间歇期间降雨也时常不断。暴雨中心主要在淮河干流上游、淮南山区和苏北里下河地区。第一次暴雨发生在淮河上游干流及淮南各支流，次雨量均在 200mm 以上；第二次暴雨发生在润河集以上淮南山区、洪泽湖南部及苏北泰县附近，雨量超过 400mm，中心点潢川、盱眙、泰县次雨量分别为 411.5mm、546.1mm 和 589.6mm；第三次暴雨发生在淮南潢河、史灌河及苏北泰县附近，中心区雨量超过 300mm。3 次暴雨中以第二次的范围和强度最大。7 月息县、潢川、盱眙及泰县的月降雨量分别为 619.5mm、733.3mm、712.7mm 和 947.2mm。

　　淮河正阳关洪水从 6 月中旬起涨，至 7 月 14 日水位 24.02m，随即下落不到 1m 又开始上涨，27 日出现最高水位 24.76m，8 月 1 日水位退至 23.80m 以下。蚌埠洪水 6 月中旬起涨后，7 月 15 日最高水位达 20.45m，后稍有回落后又上涨，到 7 月 30 日达到 20.41m，同日实测最大流量 8730m³/s。浮山 7 月 31 日洪峰流量为 16100m³/s。经洪泽湖自然调蓄后，蒋坝 8 月 8 日出现历史最高水位 16.25m，据分析 8 月 13 日中渡最大流量为 11112m³/s，高邮湖 15 日最高水位达 9.46m。根据《淮河干流设计洪水复核报告》（2015 年），正阳关、蚌埠、中渡 30 天洪量分别为 327.6 亿 m³、396 亿 m³、

513 亿 m³，60 天洪量分别为 422.8 亿 m³、521.5 亿 m³、665 亿 m³。

1931 年除了淮河水系发生大洪水外，当年是江淮并涨，农历 7 月上旬里运河高水位期，恰逢天文大潮，受江水顶托，运河之水难以下泄入江，又遭遇飓风过境，里运河除开启归海坝外，东、西堤防多处漫决，加之当地暴雨成涝，里下河地区尽成泽国。

1931 年大水灾情极重，遍及流域内豫、皖、苏、鲁四省 100 多个县。据《中国水利问题》统计资料：全流域受灾农田约 7774 万亩（旧亩），占当时流域耕地面积的 40%，受灾人口总计约 2002 万人，占流域人口的 30%，其区域分布，淮河水系的河南、安徽、江苏三省分别约为 750 万、479 万、654 万人；沂沭泗水系的山东省约为 119 万人。总经济损失约为 5.64 亿元，尚不包括当时国家减免赋税、救济和善后费（见表 2.2－2）。

表 2.2－2　　　　　　　　　　　淮河流域 1931 年洪水灾情表

灾　　　情	河南	安徽	江苏	山东	淮河流域
受灾农田/亩（旧亩）	11720575	21058197	32317481	12644965	77741218
受灾人口/人	7498757	4794885	6538116	1192750	20024508
受灾损失/元	188795012	149813986	201835586	23786746	564231330

注　本表引自淮河志第二卷《淮河综述志》。

3. 1938—1947 年黄河泛淮

1938 年 6 月 9 日，为阻止日军进攻，根据国民党最高当局的命令，在驻守河南的国民党二十集团军司令商震的指挥下，在郑州花园口炸开黄河大堤，洪水沿着贾鲁河、颖河、涡河等河道向东南奔流、平地漫溢，在正阳关至怀远一段注入淮河干流。黄水入淮后，又横溢两岸，造成水灾，主流经洪泽湖、高宝湖以及旧黄河入江入海。

据《淮河水利简史》对此次黄河泛滥的范围、灾害情况进行梳理、记述。此次花园口决口之初，河南境内洪水分东西两股。西股为主流，泛滥地域特别辽阔，从西北至东南，长度约有 400km，宽度 30～80km。泛区的西界自花园口西面的李西河起，向东南经新郑城东祭伯城，中牟城南的姚家，尉氏西南马村，鄢陵东南的张桥，直至沙河畔的逍遥镇。自此沿沙河北岸至周口，再经南岸的商水、水寨，以下又沿沙河北岸，经界首至太和，再沿颖河西岸，经阜阳城西的襄家埠、城南的李集、颖上西北的四十里铺，直至正阳关。泛区的东界弯曲较少，自花园口东南的来童寨起，经朱仙镇、通许县城、太康县东的朱口、刘寨，然后沿涡河至鹿邑城南，再向东南经十字河至涡阳县，黄河水从这里向西折，沿泥河南岸至泚河口，沿西泚河向下至王市集，又向西流入颖河，经颖河东岸的正武集，再向东经过板桥集、张沟集，沿着西泚河东岸直至凤台入淮河。西股洪水势大水猛，所经过的小河均难以容纳，因而漫溢成灾。霍邱的城东湖、城西湖、洰河，寿县的瓦埠湖等，也因受黄水倒灌漫溢成灾。

东股泛流，是由于 6 月下旬，黄河水位上涨冲开赵口口门后形成的。赵口溃决的黄水分两股，一股向东南直奔朱仙镇，与花园口的溃水汇合；一股绕开封城堤北面，折向东南，至陈留又分两支，一支沿铁底河，另一支沿惠济河，先后注入涡河，因赵口南泛的水量不大，灾情也较轻。后因日军在豫东筑堤与自然淤塞等关系，不久即被阻绝。

东、西两股黄河泛水入淮后，下泄洪泽湖、高宝湖，一时来不及宣泄，造成里下河地区漫溢成灾。

在黄河泛滥的 9 年里，黄泛主流不断迁移变化，期间变化大致分为三个时期：

初期（1938—1939 年）。黄泛水流大部分沿贾鲁河下泄经尉氏、扶沟、西华之东，淮阳城附近高地之西，再沿颍河两边漫流入淮，即西泛区。

中期（1940—1941 年）。西泛区经两年泛流，地面淤高，加之筑堤逼水，南泛黄水自尉氏东全部改由淮阳高地之北，经太康至鹿邑吴台庙之间，南泛西淝河沿岸漫流入淮，这称东泛区。

后期（1942—1946 年）。自黄泛区东移后，日军强迫地方百姓从朱仙镇经底阁至太康筑起东泛大堤，加之黄泛水本身不稳定，迫使黄水又回西泛区。1944 年，因尉氏荣村和扶沟张店堤防决口，泛区更向西扩展，使西华西部变为泽国。同年周口沙河南岸决口，商水至水寨一带遭水淹。

关于泛区涉及的具体区域，当时政府各有关部门统计出入颇大，不仅面积互异，甚至受灾县数也各悬殊。根据当年豫、皖、苏三省地方报告，计有 64 县受灾，河南20 县，安徽 24 县，江苏 20 县。后来行政院善后救济总署根据救济方针，从上述 64个县中，选取其中灾情较重的 36 个县，划为实施善后救济范围。1947 年春，组织中外专家学者调查黄泛区，确认行政院善后救济总署的报告较为实际，所列 36 个县，除定远县外，多为泛水主流所经，9 年灾情均比较严重。1948 年韩启桐、南钟万等人编写的《黄泛区的损害与善后救济》增列了河南开封、郑县、广武 3 县，安徽临泉、亳县、涡阳、蒙城、蚌埠、天长，黄泛涉及范围合计 44 个县（市）。

据统计，黄泛使泛区 44 县约 391 万人外逃，约 89.3 万人死亡，经济损失约 10.9亿元。1938 年豫、皖、苏三省耕地被淹情况及泛区人口、经济损失详见表 2.2-3、表 2.2-4。

表 2.2-3　　　　　　　1938 年豫、皖、苏三省耕地被淹统计表

省　名	县与区域名称	原耕地面积/市亩	淹地面积/市亩	淹地占耕地面积百分比/%
河南省	陈留	756449	169000	22
	开封	1936008	5000	不到 1
	中牟	807202	412000	51
	郑县	463436	49000	11

续表

省　名	县与区域名称	原耕地面积/市亩	淹地面积/市亩	淹地占耕地面积百分比/%
河南省	广武	895892	10000	1
	洧川	407978	21000	5
	尉氏	907039	427000	47
	通许	928563	397000	43
	杞县	1838371	116000	6
	睢县	1793249	27000	2
	柘城	672768	16000	2
	鹿邑	1674547	901000	54
	沈丘	1028506	371000	36
	项城	1115136	56000	5
	淮阳	1320192	345000	26
	太康	2328563	1554000	67
	扶沟	1308462	1240000	95
	西华	1355166	838000	62
	商水	783360	38000	5
	鄢陵	897344	346000	39
安徽省	淮河干流 霍邱、寿县、凤台	5727457	2206880	39
	颍河流域 太和、阜阳、临泉、颍上	6447763	4812800	75
	涡河流域 亳县、涡阳、蒙城	2303774	451584	20
	其他8县（市）	7517690	3347752	45
江苏省	高邮	1976648	300000	15
	宝应	1631775	680000	42
	淮安	2602033	400000	15
	淮阴	1336320	155000	12
	泗阳	2280960	132000	6
	涟水	2583084	110000	4
总计44个县		57635000	19934000	35

注　本表引自《淮河水利简史》。

表 2.2 - 4　　　　　　　　　　　泛区人口、经济损失表

区 域	人口变动				各业财产损失		农业减收	
	逃离		死亡					
	人数	占原有人口千分比	人数	占原有人口千分比	价值/千元	占原有财产千分比	价值/千元	占9年净产值千分比
河南泛区	1172639	173	325589	48	249466	185	224527	197
安徽泛区	2536315	280	407514	45	326096	188	181046	168
江苏泛区	202400	57	160200	45	41460	42	69167	74
总计	3911354	201	893303	46	617022	152	474740	151

注　本表引自《淮河水利简史》。

　　此次黄泛 9 年，黄河把数十亿吨泥沙带到淮河流域，形成了约 5.4 万 km² 的黄泛区。据《黄泛区的损害与善后救济》，在豫东"黄泛主流经过的区域，如尉氏、扶沟、西华、太康等县境，堆积黄土浅者数尺，深者逾丈，昔日房屋、庙宇、土岗已多埋入土中，甚至屋脊也不可见。尤可惨者，此种涸出地面，今已满生芦苇丛柳，广袤可达数十里，非经彻底清除，无复耕作"。皖北泛区淹重淤轻，平地淤积灾情比豫东轻，据当时农林部调查，在黄泛区主流所经的亳县、涡阳、蒙城一带，测其淤厚不过 2m 上下，到蚌埠附近，虽经 9 年黄泛，淤积始终未逾 1m。颍水两岸淤积较重，正阳、阜阳一带，可见到 3～4m 的淤积层，一般多在 1.5m 左右。

　　黄泛对淮河干支流及湖泊淤塞也很严重。如贾鲁河在西华吴营以上的东西水道，西华以西的颍河，太康以上的涡河旧道，二郎沟、大郎沟及褚河、楚河下游，双洎河下游，淮阳以西的白马沟和东南面的东、西蔡河，多已淤成平地。由于黄水向支流倒灌，使清水不能下泄，互相顶托，黄水携带的泥沙，沉积在支流河口，使支流淤塞不通。如贾鲁河下游黄水入沙河倒灌周口以上 12km，使距周口 22km 邓城的沙河，在汛期水位常停滞不下。同样，在阜阳的颍河黄水向支流泉河倒灌 10km，使处于 20km 杨桥的泉河水位停滞不下。由颍河入淮的黄水，向淮河干流倒灌至 30km 远的垂岗集，向淠河倒灌 4km 至横坝，淮河在三河尖、淠河在迎河集的水无法宣泄，造成颍河口至正阳关的淮河干流，曾一度淤塞不通。入淮以后的黄河泛水，到凤台县峡山口受阻，一股向东南灌入东淝河及寿县的寿西湖和瓦埠湖；一股向西冲破禹山坝灌入西淝河，并分流经凤台城南北，重新流入淮河。在中游两岸被淤的支流，还有北岸的茨河、涡河、北淝河、沱河、浍河等，南岸的天河、洛河、池河等。

　　关于洪泽湖的淤积，20 世纪 50 年代初结合治淮规划，水利部治淮委员会曾经组织力量进行过实地勘测，并绘制出五万分之一的洪泽湖实测地形图。将此图与 1921 年江淮水利测量局测得的同比例地形图比较，可以看出 1938 年黄河花园口决口前，洪泽湖湖心没有淤滩，这个淤滩是 1938 年以后逐渐形成的。据 1955 年淮委勘测设计

院《淮河干流（长台关至高良涧）航运查勘报告》记载：1941 年湖心淤滩开始形成，1944—1946 年淤积最快，1945 年开始生长芦苇，由于芦苇的生长，更促进了淤滩的扩大和固结。据测定全湖沙洲淤高 1~1.2m 不等，淤滩面积估计约 600km²，淤积泥沙 3.6 亿 m³。1938—1947 年的黄河泛淮不仅仅给当时淮河流域人民带来巨大灾难，也是造成其后淮河流域难于治理的重要因素之一。

2.3 洪涝灾害成因

淮河流域洪涝灾害的发生有其内在原因和规律。一般认为由河流漫溢或堤防溃决造成的灾害为洪灾，因当地降雨无法及时排出而引发的灾害称为涝灾。从 1855—1949 年间淮河流域发生的洪涝灾害情况看，在淮河流域具有洪涝不分、灾害发生频率高等特征，气候、地理环境等多种因素造成了淮河流域洪涝灾害。

1. 过量的降雨是发生洪涝灾害的主要原因

淮河流域地处我国亚热带和暖温带的气候过渡带，天气气候变化剧烈，降雨年际变化大，年内分布也极不均匀，夏季降雨集中。梅雨雨期较长，多年平均 25 天左右，是淮河中下游导致洪涝灾害的主要降雨类型，同时淮河流域也经常发生台风暴雨灾害。洪涝灾害的发生往往与降雨强度、持续时间、一次降雨总量和分布范围的大小有关。淮河流域中下游平原地区，是季风暴雨经常发生的区域，集中的强降雨极易引发大范围或局部的洪涝灾害、特别是涝灾。由于平原地区人口稠密，生产要素和财富集中，导致灾情严重，影响范围也大。

2. 地势低平等自然条件是造成洪涝灾害的地理因素

从地形上看，淮河流域平原广阔、地形平缓低洼，排水条件差。淮北平原、南四湖湖西平原等地区，分布于干支流中下游，虽有一定的排水能力，但遇较大降雨时，往往因坡面漫流或洼地积水而形成灾害。分布在沿河、沿湖周边的低洼地区，因受河、湖水位顶托而排水受阻或丧失自排能力。如沿淮洼地，在淮河遇中小洪水时，淮河水位就高出地面，堤防虽可抵御洪水的侵袭，但洼地内水往往无法排出，造成"关门淹"，或因堤防不完善、溃决、洪水漫溢，出现因洪致涝，洪涝并发；而苏北里下河地区虽然排水系统相对独立，但也常遭受淮河洪水侵扰致灾，同时因地势低洼，且中间低四周高，自流排水极为困难，一遇暴雨，往往积涝成灾。

3. 黄河夺淮的影响加重了洪涝灾害

黄河夺淮直接导致淮河水系发生了巨大变迁，今淮河干流及以北、沙颍河以东广大地区的河流都不同程度地受到侵扰，有的河流消失，也有新的河流形成，有的面目全非，像古汴水曾经是沟通中原与江淮交通的骨干水道，成为横亘于淮河以北平原地区分水岭，濉水也几近湮灭；豫东、皖北和鲁西南等平原地区的大小河流，都遭到黄河洪水的侵袭和破坏。由于黄河长期侵扰，打乱了淮河原有的排水体系，使黄河北徙后淮河流域的河流水系极为紊乱，排水不畅；同时，由于黄河泥沙长时期的淤积，很多河流河床逐渐淤高，断面狭小，入河口普遍淤浅，水流不畅，行洪排涝能力大为下降；像鲁西南地区的梁山泊、里下河地区的射阳湖、今洪泽湖地区的白水塘、富陵湖等湖沼，历史上是调蓄洪涝水的重要场所，也因黄河泥沙淤积而夷为平地或范围大大缩小，原有调蓄功能几近丧失或调蓄能力大为下降。这种状况无疑加重了洪涝灾害的程度。

另外，虽然黄河已经北徙，但是黄河南泛的情况并未消失，在此期间仍有数次决口，在淮河流域造成洪涝灾害，特别是 1938—1947 年的 9 年泛淮历程，在淮河流域造成了极为深重的灾难。

3

明清及民国时期治理思路

  明清以来，黄河夺淮日久，黄淮运在淮河流域交汇，成为全国江河治理的焦点，其核心是"通漕保运"，主要方略是"蓄清刷黄"，治理过程加速了洪泽湖的扩张，形成浩瀚的平原湖泊。1855 年黄河北徙，结束了漫长的夺淮历史，淮河中下游地理环境和原有水系格局变迁剧烈，灾害愈加深重，导治淮河已刻不容缓。一些中外有识之士，纷纷到淮河考察，提出各种导治淮河的主张和计划方案。明清时期，潘季驯、靳辅等水利专家对黄淮运进行统一治理的规划思想与方略；黄河北徙后至民国时期，孙中山、张謇、柏文蔚、詹美生、费礼门、武同举等中外人士以及全国水利局、中国水利工程学会、导淮委员会等水利机构提出的导淮主张和导淮计划，本章择要列举，述其要义，以期提供有益的历史借鉴。

3.1　明清时期黄淮运治理规划思路

  明朝时期，明成祖朱棣迁都北京，重新开通了京杭运河。运河是明朝南粮北运的大动脉，运河的畅通对保障京城粮食、朝廷赋税供应和政权巩固意义重大。因此，明朝对黄、淮治理是以通漕保运为总目标，明孝宗朱佑樘曾告诫大臣"朕念古之治河，只是除民之害，今日治河乃是恐妨运道，致误国计，其所关系，盖非细故"（《淮河水利简史》）。由此可以看出，治水防洪目标，从此降为次要地位，让位于"治河保运"的原则。这一原则，从根本上制约了明朝乃至清朝两代的治水思想。

  明代前期的河官，为保漕运畅通，黄河治理多采用北堵南疏之法。北堵，以防黄河北决，直接冲击漕河；而黄河南行，把黄水引向淮河流域腹地多支分流，主流经涡、颍二河入淮，既可避免直接冲击，又可资助运河。明正统十三年（1448 年）夏，黄河南北决口，其中北决河水冲毁了张秋、沙湾一带的运道，朝廷十分重视，数次派员对沙湾进行治理，到景泰六年（1455 年）堵塞决口，而对于向南的决口则置之不理，对运道的重视由此可见一斑。至弘治二年（1489 年），黄河又在开封沿河各地南北决口，北决河水又在山东曹州冲入张秋漕河。次年户部侍郎白昂受命治河，采用北堵南疏的方针，在北岸，自阳武，沿封丘、祥符、兰阳、仪封县筑一道阳武长堤，以防黄水北流，冲击张秋运道，在南岸，对古汴河、睢河等进行疏浚，首创黄河北岸筑堤，引河南行。但黄河泛滥扰乱运道的状况并未改变，弘治五年（1491年）七月在黄陵岗、荆隆口等地决口，再次北犯张秋，弘治七年（1493年）复决张秋沙湾。于是在弘治八年（1494年），刘大夏堵塞决口，在黄河北岸筑西起胙城、东至徐州长达180km的太行堤。但此时黄河的河道已长期南泛，形成南高北低的局面，单纯的北堤也挡不住北决的趋势，时常冲决运河，影响漕运畅通。到了明嘉靖年间，黄河主流不通过古泗水入淮，接济不了徐州以下运道水量，致使济宁至徐沛数百里运河水浅尽淤，运道阻绝，又迫使黄水东流。这时黄河在北自曹县、单县、金乡、鱼台，南至徐州、砀山这个大区域内，或南或北，窜扰泛滥，负责治河的官吏6年6换，束手无策。实践证明，那种黄河北堤南疏，消极保运，头痛医头，脚痛医脚，只图一时而不虑久远，敷衍塞责的治水方法是行不通的，既危害了淮河，也治理不好黄河，更保不住运河畅通。

在河患严重、明王朝上下一筹莫展之时，治水专家潘季驯（1521—1595年）于隆庆四年（1570年）八月，第二次出任总河。次年改变以前北堤南疏的治河方略，开始在徐州至邳州之间黄河南北筑起缕堤。到了万历六年（1578年）潘季驯第三次出任总河时，又亲赴海口勘察，沿黄、淮、运各地调查研究，总结前人治河经验教训，向朝廷提交了《两河经略疏》奏章。在奏章中，他分析了黄河与淮河的不同，指出：黄河水浊，"平时之水，以斗计之，沙居其六，一入伏秋，则居其八矣，以二升之水，载八升之沙，非极湍急，必至停滞"。淮河水清，自黄河夺淮至今，淮水屡决高家堰旧堤。根据黄、淮两河形势，他创建了"束水攻沙""蓄清刷黄，以清释浑"的治水理论。提出了统筹治理黄、淮、运的总体规划。特别是强调"治河之法，当观全局"的治水理念，正确处理黄、淮、运三河之间的关系，既要看到三者的矛盾，更要看到三者的联系和制约。其总体规划思路认为："通漕于河，则治河即以治漕；会河于淮，则治淮即以治河；合河、淮而同入海，则治河、淮即以治海"（潘季驯《河防一览》）。就是说，要保证漕运，就必须治理黄河；治理淮河，也是治理黄河的重要方面；黄河与淮河治理好了，海口的淤塞问题也就迎刃而解了。由此可以看出，他的治水规划思路，保漕运仍然是规划的总目的，**具体治理措施则落脚于治理黄、淮上面**。

潘季驯根据这一总体治水思路，在《两河经略疏》中，全面提出了治理黄、淮、运总体工程布局，后又随着实践的深入，对各段河道主要问题进行深入了解与研究，相应的治理措施更加完善，把治理黄、淮、运的全面规划思路，逐步落实到具体的工程措施中。

潘季驯在黄、淮、运总体治理工程实施中，把筑高家堰视为首务，这在一定程度上进一步促使洪泽湖水库的形成。洪泽湖出口设在高家堰大堤的西北角汇黄之处，由于淮河水清，称为清口，为淮水冲刷黄水的咽喉，至关重要。潘季驯在清口东西堵塞了朱家、王简和张福三处决口，使淮水全部出清口奔泄。为了防止淮河特大洪水，清口宣泄不及，危及高家堰大堤，还在洪泽湖南端周桥设减水坝，与周桥以南的天然减水坝一起，起到了洪泽湖溢洪道作用。与此同时，潘季驯围绕洪泽湖，在湖西，自桃源（今江苏泗阳县）孙家湾至宿迁县归仁集筑长达四十余里的归仁堤，截睢水尽入黄河，不使睢黄入淮；筑桃源与清河两县交界处的马厂坡遥堤七百四十六丈，堤上设闸节制黄、淮出入之路，为淮、湖屏障；筑桃源、清河两县缕堤，以防黄水南侵。在湖东北清口以下，筑清江浦到柳树湾旧堤，接筑柳浦至高岑新堤，以防黄、淮南溃。另外，他还"塞崔镇等决口百三十，筑徐、睢、邳、宿、桃、清两岸遥堤五万六千丈，砀、丰大堤各一道，徐、沛、丰、砀缕堤百四十余里"（见《淮河水利简史》转引《明史·河渠志》），以防黄水溃决，束水归槽。经过潘季驯前后三年的整治，黄河既有缕堤、遥堤，水无所分，则以全河夺淮、泗；淮以高家堰为障，以全淮敌黄，出清口，黄、淮合流，出云梯关入海。一时，"两河归正，沙刷水深，海口大辟，田庐尽复，流移归业，禾黍颇登，国计无阻，而民生亦有赖矣"（见《淮河水利简史》转引《河防一览·河工告成疏》），黄、淮安流了五六年，收到了一定的治理效果。

　　自洪泽湖形成以后，每遇黄淮大水，危及洪泽湖大堤安全时，特别是明末明祖陵受到淹没威胁时，就会发生分黄导淮的议论。为了护陵、保运，明王朝改任杨一魁为总河，制订分黄导淮之策。万历二十四年（1596 年）征调山东、河南、江北丁夫20 万人，开挖桃源黄坝新河，自黄家嘴经周伏庄、渔沟浪石两镇，至安东五港、灌口，长 300 余里，分泄黄水入海。在高家堰建武家墩闸，泄淮水，由永济河达泾河；建高良涧闸，由岔河达泾河，均下射阳湖入海。建周家桥闸，由草子湖、宝应湖经子婴沟，下广洋湖入海。又浚高邮茆塘港，引水入邵伯湖，开金家湾下芒稻河入江。

　　杨一魁"分黄导淮"工程，虽一时收到"泗陵水患平，而淮、扬安矣"（见《淮河水利简史》转引《明史·河渠志》）的效果，但同样也不能解决黄、淮淤决问题。桃源黄坝新河不久就淤废，以失败而告终，而且由于分黄横穿沂沭河，夺灌河入海，打乱了苏北水系，给苏北地区带来了深重灾难。导淮又多由高家堰东注，穿过运河大堤，直下里下河地区。但洪水进入里下河地区后如何入海的问题，则一直未得到解决。一旦归海坝开启或里运河东堤溃决，里下河地区一片汪洋。

　　潘季驯"蓄清刷黄"治水方略对后世影响极大。到了清代，仍多沿袭其治水章法，黄、淮流势格局没有大的变化。到了清康熙初年，黄、淮下游入海河道淤塞严重，不仅淮水下泄不畅，黄水反而倒灌入湖。康熙十六年（1677 年），清代治水专家靳辅（1633—1692 年）被调任河道总督，在其幕僚陈潢的协助下，跋涉险阻，上下数百里，了解黄、淮横流及河道残破情况，指出当时淮泗下游地区黄淮河道弊坏已极，并分析致害原因，指出"治河之道，必当审其全局，将河道运道为一体，彻头彻尾治之"（见《淮河水利简史》转引《清史稿》卷一二八《河渠志》）的治水方略，连续向康熙皇帝上了八个奏疏，提出了系统治理黄、淮、运的全面规划。

　　他在治理黄、淮、运总体规划中，首先分析了洪泽湖高家堰的形势，对洪泽湖功能作了进一步解释，明确了洪泽湖对淮河径流的调节作用，使湖水位保持高于黄河的优势，以防倒灌，实现"蓄清刷黄"和"蓄水济运"。同时，他还利用洪泽湖替黄行洪，"减黄助清"，在砀山毛城铺，徐州王家山、十八里屯以及睢宁峰山、龙虎山等处建造多座减水闸坝，黄河暴涨，分水南下入湖，以加大洪泽湖进水量，提高洪泽湖水位，增强御黄能力。

在清代黄河北徙前，除靳辅等河臣大筑高家堰蓄清刷黄外，主张分淮入江的也不乏其人。其中，清朝水利专家冯道立（1782—1860 年），除对淮扬里下河地区治理提出规划方案外，对淮河洪水主张沿江分泄。在其《淮扬治水论》中，淮河入江路线除开金家湾，下芒稻河入江外，计划三线，分泄入江。一是正阳关以东，由巢湖等处入江，认为"是淮之注江，禹时已然"。二是沿洪泽湖之禹王河，认为"此河旧在五坝上游，由盱眙圣人山黑林桥，历天长之桐城杨村，绕六合金牛山，过八百桥，一向瓜埠下江，一向方山南白茅坂下江"，"实可按其旧迹而行"。三为邵伯以西"若引淮水由天长之东沟、胥浦，抑或由丁家墩、尤家涧等地，经陈公塘，以至仪征"。

与冯道立同时，还有我国著名植物学家吴其濬（1789—1846 年），出生河南固始县。道光初年，他丁忧在固始家乡，考察淮河水灾之由，写有《治淮上游论》一文，指出"治淮必先治淮之上游，此其枢要，不在江南而在安徽之境"，"定远之叶子湖、瓦埠湖，皆四面有山，一线入河；而霍邱、寿州之湖，与河道相连……诚能因势建坝，增堤稍高，淮水大则闭闸，不使助淮为暴，是洪湖所不能尽容者，而诸湖分容之；水小则启闸使淮流并注，是洪湖所不能尽蓄者，而诸湖分蓄之，其事可成，其利甚溥"，提出利用淮河中游两侧湖泊洼地增堤建闸，以滞蓄、调控洪水的想法，解决淮河干流洪水来量大而泄量小的矛盾，其主张孕育着"蓄泄兼筹"的思想。

3.2 清末淮复故道论

清末，为了改变淮河洪涝灾害日益严重的局面，苏北山阳（今江苏淮安市）绅士丁显首次提出淮复故道的倡议。他于清同治五年（1866 年）发表了《黄河北徙应复淮水故道有利无害论》一文，认为淮河之所以大灾不止，皆因淮河失去故道，南下入江，尾闾不畅造成的。因此，他提出"堵三河，辟清口，浚淮渠，挑云梯关尾闾四项工程，缺一不可"的淮复故道的思路。他认为："仅堵三河而不大开引河，则上游之水无由泄，颍凤之害不能除；仅开引河而不大挑清口，则洪泽之水不畅出，盱泗之害不能除；仅挑清口而不宽浚淮渠，大辟云梯关尾闾，则水不注海，杨庄王营一带，必忧漫溢，安东、阜宁，水行地上，设经汛涨，易于溃决，清、桃、安、阜之害不能除"，他又更进一步分析黄河北徙后，淮河中下游河道形势，指出：洪泽湖东北"束清坝外，旧有引河五道，今大半淤塞，惟张福口引河，尚有涓涓细流，天然引河尚有河形"。废黄河杨庄以下，直至云梯关，外有遥堤，以为屏藩，中有缕堤，以为管钥，黄河北徙后，故道堤防，虽遭到一些破坏，但尚不十分严重，"如择其险要处，帮做堤工，屯潴淮水，即足相容"。云梯关以外，"淤淀渐遥，未筑堤防，防险无自，不知营称苇荡，本淮水潴蓄之区，秋冬水涸，二十余丈河渠，足资宣泄，设当伏汛，横流散漫，潮汐萦洄之地，海滨远阔之区，何妨任其游衍"。丁显还拟定了《复淮故道章程》，提出了复淮故道 14 项工程措施设想，仍沿用明、清时期潘季驯、靳辅"蓄清刷黄"治水思路。所不同之处，这时黄河已北徙 10 年，把"刷黄"改为"刷沙"。

丁显淮复故道论的提出，开创了我国近现代"复淮"、"导淮"的先河。次年（1867 年）阜宁绅士裴荫森，上书两江总督曾国藩，再次提出复淮水故道。同年十月，曾国藩在清江浦开设"导淮局"，由淮扬道主持办理"复淮"事宜，从事测量，这是我国近代最早成立的地方性的导淮机构。光绪七年（1881 年），江苏总督刘坤一设立"导淮局"，提倡"导淮"，主张开挖张福河、碎石河，引洪泽湖水入顺清河，水小由顺清河入运，水大则由废黄河入海。光绪九年（1883 年），两江总督左宗棠，要求清政府拿出淮北盐税全数收入，用于"复淮"施工。次年正月，他与漕督杨昌浚查看淮河入海道情况后，提出从云梯关下十余里的大通口，向东北至响水口、接潮河、灌河口入海的线路。光绪三十二年（1906 年），淮河流域发生水灾，苏北灾情很重，清末状元张謇发表了《复淮浚河标本兼治议》一文，此时张謇也是主张淮复故道入海。总之，自丁显提出淮复故道到 1911 年辛亥革命，清王朝被推翻前 45 年间，复淮故道之呼声不断，但此时清王朝内忧外患，国势日衰，已无力顾及淮河复导，仅有历届两江总督少许做了些复淮故道的疏浚工程，但多遇难而止，未见成效。

3.3 民国初期导淮主张与设想

民国初期，随着西方水利科学技术的传播，我国一些有识之士，把国外水文气象监测和河川地形测量等先进技术引进过来，结合我国传统治水之法，不断地探索治理江河的新思路和新方法。为了有效地导治淮河，孙中山、张謇等知名人士，先后提出江海分疏的导淮方案，在民国初期已占主导地位。即使柏文蔚、费礼门等中外人士主张全淮入海的设想，在入海路线和导治措施上，也与丁显"淮复故道"的倡议迥然不同；美国红十字会工程团等团体提出的导淮全部入江计划，也与明、清以来冯道立等人提出沿江从正阳关以东、南通巢湖，盱眙以东、南下瓜埠，沿禹王河旧迹等纵穿江淮分水岭的入江路线亦有所不同。

3.3.1 江海分疏的导淮方案

民国初年以来，导淮主张江海分疏方案，不仅有中国革命先行者孙中山的倡议，更有美国红十字会技师詹美生的规划设想，清末状元张謇详细周密的导淮计划。一时附和江海分疏方案的还有全国水利局、安徽水利局等单位和个人，使此方案已占主导地位。在江海分疏前提下，各家规划设想在入江入海的路线上却不尽相同。现择要略述如下。

1. 孙中山计划

孙中山先生在《建国方略》中提出导治淮河计划的设想。他认为修浚淮河，为中国今日刻不容缓之问题。通过他的调查研究，并在沪与辛亥革命元老柏文蔚商谈后，拟订了江海分疏的导淮方案。他赞成美国红十字会技师詹美生提出导淮"通海、通江之方法，但于用黄河旧槽及其经过扬州西面一节，有所商榷。在其出海之口，即淮河北支已达黄河旧槽之后，吾将导以横行入于盐河，循盐河而下，至其北折一处，复离盐河过河边狭道，直入灌河，以取入深海最近之路。此可以大省开凿黄河旧路之烦也。其在南支在扬州入江之处，吾意当使运河经过扬州城东，以代詹君经城西入江计划。盖如此则淮河流水，刚在镇江下面新曲线，以同一方向与大江会流矣"。他还主张淮河入淮入江还应考虑通航问题，认为"淮河此两支，至少有二十英尺深之水流，则沿岸商船，自北方赴长江各地，可免绕道经江口以入，所省航程近三百英里"；还认为入江入海河道"各有二十英尺深，则洪泽与淮河之水流宣畅，而今日高于海面十六英尺之湖底，时可以变作农田"（《中国水利史典·淮河卷二》之《导淮之根本问题》）。

2. 张謇计划

张謇是清末状元，又是我国近代著名实业家和水利专家。他一生在兴办实业和教育的同时，心系淮河，是较早引进西方水利技术开创导治淮河的先驱者之一。他早于光绪三十二年（1906 年），就提出了复淮的建议，上书两江总督端方，要求设立"导淮局"，先进行测量工作，为复淮创造条件。在进行实测废黄河河口潮位中，以民国元年（1912 年）11 月 11 日下午 5 时的低潮位为基准面，称"废黄海零点"，又称"江淮水利零点"，从而确立了淮河流域的以废黄河零点为基面的高程系统，沿用至今。张謇举办的淮河水文观测、淮扬徐海平剖面测量（即现代所称地形测量），为规划导淮工程做了大量准备工作。

张謇的导淮工程计划方案，多以水文观测与地形测量为依据，不断革新观点，使之更加符合淮河下游的历史和现状。他开始研究水利，首先接触学习的是我国传统的水利著作，"经若禹贡，史若河渠之书，沟洫之志；专家阐述，远若桑经郦注，近者潘靳丁冯诸家之说"（张謇《欧美水利调查录序》）。因此他早期的治水思想，特别是治淮主张，仍摆脱不掉清末的窠臼，其《复淮浚河标本兼治议》一文，对淮河的治理仍循丁显之言，主张淮复故道，全量入海。他认为淮复故道，不仅可以除害，还可以兴利。淮河回复故道后，洪泽、高宝、白马、邵伯诸湖以及沿湖盱眙、天长地区可涸出土地 324 万亩，以每亩三钱二分收价，可得银 100 万两。后来他在民国初年，通过淮北的查勘测量，发现如淮水全部入海，则工程量太大，且下河灌溉之水，来源不易。全部入江，如遇江淮并涨之年，必仍泛滥为淮扬患。民国 2 年（1913 年）发表了《导淮计划宣告书》和《治淮规划之概要》，从"复淮"改变为"导淮"，并提出"江海分疏"和"沂泗兼治"的导治淮河的方案。在"江海分疏"上，他认为"三分入江，七分入海，其说颇当"。在入江线路上，根据他两年测量所得结果，入江由三江营为宜，认为先前选线"淮水似入里运河，不知瓜州能泄里运河低洼之水，不能泄里运河高涨之水"。而"三江营之地位在焦山以东，通常水位低于瓜州，河底也较瓜州为低，其引淮入三江营之道线，即由蒋坝之三河经小关头桥等处；其间原有航路，底亦低下，由此进行，工省而势顺也"（张謇《治淮规划之概要》）。入海之路，张謇这时则吸取了柏文蔚从灌河口入海的主张，认为原淮故道云梯关口高于灌河口，导淮应顺水之性，宜于就下，从张福河引淮循旧黄河至马港口（云梯关东），再由六套北折至小南河入灌，经灌河口入海；循河旧漕一段，以黄河之北堤为南堤，涟水以西，借用盐河，涟水以东，于北堤外距离适宜之地，另筑新堤以资行水；出海通路当加浚垛子、临洪二口，以为盛涨分杀之备。在导淮的同时，还应兼治沂河与泗河。他提出淮、泗、沂分治，认为"导淮而不兼沂泗，淮即治而功不完；导沂泗而不析于淮，沂泗盛而患亦难杀"[《中国水利史典·淮河卷二》之《张季子九录·政闻录（节录）》]。

民国7—8年（1918—1919年），张謇又根据导淮测量资料，各河湖水位、流量，又连续发表了《江淮水利计划第三次宣言书》和《江淮水利施工计划书》，对江海分疏方案作了较大修正。把1913年《导淮计划宣告书》中提出的三分入江，七分入海计划，改为七分入江，三分入海，也就是淮水以入海为主改为入江为主的方案。其水量分配，按民国5年（1916年）实测资料，淮水入洪泽湖最大洪水量12500 m³/s，洪泽湖排洪由三河和归江各坝最大流量为7500 m³/s，占洪泽湖来水的60%，若各坝大加改良，理想上或可增至70%～80%。为稳妥起见，计划由三河、高邵湖经归江各坝入江7000 m³/s，占洪泽湖来水的56%，由张福河、废黄河入海最大流量3000 m³/s，占洪泽湖来水的24%，其余20%的洪水滞留洪泽湖内。洪泽湖出口处建闸坝，控制水位，最高不得高出13.1m，最低不得低于10.89m。同时在入海路线上，为了更好地贯彻淮、沂、沭、泗分治的原则，由原来灌河口入海，改为由废黄河入海。其线路计分5段，第一段自洪泽湖入张福河至杨庄；第二段由杨庄淮运合流处循黄河旧槽行约八里，入盐河；第三段由入盐河处至涟水大关止，借盐河行淮；第四段大关以下，改废黄河北堤为南堤，至匍湖止；第五段匍湖以下至海口，始用黄河旧槽，与清末丁显恢复淮河故道的路线已有很大改进。

张謇"七分入江，三分入海"江海分疏和淮、沂、沭、泗分治的导治淮河的方略，为以后的国民政府导淮委员会所接受。民国20年（1931年）导淮委员会编制的《导淮工程计划》，对他的入江入海洪水量与导淮入海路线及航运灌溉河渠计划均多采用。

3. 詹美生计划

詹美生系美国技师，受美国红十字会的派遣，于清宣统三年（1911年）四月来华考察淮河，1912年6月考察结束，提出淮河疏导方案，即洪泽湖仍维持旧有南北两出口，经黄河故道和宝应湖入海入江，是江海分疏的倡导者之一。对于沂、沭河，他主张"导使之东注，而以沂河为大运河之主要给水者，故第一当疏通大运河，自柘城以东，走涡阳之北，达于洪湖，拟作新运河一道，受北来各水，以减洪水之患"（见《中国水利史典·淮河卷二》之《导淮之根本问题》）。

4. 安徽水利局与全国水利局计划

1919年，安徽水利局拟就《导淮水利计划书》，拟将淮水分泄江海，使洪泽湖大部分可干涸成陆地。根据测算，淮河入洪泽湖的最大流量为12200 m³/s，拟将分泄入江流量为 8490m³/s，由射阳河入海流量为 1981m³/s，剩余水量留潴湖中，以供灌溉之用。入海线路主张经高良涧入浔河，过白马湖，由射阳河入海。

1925 年全国水利局发表《导淮计划大纲》，也附和张謇等人江海分疏的导淮方案。入海线路是从仁和集（明祖陵）至张福河口，在洪泽湖中筑一新堤，形成干河，由张福河出口，借用盐河，入旧黄河出海。

3.3.2 全部入海的导淮方案

民国初年主张全淮入海者，不乏其人，其代表人物有柏文蔚、费礼门、潘复及杨惠人等。其入海口北自海州湾之临洪口、灌河口、套子口，中至废黄河口，南至斗龙港、射阳河口等处入海。其导淮入海计划要点，分述如下。

1. 柏文蔚导淮计划

柏文蔚早年参加辛亥革命，民国刚成立时，曾任安徽都督、导淮会办，首次倡议裁军导淮，并设测量局，测量皖淮水系。对淮河导治，最初主张淮水十分之六由灌河口入海，十分之四由运筑堤束水入海和由运经高宝湖分泄入江三策，后演变为由灌河口全部入海。他认为"导淮一事，不难乎工程，亦不难乎筹款，而惟归定下游入海之途为最难"（见《中国水利史典·淮河卷二》之《说淮》），他从地理的角度指出，江苏省数百里沿海岸线，可为淮河出口之良港的，莫宜于灌口。主张自张福河经西坝下盐河至老堤头，开挖二十里新河接盐河，取直三十里至响水口，合灌河入海，以上总长不足三百里，河路既为直线，又有适当比降，淮水出洪泽湖后，合沂泗入海。

1931 年国民政府正式公布导淮委员会制订的《导淮工程计划》后，柏文蔚于1932 年 10 月，上书国民政府，极力反对以洪泽湖为枢纽的导淮入江方案，严斥导淮工程计划的谬误，阐述了他自民国初期以来的导淮主张，概括起来，除上述导淮必由灌河出海外，其余主要内容尚有：

（1）导淮以减低洪泽湖现有水位为标准。他指出："皖淮河底平均高约四公尺，而洪泽湖底高十公尺，水位高十五公尺以上，是皖北平原已在洪泽水位之下二公尺；下游之里下河及海州盐河一带之地面，均高四公尺，可知洪泽湖非上下之低洼，而且为凸出于上下游之高地。淮之害即在此，设更修筑为水库，文蔚以为非水库，乃是水塔，势必上灌皖豫，下决淮扬，以成滔天之祸"〔中国第二历史档案馆藏行政院（1）3781 档案〕。为治本之计，宜导洪泽湖水入海，降低洪泽湖现在水位。

（2）新淮河之设计，必依皖淮底高匀配倾斜而下，断不容有阻碍。

（3）导垦须通等，不可分为两事，应设一导垦专局，统一淮河流域水利行政，以专责任，俟导垦完成再分别转移中央、地方各机关。

（4）苏皖鲁豫应合组一导淮协会，为设计与监督之机关。

（5）导淮工费出于垦，应俟工费与垦利有确定之预算，并经协会通过后募集公债，断不可先借外资，以防滥用。

（6）导淮须合鲁豫苏皖四省利害，统筹全局，一秉大公，不可只顾一隅，妨害他省，以邻为壑。

柏文蔚的导淮计划方案提出后，引起淮河流域四省的注意，尤为江苏、安徽两省人士关心。当他的计划方案被蒋介石和导淮委员会否定后，引起了安徽人士的愤慨和不满，当时安徽省就有 2000 余人在南京"安徽同乡会"集会，并游行示威，要求国民政府收回导淮工程计划，实施柏文蔚的导淮计划，加剧了苏、皖两省水利矛盾。

2. 费礼门计划

费礼门系美国工程师，代表美国广益银公司，于 1919 年来华，接洽南运河借款一事，并查勘淮河、运河，次年拟有《治淮计划书》，1922 年经安徽水利局余明德、齐群两位水利专家翻译为中文，并刊印出版，全书计 72 章，为研究性质的计划报告。拟议淮河入海口暂定临洪口，同时有灌河口及套子口供比选，待以后详细复测，权其利弊，再行确定。民国时期宋希尚在其著作《说淮》（见《中国水利史典·淮河卷二》）中梳理了费礼门计划之要点，摘要叙述如下：

（1）淮、沂、沭诸河治理纳入同一个计划之内，同时一次解决，使淮治而诸河皆治。利用天然水力冲凿河道，故宜合不宜分，必须全部入海。

（2）开一深广且直的新河，以收集淮、沂、沭之大水，共同归入于海。新河宜使甚直，然后匀配河底，以最陡之倾斜，使得最大的流速，以冲刷掘深其河槽，并挟带泥沙入海。新河宜限制两道坚堤之间，两堤间距勿过宽，使水力聚而加大，足刷河底。

（3）新河路线宜尽量北移，藉以迅速接受沂沭两河之水及自运河下泄之山东余水，共同归海，并指定海州湾为最适宜之出口，以保持新河以南最大面积，垦拓种植，以偿全部工费。其出海之处，宜利用石山，以便将来开辟傍海商港。

（4）规定洪泽、青伊、骆马湖等，建筑蓄泄水闸，使为水柜，以杀水势，而减暴涨。

3. 杨惠人计划

杨惠人系民国初年人士，对于导淮问题颇多研究，著有《导淮刍言》一文。他主张淮水宜由旧道独流入海，但必须疏浚淮河上游及各支流河道，堵塞洪泽湖入江之路，深浚河身，其理由如下：

（1）淮本入海，昔日主张入江者，原淮、黄合渎，今黄河北徙，淮自应仍其故道。

（2）苏皖两省，长江以北，经济、文化均极落后，虽有陇海、津浦两铁路线，无法以救其穷；而淮水横贯苏皖，若通过废黄河流入黄海，可藉海上交通，直达内地，庶经济、文化得两收其利。

（3）云梯关旧系淮水入海口，南有射口，北有灌口，昔日主张分黄导淮者，曾分之于灌口，导之于射口，结果黄、淮溃决如故，必仍归于旧道而后已。

（4）深浚河身。他以巴拿马和苏伊士运河为例，进而主张深浚淮河下游河道，认为"淮水既为苏皖北境与海上交通之运道，清口复为洪泽湖第一适当流出口，则河身之深广，必如巴拿马、苏伊士等河，方可足以发展交通"。在浚深淮河下游河道的同时，也主张疏导淮河上游河道以及颍河、洪汝河等支流，认为"治河之道，固重在浚其下游，然亦须上游兼治"，"是宜于皖之正阳关以上至信阳之长台，浚沙束水，使水深流畅，直通输运，……且可免淫雨为灾洪水横流之患"。（《中国水利史典·淮河卷二》之《导淮之根本问题》）

3.3.3 全部入江的导淮方案

明清以来直至民国初年，主张淮河分流入江者甚多，但全淮入江的仅此美国红十字会工程团一家。民国3年（1914年）初，美国红十字会代表林斯佳与北洋政府签订导淮借款草约，复组工程团，派巴拿马运河工程师赛柏尔及技师詹美生来华考察，主张淮水不宜分疏，应将全部水量在镇江附近入江。"拟自龟山对面淮口左岸起，筑一适当之堤，直至蒋坝，与老子山之河岸作一平行线，相距在三千公尺以上，此堤与湖岸成一运河，其设计主要之点，即当湖面高于最低水位三公尺时，每秒可泄二十万立方呎（折合为 6000m³/s），平常可泄十一万立方呎（折合 3355m³/s）"（《中国水利史典·淮河卷二》之《淮河流域地理与导淮问题》）。此计划方案，因赛、詹两氏在考察时，淮河下游尚无翔实的历史水文流量记录，仅根据民国2—3年非洪水年三河实测流量不足 4000m³/s 为资料依据，显然流量偏小，与北洋政府代表张謇导淮方案不合，加以第一次世界大战爆发，美国财团不愿履行合同，草约遂废，借款落空，全淮入江方案遂成泡影。

3.4 导淮委员会导淮入江入海计划

1927年，国民政府在南京成立。此时淮河灾害有增无减，时刻威胁着国民党政权安危。为导治淮河，1928年国民政府在建设委员会下设整理导淮图案委员会，接受前运河工程局保管的江淮水利测量局导淮测量资料和安徽水利测量局的测量资料，并搜集、整理清末、民国初年各种导淮计划、资料、图表等，编制完成《整理导淮图案报告》。1929年7月，在南京组建了淮河流域统一的治淮领导机构——导淮委员会，隶属于国民政府之下，时任国民政府主席的蒋介石兼任导淮委员会委员长，把导淮工程列为全国水利建设的首位，聘任李仪祉为总工程师，德国汉诺威工科大学教授方修斯为顾问工程师，须恺为副总工程师，汪胡桢、林平一、萧开瀛、雷鸿基、许心武等一批水利专家为主任工程师或工程师，参加导淮工程。这些水利专家引进西方水利技术，查勘、测量淮河，制订提出了《导淮工程计划》和《导淮入海水道计划》等。现就《导淮工程计划》和《导淮入海水道计划》拟订的过程，计划中有关淮河中下游治理及防洪部分的要点，以及各界不同争论，分述如下。

3.4.1 导淮工程计划

3.4.1.1 计划拟订过程

导淮委员会成立后，一方面搜集与接收前江淮运河工程局与整理导淮图案委员会的有关导淮测量的历史资料；另一方面，则由总工程师李仪祉，副总工程师须恺率团，先后查勘淮河中下游河道与洪泽湖状况，经与方修斯顾问工程师研究商讨，1930 年 5 月，导淮委员会工务处拟订《导淮第一期技术报告》提交导淮委员会初审。文献《导淮工程计划书附编》收录了《导淮工程计划书》起草、讨论、审查过程中形成决议、议事录、有关单位意见等。据该文献，1930 年 6 月，导淮委员会邀请李仪祉、庄崧甫、陈仪、沈怡、陈懋解、沈百先等官员和水利专家，组织审查委员会进行初审，认为"工务处第一期技术报告系对于导治淮运沂沭之排洪、航运、灌溉各项计划为大体之决定并附逐年施工程序表，均为妥善"，并提出淮河之洪水量、洪泽湖之利用、导淮入江路线、导淮入海路线、洪泽湖以上淮河之治导、航运及灌溉、导淮与治黄之关系等 9 项问题。后不久工务处又根据征集的各专门委员意见加以整理后，将技术报告改为《导淮工程计划概要》，提交导淮委员会导淮计划讨论会二审。

同年 9 月，导淮委员会在南京召开了导淮计划讨论会议，出席会议的有导淮委员会、建设委员会、扬子江水道整理委员会等中央水利机关代表，流域苏皖鲁豫四省代表及全国著名水利专家等 16 人。大会就导淮委员会提供的导淮工程计划概要及总工程师李仪祉的说明，逐项进行审查讨论。讨论的主要问题涉及淮河洪水量、入江线路及水量、淮河上中游及沂沭等河治导、淮河航运及灌溉、黄淮关系等。其中，对淮河上中游治导问题，审议意见认为应以浚深、筑堤及建设防洪池三者并重，同时须兼顾灌溉问题及实地情形，拟请工务处妥慎设计，并将淮河中游堤防工程列入第一期计划。导淮委员会工务处研究后认为，疏浚河道方案投资巨大，修建防洪池方案无合适的地址，因此三者并重是否可行，尚需进行测量后再定；中游堤防工程原计划在下游工程完成后实施，如经费充裕，可选择急迫且不影响下游的堤防工程列入第一、二期工程实施。对淮河洪水量问题，审议意见认为，为应对超 $15000\mathrm{m}^3/\mathrm{s}$ 洪水、降低洪泽湖水位，应广筹入海之路，并考虑其他方案。对此工务处认为，入海水道是导淮中最后和必需的工程，但从实施难易程度、效益等角度出发，第一步应当整理入江水道。对洪泽湖在大洪水年流量 $15000\mathrm{m}^3/\mathrm{s}$，淮河下游入江水量，规定以 $9000\mathrm{m}^3/\mathrm{s}$ 为度，若遇江淮并涨，为不影响长江下游安全，入江水量则控制至 $6000\mathrm{m}^3/\mathrm{s}$ 的方案，提出异议。尤以安徽省代表裴益祥和江苏省水利局更持反对态度，认为在未辟淮河入海水道前，如遇 1921 年式大水，洪泽湖水位高达 16m 以上，排泄不畅，淮河中游地区内不能因天然地势流入淮河干支各河，其势必停潴广野中。而且淮河下游洪泽湖和里运大堤也将不保，必将酿成巨灾。对这些审查意见，导淮委员会以经费困难为由，多未采纳。仅把这些问题，整理出《关于导淮讨论会会员提出诸问题之研究》一文，纳入《导淮工程计划书附编》刊出，供以后探讨导治淮河时参考。会后，导淮委员会又对计划二稿作了些修改补充。同年，导淮委员会将《导淮工程计划》正式向国民政府呈报，申请批准备案。1931 年 4 月，经国民政府审议通过，正式用中英文刊印公布实施。

3.4.1.2　计划主要内容

1931 年 1 月公布的《导淮工程计划》共分 5 章 19 节，是一部较为完整的淮河流域治理规划。内容包括淮河及沂沭泗运河的防洪除害、灌溉、航运等方面，特别是淮河中下游的导治视为整个计划的重点，论述更为详尽周密。现将各要点的主要内容简述如下。

1. 淮河洪水量计算

关于导淮工程设计洪水，鉴于1929年以前，流域内水文气象测站极少，实测雨量、流量资料更缺，不足以估算导淮工程各项设计洪水。而1921年洪水却是淮河流域一次罕见的特大洪水，为此，国民政府导淮委员会确定将1921年洪水作为《导淮工程计划》防止水灾的设计依据。按当年《淮河之洪水量》的分析成果，确定1921年淮河中上游104天至158天的入洪泽湖洪水总量为715亿m^3和896亿m^3，入湖最大洪峰流量为15000m^3/s。其中由淮河干流入湖的流量为13500m^3/s，由濉河、安河等支流直接入湖的流量为1500m^3/s。根据淮干入湖最大洪峰流量，《导淮工程计划》按流域面积大小、自下而上逐步递减的原则，对洪泽湖以上淮河中游各段的设计洪水量进行了分配：洪河口至三河尖的洪峰流量为4500m^3/s，三河尖至垂岗集为6000m^3/s，垂岗集至正阳关为8500m^3/s，正阳关至凤台为9500m^3/s，凤台至怀远为10000m^3/s，怀远至五河为12000m^3/s，五河至浮山为13000m^3/s，浮山以下至洪泽湖为13500m^3/s。

2. 淮河下游

淮河下游导治重点是整治入江水道，适当开辟入海水道。并在入江水道进口建长600m的三河活动坝，以便视长江水位高低而灵活施泄。此外，还要加固完善洪泽湖周边围堤，以利充分用以调洪蓄水，确保安全。

为缩短入江路线，《导淮工程计划》将入江水道由蒋坝出三河，东行至金沟镇西柏家湾后，改道经柏家涧、新河、高邮湖、唐家湖、南湖、邵伯湖，至六闸穿运河，取道芒稻河、廖家沟至三江营入江，全长153km。沿线采取疏浚、筑堤等整治措施，按洪泽湖水位13.5m，三河活动坝下水位13.0m，长江三江营水位4.3m时，能排洪9000m^3/s的要求设置断面。在蒋坝附近按排洪4500m^3/s开挖新三河一道长5.8km，配合老三河共排洪最大流量为9000m^3/s。若遇江淮并涨，则控制三河流量为6000m^3/s。

导治淮河的关键以洪泽湖为枢纽，《导淮工程计划》视洪泽湖为拦洪和蓄水水库，据1921年淮河大水估算淮河入洪泽湖最大流量为15000m^3/s，用以淮河拦洪，则可以减省入江入海尾闾工程，若遇淮河枯水季节，洪泽湖则可蓄水，使洪泽湖常年水位保持11~13.6m之间，利用湖位高昂的优势，可灌溉里下河地区1174万亩农田，同时还可放水接济运河航运。另考虑洪泽湖周边尚有大片面积的地面高程低于设计洪水位，为保护这些地区的安全，除修建三河和杨庄活动坝，修复加固洪泽湖东南隅大堤外，拟自湖东北隅的仁和集起向西至安河洼的西侧高地和自三河口附近的马狼岗起向西至三官集，各修筑新防洪堤一道以策安全。新造围堤循14.5m等高线修筑。新堤长180km，堤顶高程高于设计水位1.5m。

3. 淮河中上游及支流

对淮河中游导治，提出"欲开浚现今河槽，纳全部洪水于其中，需费之巨，几无可能，惟有两岸建筑长堤一策……"。"但专赖筑堤，尚不能使最大洪水床之浚深完满。河身湾曲太甚者，应裁弯取直之，横断面太狭处者，应开浚拓展之。两堤之距，毋使骤宽骤狭。两堤之高，务令其工费及留于河床中被灾之地为最省。"也就是说，对淮河干流采取筑堤、拓浚、裁弯取直等措施进行治理。导淮工程计划中规划修筑淮河干流双沟至洪河口堤防，全长约 410km，两堤相距平均在 3.5km，各段堤距：双沟至怀远 4km，怀远至溜子口 3km，溜子口至三河尖 2km，三河尖至洪河口 3km。两堤所夹河滩用作最大洪水河床者，估有 200 万亩，大洪水时行洪，平时仍可耕种，水淹则免其捐税或稍给一次之补偿，不列入征地范围。对洪河口以下，郭台子等四段河道进行裁弯取直（总长约 18km，土方约 5000 万 m^3）；对洪河口至张儿坎子、蚌埠附近等河槽断面狭窄处进行拓浚（土方约 9000 万 m^3）。在浮山以下新开河道，穿过双沟东南高岗处入溧河洼（土方约 18300 万 m^3，需待地质勘探后再决定）。

对淮河中游各支流导治，由于干流"既用堤防约束，水位高于两旁之地，支流受其反漾，建立堤防亦为主要之工。为节省堤工计，支河之小而邻近大河者，将合并之。旧槽之蜿蜒平行于干河者，将改辟其口门而缩短之。此外，则将各就其特殊情况，或在上游施以荒溪工事，或在沿线施以裁弯取直，务令需费省而收效宏，方尽治导之能事"。具体有：洪河、颍河、涡河、史河、西淝河、芡河、涡河及北淝河部分河段应筑堤防；北淝河、芡河等一部分流域面积截入涡河。

导淮中下游防洪工程计划要点内容见图 3.4-1。

4. 沂沭泗河之导治

沂沭河下游水系紊乱，洪水期相互影响，"沂涨则犯沭，沭涨则犯沂，沂、沭并涨而成相持之局，则积水不退"，"故为沂为沭，令其各有定槽，不相互侵，乃首要之图也"，认为沂、沭河分治是沂沭河治理中需遵循的原则。

沭河。民国 13 年（1924 年）洪水，在兴安镇实测最大流量 4470m^3/s，在当时为数十年未遇到过的，经与其他流域情形、面积大小相近的河流类比，综合确定最大洪水流量 4500m^3/s。河道自红花埠、经大沙河穿青伊湖经蔷薇河，在临洪口入海。至于上游山区，应建设拦蓄水库，逐段建设滚水底堰，以拦蓄洪水和泥沙，控制河道比降，"斯乃治沭之上策也"，但因测量资料所限等因素，未能详细规划，只能等待来日；而沭河尾闾，无论上游采取什么措施，"皆当疏浚以利排泄者也"。

沂河。沂河也曾在 1921 年（民国 10 年）实测最大洪流量 2310m^3/s，综合流域面积大小、历年降雨实测资料等因素，并从安全考虑，确定沂河流量也为 4500m^3/s。河道线路经骆马湖、六塘河、灌河在灌河口入海，其中在三岔渡以上按 4500m^3/s 考虑，以下考虑由刘老涧分泄中运河洪水 1000m^3/s，则按 5500m^3/s 考虑。至于上游和尾闾所需措施与沭河相似。

南四湖。南四湖（微山湖）流域内，因资料缺乏，故 7、8 两月降雨资料参照与

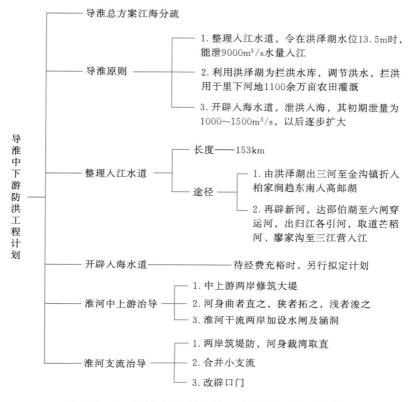

图 3.4-1 导淮中下游防洪工程计划要点示意图

洪水期雨量相近的青岛之资料,青岛历年7、8两月最大雨量之和为576mm;降雨径流关系由于缺乏当地资料,按一般经验"其最大比例或不能超过40%",取 0.4,据此估算7、8两月洪水总量为69亿 m^3。拟定最高水位35m(1921年为35.56m),考虑南四湖在最高水位和低水位间调蓄 24.8亿 m^3,故7、8两月需下泄 44.2亿 m^3,估算下泄流量 853m^3/s,从安全角度考虑,确定南四湖泄量为1000m^3/s。南四湖原有由韩庄入中运河、由蔺家坝经不牢河再入运河两条出湖河道,经比较认为不牢河线路较长、比降较小,不适于行洪之用,故采用经韩庄入中运河线排洪,在运河刘老河涧船闸上游东岸建行洪流量为1000m^3/s的活动坝,会沂河入六塘河出海。

5. 航运和灌溉

运河通航问题,初期从微山湖起,南经淮阴、邵伯到三江营入长江,其间设五级船闸,对航道进行必要疏浚及弯曲段的修整,等对黄河治理以后,再增设两级船闸和黄河沟通。初期通航 900t 船,为未来升级到 2000t 预留余地。对淮河的通航,认为怀远至洪泽湖河底平坦,费工较少,初期主要需整治洪泽湖内航道,经张福河至码头镇,在码头镇以新开河道与运河沟通,在淮阴附近新开运河与盐河之间的联络线入盐河,以下再设三级船闸,经盐河、分别于临洪口、灌河口两处入海。远期在怀远设船闸,与淮河上中游连接。

灌溉方面，主要研究了苏北地区废黄河以南的区域，即里下河区、高宝湖区、通扬运河区及沿海垦区，需灌溉面积约 2150 万亩左右，灌溉水量约 40.94 亿 m^3，以平均计流量至少 $475m^3/s$。经分析，如洪泽湖最低水位为 11m，则蓄水位为 13.2m，为安全计，定洪泽湖蓄水位为 13.6m。灌溉用水分两路出洪泽湖，一路从高良涧沿旧浔河入运河（$425m^3/s$），而后向北（$25m^3/s$）灌溉沿运北部地区；向东（$100m^3/s$），取道泾河穿射阳湖至串场河，灌溉沿线地区并向串场河补充水源；向南（$300m^3/s$），灌溉高宝湖、里下河地区，并输送 $40m^3/s$ 至邵伯入通扬运河。另有一路（$50m^3/s$），经张福河入盐河，灌溉沿线地区，余水入串场河汇合泾河来水后向沿海垦区供水。至于旧黄河以北地区，认为沂沭泗河治理后，微山湖可蓄 24 亿 m^3 灌溉用水，可灌溉旱地作物 2000 万亩，在微山湖高水位时，不牢河输送 $100m^3/s$，其余由中运河输送。

3.4.1.3 导淮工程实施情况

1931 年 4 月第一期《导淮工程计划》通过国民政府审议，分 5 年实施，投资约 5000 万元。同年 7、8 月淮河流域发生了比 1921 年更大的特大洪水，淮河中上游干支流洪水普遍漫决，下游里运河东堤全线溃决，全流域普遍遭灾。是年冬，国民政府成立全国救济水灾委员会，借用美国小麦办理以工代赈，后又从中英庚子赔款借 1000 万元作为导淮基金，2 年后，将灌溉、航运所收捐税及拍卖高宝、废黄河等新涸出的可耕地所得用以导淮。

1931—1932 年由国民政府救济水灾委员会经办，在沿淮地区按顶宽 3m 的标准培修了淮河干支流堤防 1215km，疏浚北泌河 26km，建成沿淮涵洞 24 座。1933—1934 年由全国经济委员会经办建斗龙港闸、何垛港闸两座通海港河浅水闸，对安徽境内淮河堤防进行了培修（1934 年后皖淮工程局主办继续实施）。1932 年开始，导淮委员会组织培修了洪泽湖大堤，疏浚张福河 37km。在里下河地区疏浚通海各港 94km，兴建入海河道水闸 2 座。在里运河上建成启用了淮阴、高邮、邵伯等船闸，实施淮阴到邵伯间航道护岸等工程。在淮河下游的废黄河上建成杨庄活动坝以控制入海水量，开挖了杨庄以下河道 163km。在沂沭泗地区，疏浚六塘河 20km，筑堤 304km；疏浚沂沭河尾闾 79km。另外还有一批工程开工，如淮干正阳关附近航道、六闸以下运河航道疏浚，洪泽湖三河活动坝，安丰塘灌溉工程等，但都因抗日战争爆发而未能完工。抗日战争胜利后，导淮委员会在恢复办公后，利用联合国救济总署的救灾款修复了部分淮河、运河堤防，而大量水利工程因资金、材料缺乏等原因，未能按计划实施完成。

应当说导淮工程开工初期工程实施是比较顺利的，1937 年 7 月，抗日战争全面爆发，导淮委员会西迁，淮河大地随着上海、南京、济南相继失守而沦陷，导淮工程乃被迫全面停工，已经开工的工程也未能完成。

3.4.2 导淮入海水道计划

对入海水道，虽然《导淮工程计划》认为，经过各个导淮线路比较，入江线路比入海线路经济，"故从排洪着想，应以入江为主，入海为辅"，但在该计划中，对入海水道未做论述。1931 年大水后，导淮委员会补编《入海水道计划》，对开辟入海水道方案作了详细阐述。

1. 入海水道之泄量

开辟入海水道，尽可能防止如民国 10 年的非常洪水，借以减低洪泽湖之最高水位，确保民众安全。依据以往水文资料，参考当时实际情况，决定入海水道初辟时期，令当洪泽湖水位在 13.5m 时，能泄 1000m³/s 之水量。在洪水时期，湖水位升至 15.0m 时，泄量也由 1000m³/s 增至 1500m³/s。

2. 入海水道之路线

鉴于前人对入海水道线路主张不一，有主张废黄河线，有主张灌河线，有主张临洪口入海，有主张由套子口入海，有主张由高良涧经射阳湖至射阳河入海，众说纷纭，导淮委员会工程处在计划中列举前人的入海线路有 8 条之多，对其利弊一一作了对比分析。利用盐河，经响水口，入灌河至灌河口入海方案，在响水口以下，须与沂泗会流，沂泗最大洪水已达 5500m³/s，灌河已再难容纳淮水为由，予以排除。由高良涧至射阳港入海方案，以与里运河交接处，水位相差悬殊，虽可多用闸坝控制，交通仍觉不便，而路线所经沟渠甚多，水道系统改革太巨，且洪水位高于里下河地面甚多，颇堪危惧为由，也予以排除。经比较，工程处在具体设计中，分列由张福河经盐河至套子口（第一路线），由天然河口直达套子口（第二路线），由张福河经废黄河至套子口（第三路线），三条入海线路，并从水道长度、水面高度、水深、水面比降、流速、流量等进行论证，指出此三条入海线路优劣之点（导淮入海三路线之经费比较表见表 3.4-1）。从工费比较来看，以第一路线为最省，但盐河原有最大流量约为 500m³/s，若将此数除去，则入海所增加的泄量，尚不足 1500m³/s，且盐河河面狭小，势必拓宽河面，但沿河两岸高耸，村庄众多，全部迁移，殊多困难。第二条路线最短、河槽最直，但平地开挖，收用民地、迁移民房比其他路线更多，阻力较大。第三条路线工费较多，若不以工费多少为取舍，则此路线似属较优，因利用废黄河旧槽，阻碍较少，迁移民房也不多，而废黄河河底土质疏松，或可藉水力冲刷扩大河槽，且利用废黄河旧堤，以资保障，较为安全。

同年 9 月，编就《导淮入海计划概要》提交导淮委员会全体委员会议审议。经该会第 12 次全体委员会议决，采用第三条入海路线。

该线推荐的入海水道线路西起洪泽湖边的孙家庄，经张福河，至杨庄；循废黄河，至段家渡取直，至交陵集，仍入废黄河；循此以下，至七套复离废黄河，改向套子口入海。全线计分两段，自孙家庄至杨庄为第一段，主要拓宽张福河；自杨庄至套子口为第二段，杨庄至七套，大部为疏浚废黄河，七套以下，为开辟新河。全线共长 171.97km，河底宽度为 120~162m，两堤相距为 350~450m，河槽深度 7~7.5m，总投资 3426.91 万元。设计流量当洪泽湖水位在 13.5m 时，河槽泄量为 1000m³/s；湖水位至 15m 时，其泄量为 1500m³/s；湖水位最高达 15.5m 时，其泄量为 1650m³/s，并采用洪泽湖水位 15m，河槽泄量 1500m³/s 为设计之计算标准。为操纵水位水量兼顾灌溉航运起见，拟在杨庄和周门两地兴建活动坝两座。

表 3.4-1　　　　　　　　　　导淮入海三路线之经费比较表

路　　线	第一路线	第二路线	第三路线
起讫及经过地方	由张福河经盐河至套子口	由天然河口直达套子口	由张福河经废黄河至套子口
开挖工费/元	19373000	24421000	30600000
筑堤工费/元	376500	364300	273600
湖口海口切滩工费/元	200000	200000	200000
收用民地费用/元	3752000	4203300	1975500
迁让民房费用/元	255500	312600	160000
活动坝及船闸费用/元	1060000	1060000	1060000
经费总计/元	25017000	30561200	34269100

注　表中费用为国民政府时期旧币单位。

入海水道计划经导淮委员会审定，采用由张福河经废黄河至套子口入海的方案，于 1931 年 10 月 5 日报呈国民政府备案。复经国民政府第 15 次常会决议，于同年 10 月 12 日批复，准予备案公布。

3. 计划实施情况

民国 21 年（1932 年）3 月，导淮委员会受政府之命令，设立入海水道工程局，负责实施水道开浚工程，并决定从下游七套至套子口一段着手，7 月 10 日开工，不久便停止。1933 年对张福河进行疏浚。次年冬，征集苏北 12 县 20 万民工，疏浚废黄河杨庄至套子口，从七套新开 20 余公里入海（称中山河），设计流量 500m³/s，实际仅为 300m³/s。民国 24 年（1935 年）冬至民国 26 年（1937 年）6 月，建成杨庄活动坝。

3.4.3　导淮入江入海的争论

1931 年 4 月，国民政府导淮委员会公布导淮工程计划，强调排洪、航运、灌溉并重。1931 年夏，江淮发生特大洪水，淮河中下游河道全线溃决，洪水横流，一片汪洋，倾成泽国，受灾惨重。灾后，时兼行政院院长的蒋介石，改变了兴办淮河入江为先的方略，提出废田还湖及导淮先从入海着手以防水患的议案。为此，行政院内政、实业、交通三部于同年 11 月联合在南京召开废田还湖及导淮入海方案会议，讨论蒋介石的议案。其中废田还湖多系长江中下游湖泊围垦之事，与导淮关系不大。其导淮入海方案，则直接关系淮河安危。开会以后，一时会场空气十分紧张，入江入海争执异常激烈，导淮委员会、中国水利工程学会以及著名水利专家李仪祉等单位和个人，均主导淮非以入江为主，并以入江为先不可。其他各方，均主先办入海，并主张非增加入海之量不可。两方意见相距甚远，乃议决由主张先办入江工程及主张先办入海工程者，各具意见，再由内政、实业、交通三部会同附具意见，送呈行政院采择施行。

当时三部所呈审议意见，与实际会议情形颇有出入。审议意见认为："查导淮问题，江海分疏，已为公认之原则，惟施工先后问题，各专家代表意见，未能一致，争论颇多。扼要言之，主张先办入江者，以导淮委员会工程计划及预算费省效巨，系完全就经济立场而言；主张先办入海者，以淮水入海水道较为直接，出水必畅，并可减轻长江负担，且导淮委员会工程计划所依据推算之测量资料，似有未足，致所得之频率，未见精确，先辟入海路线，较为安全。即审核各省代表意见，及各方人民来呈，民意所趋，亦都主张先辟入海水道。查入海路线，导淮委员会采用废黄，已呈奉国民政府准予备案，此项计划，土方工程几占全部，际兹灾鸿遍野，实施适于以工代赈，如经费不足，可以分期办理，俾收得尺得寸之效。再入江水道，亦认为有整理之必要，能宽筹经费，同时并举，早竟全功，俾淮患永除，水利大兴，尤为妥善"（内政部《废田还湖及导淮入海会议汇刊》）。这时导淮先辟入海水道，如能宽筹经费，整理入江水道，同时并举论者，占了上风，与导淮工程计划中，先整理入江水道，待经费充裕时再辟入海水道的思路，恰恰相反。

3.5　复淮导淮方略借鉴意义

清末民国时期各导淮方案产生于当时的历史条件下，受提出者自身所处位置、关注的焦点、对淮河的认识程度等诸多方面因素的限制，自然有其局限性，尽管如此，这些方案的思路、解决问题的方法与措施对后人治淮有着重要的启迪和借鉴意义。

1. 泄与蓄的问题

当时大部分的导淮方案更关注于对洪水的"导"，重点在洪泽湖及其下游地区，不同之处主要在线路差异（如入江还是入海）、规模的大小，对上中游洪水的调蓄安排问题考虑并不多。但清人吴其濬在《治淮上游论》中提出利用安徽境内淮河干流两侧湖泊洼地增堤建闸，遇大水时闭闸蓄洪，"不使助淮为暴，是洪湖所不能尽容者，而诸湖分容之"的设想，就是利用中游湖洼地区临时滞蓄、调控洪水，以减轻淮河干流及洪泽湖的洪水压力。他的主张已经将治淮的眼光拓展到了淮河上中游，并且补充了"蓄"的策略，兼顾了蓄与泄的关系。20世纪30年代，导淮委员会导淮计划讨论会认为，对上中游之治导提出应以"浚深、筑堤及建设防洪池三者并重"，其中"防洪池"的作用实际上就是临时滞蓄洪水。《导淮工程计划》对洪泽湖提出"利用洪泽湖为拦洪水库以尽量消纳尾闾一时所不能排泄之洪水，乃治淮中最经济之策也"。对沂、沭河的治理，认为"固须下游有通畅之尾闾，尤须在上游建造拦洪水库……，拦蓄其洪水量，既可省尾闾之工，兼可图农田水利之发展"。这些方案虽未及实施，但从其思路可见在制定河流治理规划时，对洪水一味采取导或泄的做法，从防洪效果和经济的角度看未必是最合理的，何况还有水资源利用的问题。妥善处理好洪水的蓄与泄的关系，以"蓄泄兼筹"为新中国治淮之方针，是后人对淮河治理历史的总结与提高。

2. 统筹地区间利益关系问题

这个时期提出的各种复淮导淮方案，着力点在下游，对淮河上中游、沂沭泗地区的问题关注较少。当然，从解决淮河洪水的最终出路看，做好下游洪水出口的文章是必要的，但从流域治理全局看，仅解决好下游出路问题显然是不够的。在这个问题上，柏文蔚曾提出"导淮须合鲁豫苏皖四省利害，统筹全局，一秉大公，不可只顾一隅，妨害他省，以邻为壑""苏皖鲁豫应合组一导淮协会，为设计与监督之机关"等观点，应当说是很中肯、也是有远见的，但是其导淮入海的具体设想中，对下游地区利益（如耕地）考虑不多。《导淮工程计划》之所以在公布后引起争议，其根源主要也是对区域之间利害考虑上有不足之处。新中国成立后，即组建中央直属的治淮领导机构，实行统一规划，统一计划，统一政策，统一管理，统筹兼顾上下游、左右岸地区间利益关系，形成治淮合力，取得了巨大成就，成功的经验也说明流域治理需妥善处理好地区之间的关系问题。

3. 淮河中游河道整治

导淮委员会在制订导淮工程计划时，对淮河中游导治就有不同意见，对淮河中游"以筑堤范水为主，浚深河槽为辅"的方案提出异议。据《导淮工程计划书附编》，1930年9月召开的导淮计划讨论会议认为"以浚深、筑堤及建设防洪池三者并重"。导淮委员会工务处研究认为"淮河上中游治导欲求费省效大，乃不得不偏重筑堤，而以浚河为副，至于浚深及建造防洪池，前者需款过巨，计浚深河床降低水位每一公尺需增费五千六百万元；后者则苦于无适当地址可资利用。所谓三者并重，事实上是否可行，应俟测量完竣后始可酌定。"另外，还认为浚深干河将导致支流自然坡度改变，引起河床冲刷、泥沙随流而下，干流随以淤塞，极难维持为由，在《导淮工程计划》中未予采纳。另外，导淮工程计划根据淮干中游各河段泄流能力需要，对堤防的堤距提出了要求。经调算确定"自双沟至怀远为4公里，自怀远至正阳关上游8公里之溜子口为3公里，自溜子口至三河尖为2公里，自三河尖至洪河口为3公里"，这样的堤距安排是有一定远见的。新中国治淮初期就对淮干堤防进行了全面修复，其后不断加固培修，目前已经形成完善的堤防体系。20世纪80年代以来，为扩大淮河中游行洪通道，退建了部分堤段，疏浚了局部河段，如姜家湖、唐垛湖、南润段、城西湖等退建，小蚌埠退堤、切滩等，行洪效果是好的，但是由于土地占用和人口迁移的难度，堤距远没有达到当时提出的要求。今后治淮的难点和重点仍在淮河中游，局部河道裁弯取直和退堤扩大行洪通道仍不能解决淮北地区因洪致涝和沿淮行蓄洪区运用频繁等问题。随着国家经济实力的不断增强、水利科技的不断进步，在今后治淮规划时，有必要进一步研究干支流河道综合整治、加大河槽行洪流量的问题。

4. 淮河与洪泽湖

洪泽湖是明、清时期黄、淮、运综合治理的产物，在黄河北徙后成为淮河治理的焦点。洪泽湖蓄水位高低，不仅关系淮河中游的行洪，也关系里下河地区的安危，尤为苏皖两省关注。柏文蔚提出导淮要以降低洪泽湖现有水位为标准，认为洪泽湖"非水库，乃是水塔，势必上灌皖豫，下决淮扬，以成滔天之祸"。导淮委员会1930年11月的研究，认为"若将淮河上中游干支各河全部浚深，则降落洪泽湖水位或可稍增淮河之排泄而减低其洪水位。否则降落洪泽湖水位，并不足减轻淮河上中游之沉灾。何则？盖就淮河纵剖面而观之，自三河尖以下，有凤台、怀远、浮山之山峡一再束缚洪流，洪水位因以增高而平坦。自浮山峡以下至洪泽湖，则比降加增。此足以证明即将洪泽湖水位降落，仅足增加浮山以下之水面坡度，而与浮山以上无丝毫影响也。再洪泽湖水位降落，则浮山以下水位亦必随以低降。此时河槽面积锐减载量不足，洪水建瓴而下，苟不横决，亦必仍将水位抬高也"（见《中国水利史典·淮河卷二》之《导淮工程计划书附编》）。新中国成立后，《关于治淮方略的初步报告》指出"因为洪泽湖在近数百年里都是用来蓄水的，所以现在继续利用它来蓄水是最适宜的。惟蓄水后的水位不可太高，最好不要超过14米，以免抬高上游的水位并加重大堤的负担"。1951年5月治淮委员会全体委员会议提出"必须采取洪泽湖与淮河分开的办法"，后因资金、施工能力方面因素制约未能实施。进入21世纪以来，河湖分离的设想仍不时被提出，这也说明洪泽湖与淮河的关系问题仍是人们关注的焦点，有必要引起足够的重视，继续进行深入的研究。

4

治淮初期规划

　　治淮初期规划是指 1949 年新中国成立前后至 1954 年淮河大水以前编制的流域治理规划。在此期间，治淮委员会组织豫、皖、苏三省完成了淮河水系的治理规划（本章中称为淮河治理规划，以区别于整个淮河流域的规划），华东水利部和治淮委员会先后组织苏、鲁两省完成了沂沭泗河水系治理规划。淮河治理规划包括《1951 年度治淮工程计划纲要》（以下简称《计划纲要》）、《关于治淮方略的初步报告》（以下简称《治淮方略》）和《关于进一步解决淮河流域内涝问题的初步意见》（以下简称《治涝意见》）等一批规划成果。沂沭泗河治理规划则包括"导沂整沭"和"导沭整沂"规划、"1954 年沂沭汶泗洪水处理意见"。

4.1　历史背景与编制过程

4.1.1　历史背景

　　中国共产党十分重视水利工作。早在抗日战争时期，在淮河流域下游广大地区，中国共产党领导的八路军和新四军就建立了苏皖边区敌后抗日根据地，在党的领导下，开展了大规模的以挖河修堤、防洪排涝、发展灌溉为中心的兴修水利活动，促进了边区的农业生产，改善了人民生活。解放战争时期，在山东实施导沭入海工程，苏北、皖北地区开展海堤整修、治理河道等水利工程建设。1949 年 4 月南京解放后，南京军管会接管了原淮河水利工程总局。1949 年 10 月中华人民共和国成立，治淮事业进入了全新时期，全面、系统治理淮河成为可能。

　　1950 年淮河流域发生一次大范围的洪涝灾害。据冷遹一九五〇年八月二日在华东军政委员会第二十一次行政会议上所作《一九五〇年淮河灾情及抢救防汛工作报告》，1950 年 6 月下旬开始，淮河流域普降暴雨，新蔡、正阳关、蚌埠等站降雨量超过 1931 年 7 月降雨量，正阳关 6 月 27 日至 7 月 19 日降雨量达 628.3mm（1931 年为490.9mm）。集中强降雨导致淮河水位全线上涨，正阳关水位从 7 月 8 日起直线上涨，15 日超过 1931 年最高记录，18 日达到最高，为 24.74m，超过 1931 年最高记录

0.69m；蚌埠 18 日超过 1931 年最高记录，26 日达到最高，为 21.19m，超过 1931 年最高水位达 0.98m，流量 8437m³/s，接近 1931 年最高流量 8725m³/s。淮河上中游洪峰流量普遍超过河道行洪能力，干支流堤防多处溃决，淮河干流中游自 7 月 12 日起，凤台六坊堤，怀远西芡河口芡荆、支芡段，寿县寿西淮堤等堤防相继漫决，"怀远以上淮堤，除新矿区外，已无完整堤圈。怀远以下水面与堤顶相平，沿淮党政军民冒风雨抢筑子埝挡水，日夜巡逻，拼力苦守，终因水势过高，二十五日起风，南堤广临段广济闸附近漫决，二十六日北堤长淮卫对岸沫河口附近小李庄亦漫决三口，大水自蚌埠下至五河不分河道，连成一片，防汛干部只得转入抢救"。淮河支流灾情更重，"总计北岸大小支流几乎均告漫溢，造成阜阳、宿县专区全面水灾，其害较干堤漫决尤广"。全流域受灾面积 4687 万亩，豫、皖、苏三省灾民 1300 万人。据当时初步统计，皖北灾情最重，受灾面积达 3162 万亩，灾民约 998 万人，其中断粮户 581 万人。

严重的水灾引起党中央、政务院的重视和关怀。7—8 月，中央人民政府慰问团、华东军政委员会慰问团分赴灾区慰问灾区人民，开展防洪抢险和救灾工作。7 月 20 日—9 月 21 日两个月内，毛泽东主席对淮河治理工作连续作了四次批示：7 月 20 日"除目前防救外，须考虑根治办法，现在开始准备，秋起即组织大规模导淮工程，期以一年完成导淮，免去明年水患。请邀集有关人员讨论（一）目前防救；（二）根本导淮两问题。如何，请酌办。"8 月 5 日"请令水利部限日作出导淮计划，送我一阅。此计划八月份务须作好，由政务院通过，秋初即开始动工。如何，望酌办。"8 月 31 日"此电第三项有关改变苏北工作计划问题，请加注意。导淮必苏、皖、豫三省同时动手，三省党委的工作计划，均须以此为中心，并早日告诉他们。"9 月 21 日"现已九月底，治淮开工期不宜久延，请督促早日勘测，早日做好计划，早日开工。"

为落实毛泽东关于治理淮河的批示，在政务院总理周恩来直接指导下，水利部于 8—9 月召开治淮会议。会议对淮河的水情、工情、治淮方针及 1951 年应办工程等作了反复的分析和研讨。在此基础上，政务院于 1950 年 10 月 14 日发布了《关于治理淮河的决定》，指出"关于治理淮河的方针，应蓄泄兼筹，以达根治之目的。上游应筹建水库，普遍推行水土保持，以拦蓄洪水发展水利为长远目标，目前则应一方面尽量利用山谷及洼地拦蓄洪水；一方面在照顾中、下游的原则下，进行适当的防洪与疏浚。中游蓄泄并重，按照最大洪水来量，一方面利用湖沼洼地，拦蓄干支洪水；一方面整理河槽，承泄拦蓄以外的全部洪水。下游开辟入海水道，以利宣泄；同时巩固运河堤防，以策安全。洪泽湖仍作为中、下游调节水量之用。淮河流域，内涝成灾，亦至严重，应同时注意防止，并列为今冬明春施工重点之一，首先保障明年的麦收。"据此原则，确定 1951 年先行实施的上、中、下游工程建设内容，要求"为确保豫、皖、苏三省的安全，上述各项工程的设计施工与先后缓急，均须作到互相配合，互相照顾。"并决定"为加强统一领导，贯彻治淮方针，应加强治淮机构，以现有淮河水利工程总局为基础，成立治淮委员会，由华东、中南两军政委员会及有关省、区人民政府指派代表参加，统一领导治淮工作。主任、副主任及委员人选由政务院任命。下分设河南、皖北、苏北三省区治淮指挥部。"

11月6日，治淮委员会在蚌埠成立。政务院第56次政务会议通过，任命曾山为治淮委员会主任，曾希圣、吴芝圃、刘宠光、惠浴宇为副主任，吴芝圃、吴觉、汪胡桢、林一山、孙竹庭、陆学斌、惠浴宇、曾山、曾希圣、黄岩、万金培、刘宠光、钱正英为委员。治淮委员会的成立，为治淮和治淮规划工作提供了组织保障和工作基础。

11月8日，在政务院第57次政务会议讨论《关于治淮问题的报告》时，周恩来又为淮河规划明确了下述原则：第一，统筹兼顾，标本兼施。要兼顾蓄水和泄水，要兼顾不同地区和不同部门。淮河应根治，要治标又治本，在不妨碍治本原则下治标。第二，有福同享，有难同当。第三，分期完成，加紧进行。第四，集中领导，分工合作。第五，以工代赈，重点治淮。

4.1.2　淮河治理规划的编制

1. 1949—1950 年淮河水利工程总局开展治淮工作

1949年4月，南京军管会接管了淮河水利工程总局。10月，政务院任命了总局领导，健全了组织机构，随即编制了《1949年冬至1950年春淮河水利事业计划》。针对1949年淮河灾情和当时的条件，确定淮河中游着重防洪，以筑堤、疏浚、修建涵闸等工程为主；下游以修复淮阴等船闸为主。并开展皖北淮河干支流复堤测量和河道测量，以及洪泽湖地形测量等工作。

1950年淮河水利工程总局相继组织了淮河干支流水库查勘、淮河中游查勘。

1950年5月开始，开展淮河干支流水库查勘，提出了干支流水库建设的初步意见。11月组织进行复勘，选择了16处水库坝址，分别是淮河干流的大坡岭，淮北支流沙颍河水系的白沙、紫罗山、下汤和曹楼，洪汝河水系的石漫滩、板桥、猴儿岩（后改为薄山），淮南支流浉河上的南湾，竹竿河上的独树林，潢河上的龙山，史灌河上的梅山、盛家店、鲇鱼山，以及淠河上的佛子岭、长竹园（后改为响洪甸）。

1950年10月，组织了淮河中游查勘，查勘分三个队，分别由林平一、徐连仲、萧开瀛带队，负责艾亭—正阳关、正阳关—浮山和浮山—洪泽湖河段的查勘。淮河中游查勘报告认为：①淮河中游正阳关以上可用于蓄洪的湖泊洼地为9处：洪河洼地、濛河洼地、城西湖、城东湖、邱家湖、姜家湖、唐垛湖、孟家湖、戴家湖。估算这9处湖泊洼地1950年蓄洪水总量约为74亿m^3，在不设控制工程的情况下，有效蓄水量约为53亿m^3；②正阳关—浮山段有8处能调蓄的湖泊：寿西湖、瓦埠湖、董峰湖、焦岗湖、孔津湖洼地、黑张段、荆山湖、花园湖，其总蓄洪量约计25.81亿m^3。③洪泽湖湖底高程为10m左右，仍可用作拦洪水库，但其最高水位最好不超过14.5m；洪泽湖之平常水位，暂定为12.5m，大汛之前，可由12.5m放至11.5m。

2. 提出治淮初期淮河治理规划

治淮委员会成立以后，为适应当时治淮工作的急需，在以往有关工作的基础上，组织科技人员和党政干部开展调查研究、水文分析和规划设计工作，陆续编制了以《治淮方略》为代表的治淮规划，主要包括《计划纲要》《治淮方略》和《治涝意见》，以及润河集分水闸工程、淮河中游五河以下干支河分流工程、三河闸工程、北淝河等支流规划等一批专项规划。

（1）提出《计划纲要》。1950 年 11 月 6—12 日淮委召开第一次全体委员会扩大会议，治淮委员会全体委员出席，并吸收水利专家及有关部门和皖北各专区负责人列席。会议研讨淮河上、中、下游所提出的工程初步计划，研究了政务院关于治理淮河的决定精神，深知"淮河之为患，是由于洪峰大而猛，河床小，内河淤，致使地面和地下水位过高。根治办法在于控制洪水量，剪去洪水峰，降低地面与地下水位。而降低水位的办法，主要是以蓄洪为主，结合河槽整理，配合群众性的水利建设"。"山地蓄洪极为重要，洼地蓄洪亦应同等重视。拦蓄后的多余洪水，视上、中、下游干流河床情况而进行河槽整理及疏浚工程，使其通畅安全排泄；配合沟洫工程，于淤浅的各支河进行择要局部疏浚，使内水得以排泄"。为此，会议提出了 1951 年的工程要求，规定了 1950 年冬至 1951 年春上、中、下游工程纲要。

根据淮委第一次会议决议，编制了《计划纲要》，包括水文资料及洪水分配，上、中、下游工程等内容。

（2）编制《治淮方略》。为了安排 1951 年以后的治淮工程，1951 年 1—4 月，淮委工程部在苏联专家布可夫的帮助下，经过实地考察和详细研究，编制了《治淮方略》。1951 年 4 月 26 日—5 月 2 日，淮委召开第二次全体委员会议，讨论了《治淮方略》报告，作出了会议决议。

决议认为，"第一、淮河干流的各地计划流量及水位：依据一九三一年及一九五〇年水文计算并参照一九二一年下游洪水估算所得和根据上游蓄洪能力，规定中游润河集蓄洪工程竣工后，润河集控制闸上水位为二十五点五公尺，正阳关至怀远的流量为六千五百秒公方。蚌埠铁桥上水位为二十点五公尺，铁桥下为二十点四公尺。浮山水位为十四点六公尺，流量约为九千秒公方。下游则依据洪水总来量八百亿公方计算，洪泽湖水位为十四公尺，中渡流量为八千秒公方，高邮水位为八公尺。

第二、为使淮河畅泄入江，水流有一定的河槽，便利航运，并使洪泽湖成为有控制的水库，增加蓄洪效能，兼备苏北农田灌溉之用，及免除五河至浮山段淮河干流遭受湖水顶托的现象，因此，必须采取洪泽湖与淮河分开办法。同时在三河以下至运河线，须以人工为辅助力量，逐渐造成固定的排洪孔道，使高、宝、邵伯等湖得以涸出大部分土地从事农垦"。

会后淮委又向周恩来汇报。周恩来认为《治淮方略》原则上可行，要求中央水利部组织专家详细审核后下达正式批示。

1951 年 7 月 10—12 日，淮委召开上中下游首长联席会议，即淮委第三次全体委员会议，一致认为《治淮方略》是根治淮河的上策，但是行动目标考虑到土方工程量大（达 10 亿 m^3），所需经费多，"总计上中下游共需经费约在百亿之谱"，非短期能完成，因此又着重研究了淮河中游五河以下河道治理方案、入海水道与洪泽湖水位、上游工程与润河集蓄水位等问题，并以曾山、曾希圣、吴芝圃、惠浴宇、吴觉、汪胡桢、万金培等人名义向毛泽东、周恩来，以及水利部、华东局、中南局等单位领导报送了《关于治淮方案的补充报告》。

1951 年 7 月 26 日—8 月 10 日，中央水利部在北京召开第二次治淮会议，会议研讨了治淮工程具体计划、1952 年工程建设项目等，通过了向政务院财经委员会陈云主任、薄一波、李富春副主任并呈周恩来总理的报告。

《治淮方略》包括治淮问题的由来、淮河流域的特征与演变、洪水流量的分配及控制、山谷水库、润河集蓄洪工程、中游河槽整理、洪泽湖蓄洪工程、入江水道、水的利用、管理制度、1952 年度的施工计划等 11 部分。

（3）提出《治涝意见》。1952 年 6—9 月，淮河流域连续四次普降暴雨，造成了严重涝灾，受灾面积达 2500 万亩，其中河南省 630 万亩，安徽省 1500 万亩，江苏省 370 万亩。

为此，淮委于 1952 年 9 月召开第四次全体委员会议，研究淮河治涝问题，随后发出《关于召开治淮会议商讨进一步解决内涝问题的决定》，要求各省研究制定除涝对策，并于 11 月召开豫皖苏三省治淮除涝代表会议。在听取各省治涝意见的基础上，淮委工程部研究了蓄水除涝，排水除涝，以蓄为主、以排为辅除涝等三种除涝方案，认为应采取以蓄为主、以排为辅的方案，并提出了《治涝意见》。

3. 有关入海水道问题

治淮委员会工程部《淮河入海水道查勘报告》（1950 年 11 月）指出，"根据北京治淮会议精神，组织淮河入海水道查勘团，由中央水利部、华东水利部、华东计划局、淮河水利工程总局、南京水利实验处、南京大学农经系、河南省政府、皖北行署、及苏北行署等九单位代表组成……"，"淮河入海水道查勘团在一九五〇年九月二十五日到十一月三日间，经实地查勘征集地方意见，并详细研究提出本报告书以供采择"。该查勘报告提出，入海水道分南北两槽，总流量 8000m³/s，南槽为主，北槽为辅，分别在淮阴县高良涧的南北出洪泽湖，南槽在洪泽湖水位 14.0m 时排泄 3000m³/s 的最大流量，北槽在洪泽湖水位 14.5m 时开始使用，最大泄量为 5000m³/s。

1950 年 10 月 14 日，政务院《关于治理淮河的决定》明确要求"下游：应即进行开辟入海水道，加强运河堤防，及建筑三河活动坝等工程"。11 月 12 日，淮委第一次全体委员会决议认为"下游是以泄送为主。唯因目前资料缺乏，时间迫促，勘测需时，加以苏北人力调度困难，因此须呈请中央批准于本期工程暂缓开辟入海水道及缓办三河活动坝。但需改进入江水道，以利宣泄"。

1951 年 4 月淮委工程部编制的《关于治淮方略的初步报告》和 5 月 2 日淮委第二次全体委员会决议，淮河下游都采用整治入江水道方案。

7 月 10 日，淮委召开上中下游负责首长联席会议，着重研究了中游工程及入海水道是否开辟等问题。7月12日，曾山等淮委负责人就会议研究的意见给毛泽东、周恩来等报送了《关于治淮方案的补充报告》。该报告提出"关于入海水道，第二次淮委会议已肯定不需开辟，但为照顾一九二一年之最大洪水流量（一万零七百五十五秒公方），故有重新考虑必要。据淮委第二次会议决定，……入江只走八千到八千五百秒公方，剩下二千二百五十秒公方无处安排，如果再将入江水道加深加宽，则疏浚工程更为庞大，所需经费亦要增加，同时如能将苏北灌溉水道与入海水道结合为一，则既能安排多余二千二百五十秒公方的流量，又能节省经费，且淮河有了自己的尾闾，将来与长江亦不致发生任何意外事件，所以淮委同志多主张开辟入海水道，但苏北方面认为入海水道所处的地势是北高南低，如果筑堤漫滩，则可能仍有后患，假若做成地下行水，则工程浩大。"并请中央水利部加以审查，给予指示。

7月26日—8月10日，水利部在北京召开第二次治淮会议。会议给政务院财经委负责人并报周恩来的报告，估定洪水期150天内中渡的最大洪水总量为760亿 m^3，经过上中游拦蓄和洪泽湖调节，并由总渠分泄入海700m^3/s以后，三河最大流量可不超过7000m^3/s，入海水道可以不再开辟。

4.1.3 沂沭泗规划的编制

1948年9月，中共华东局批准山东省导沭工程实施方案，并组成山东省沂沭河流域水利工程总队。1949年3月沂沭河水利工程总队编制完成了《导沭经沙入海工程计划初稿》。1949年8月苏北行署拟定导沂工程计划。1949年11月起，华东水利部数次召开会议，研究沂沭泗治理问题，确定了"治沂必先治沭，而后泗运""沂沭泗分治，沂沭分道入海"的原则，逐步形成了沂沭泗地区洪水安排的"导沂整沭"与"导沭整沂"总体部署。1953年，沂沭汶泗治理工作划归淮委统一领导后，针对沂沭汶泗地区洪水出路存在的问题，1954年编制完成了沂沭汶泗地区洪水处理意见。

4.2 淮河治理规划

以《治淮方略》《计划纲要》《治涝意见》为代表的淮河治理规划，提出采取上游修建山谷水库和洼地滞洪区，中游洼地蓄洪，建洪水控制工程，整治河道，加固堤防，并利用洪泽湖蓄洪，下游整治入江水道，开辟苏北灌溉总渠等工程措施，主要内容如下。

4.2.1 1950年、1931年洪水分析计算与洪水流量的分配及控制

《计划纲要》中经过洪水分析计算，1950年洪水，淮河正阳关最大洪峰流量和洪量分别为13050m^3/s、236亿 m^3；蚌埠分别为15800m^3/s、280亿 m^3；淮河（洪泽湖）分别为17300m^3/s、335亿 m^3。1931年洪水，淮河正阳关最大洪峰流量和洪量分别为13632m^3/s和393亿 m^3；蚌埠为16957m^3/s和489亿 m^3；淮河（洪泽湖）为

$20570 \mathrm{m}^3/\mathrm{s}$ 和 609 亿 m^3。

而据《淮河近年三次非常洪水流量分析》，1931 年、1950 年洪水成果与《计划纲要》成果基本一致，略有差异；1921 年洪水淮河正阳关颍河口下洪水总量 541.1 亿 m^3/s，蚌埠最大流量和洪量分别为 $15100 \mathrm{m}^3/\mathrm{s}$、650.0 亿 m^3，淮河洪泽湖分别为 $16741 \mathrm{m}^3/\mathrm{s}$、800 亿 m^3，其中淮河洪泽湖洪水总量后经中央治淮会议修正为 760 亿 m^3。

《计划纲要》中，根据 1931 年和 1950 年的洪水量，推算经过淮河上中游水库、湖泊蓄洪后，淮干各断面最高洪水位和最大流量，其中正阳关、蚌埠铁路桥上、浮山、蒋坝水位分别为 24.4m、20.7m、18.2m、14.0m，流量分别为 $6500 \mathrm{m}^3/\mathrm{s}$、$7500 \mathrm{m}^3/\mathrm{s}$、$9000 \mathrm{m}^3/\mathrm{s}$、$8100 \mathrm{m}^3/\mathrm{s}$（出湖）。正阳关以上湖泊洼地最大蓄洪量 72.12 亿 m^3。《治淮方略》中经进一步考虑对淮河中游河槽进行整理后，初步得出正阳关、蚌埠（铁桥上）、浮山、中渡、高邮的最高水位及最大流量（涡河口以下至浮山段曾研究过在淮河以北开辟排洪辅道方案，以下水位、流量为不开排洪辅道方案），最高水位分别为 24.75m、20.5m、14.6m、12.0m、8.0m，最大流量分别为 $6500 \mathrm{m}^3/\mathrm{s}$、$7500 \mathrm{m}^3/\mathrm{s}$、$9000 \mathrm{m}^3/\mathrm{s}$、$6000 \mathrm{m}^3/\mathrm{s}$、$6000 \mathrm{m}^3/\mathrm{s}$，正阳关以上湖泊洼地蓄洪 72.6 亿 m^3，正阳关以下湖泊洼地蓄洪 24.2 亿 m^3，洪泽湖（水位 14.0m）蓄洪 59 亿 m^3。如洪泽湖蓄水位采用 13.0m，则入江水道下泄洪峰流量为 $8500 \mathrm{m}^3/\mathrm{s}$，高邮最高水位为 8.5m。

1951 年 4 月 16 日—5 月 2 日，治淮委员会召开第二次全体委员会议，会议形成的决议指出"淮河干流的各地计划流量及水位：依据一九三一年及一九五〇年水文计算并参照一九二一年下游洪水估算所得和根据上游蓄洪能力，规定中游润河集蓄洪工程竣工后，润河集控制闸上水位为二十五点五公尺，正阳关至怀远的流量为六千五百秒公方。蚌埠铁桥上水位为二十点五公尺，铁桥下为二十点四公尺。浮山水位为十四点六公尺，流量约为九千秒公方。下游则依据洪水总来量八百亿公方计算，洪湖水位为十四公尺，中渡流量为八千秒公方，高邮水位为八公尺。"

4.2.2 山谷水库和滞洪区

根据历次查勘，规划选择 16 处山谷水库坝址，总控制面积 $16437 \mathrm{km}^2$，蓄水总量为 31.5 亿 m^3。16 处水库名称为大坡岭、南湾、独树林、龙山、猴儿岩、石漫滩、板桥、梅山、盛家店、鲇鱼山、佛子岭、长竹园、下汤、曹楼、紫罗山、白沙。后来，猴儿岩改为薄山，长竹园改为响洪甸。

规划的滞洪区有老王坡、吴宋湖、蛟停湖、潼湖，以及泥河洼滞洪区。

4.2.3 润河集蓄洪控制工程

润河集蓄洪控制工程的目的是控制正阳关以上淮河的洪水，在配合上游蓄洪工程建设的情况下，使得颍河口以下的流量最大不超过 $6500 \mathrm{m}^3/\mathrm{s}$，正阳关的水位最高不超过 24.4m，将过量的洪水暂时储蓄在沿淮的湖泊和洼地里，待大汛过后再缓缓地下泄，以减低洪峰，免除泛滥的危险。

控制洪水工程包括堤工和分水闸。堤工由王截流至任家沟的淮堤和上、下格堤组成，分水闸可分为进湖闸、拦河闸和固定河槽三部分。平时，淮河水流经固定河槽；洪水时拦河闸配合固定河槽泄水；来水多于去水，则开放进湖闸，分水入城西湖。按 1950 年洪水演算，润河集淮河最大下泄量为 5500m³/s，坝上最高水位 27.1m，固定河床最大流量 3500m³/s，利用拦河闸进行调节后，流量在 3500—5500m³/s 之间，入城西湖最大流量到 3000m³/s。

蓄洪工程的规划设计，以 1950 年洪水为根据，需要蓄洪 72.7 亿 m³，包括濛洼、润河洼、城西湖、城东湖、邱家湖、姜家湖、唐垛湖、孟家湖等。其中，濛洼、城西湖、城东湖为控制蓄洪，润河洼和邱、姜、唐、孟四湖为自然过洪，仅起停洪作用。

4.2.4 中游加固堤防，整理河槽

1. 整理河槽

对自正阳关至蒋坝间的河道治理，《治淮方略》提出，为顺利排泄上游来水，降低水位，以便内水排泄和缩短航道，提出四种整理河槽的办法：

（1）利用滩地行水。淮河南岸的滩地除淮南矿区及蚌埠市区外，都利用来作为排洪孔道；六坊堤范围以内的滩地，及淮河北岸荆山湖洼地、北淝河与淮河间的地区、临淮关洼地、五河朝阳坝以南地区，亦均作为排洪孔道。上述被利用的洼地，尽量保证一水一麦。

（2）浚挖河槽。因拟将五河至浮山间淮河洪水位降低（五河 17.0m，浮山 14.6m），不能利用滩地排水，按排洪要求疏浚五河至浮山和龙集以下淮河。

（3）截弯取直。拟开通上草湾岗地，使双沟淮河直接入湖，缩短水道 35～36km；浮山以下小龙涧至对龙集间开辟新的排洪通道，缩短水道 12km；循圣人湖至三河间的古河开一河道，可以缩短水道 18km。

（4）排洪辅道。在涡河以东开排洪辅道，截涡河及以东地区淮河以北支流洪水、经排洪辅道下泄，至浮山以下入淮河，使淮河浮山以上干流流量仍保持在 6500m³/s。

按以上办法，拟订了四种整理河槽的方案进行比较。各方案如下：

第一方案，北岸涡河等洪水，由排洪辅道下泄，洪泽湖蓄水至 14.0m，河湖分开：涡河和涡河以东的支流来水全由排洪辅道排泄，最大流量 3800m³/s，蚌埠附近水位可降低至 18.0m，五河附近水位可降低至 15.5m，浮山 14.6m，淮河干流浮山以上最大流量为 6500m³/s，浮山以下为 9000m³/s，由上草湾引河进洪泽湖最大流量为 4000m³/s，其余自小龙涧引河下泄，加池河 1000m³/s，最大流量为 6000m³/s，此流量经圣人湖引河入三河。小龙涧引河口须筑船闸及拦河闸各一座，上草湾引河口筑进湖闸一座。另外在上草湾下游淮河，圣人湖下游淮河，及蒋坝洪泽湖，都筑拦河或拦湖土坝，使河湖分开，增加洪泽湖的蓄水效能。

第二方案，不开辟排洪辅道，洪泽湖蓄水至 14.0m，河湖分开：该方案除浮山以

上洪水全部由淮河下泄外（即不开排洪辅道），其余完全与第一方案相同，但五河水位为 17.0m，蚌埠水位为 20.40m。

第三方案，北岸涡河等洪水，由排洪辅道下泄，洪泽湖蓄水至 13.0m，河湖不分：与第一、二两方案基本上不同的地方，是本方案河湖不分，即上游来水，完全经由洪泽湖入三河。洪泽湖蓄水至 13.0m，按最大流量 6000m³/s 开上草湾引河，淮河原河道行洪 3000m³/s 入洪泽湖。三河下泄的流量 8500m³/s。

第四方案，不开辟排洪辅道，洪泽湖蓄水至 13.0m，河湖不分：除浮山以上全部洪水由淮河下泄外，其余与第三方案完全相同。

对以上设想，也指出"因资料的缺乏和时间的迫促，我们考虑难以周密，计算不能精确，究竟何种方案最合适，以及洪泽湖蓄水位十四公尺时，如果河湖不分时的情况，均尚须作进一步的研究"。

1951 年 7—8 月，中央水利部第二次治淮会议研究治淮工程规划，确定淮河在五河以下与北岸支河分流入洪泽湖，以降低内河水位，解决内水排泄问题。1952 年淮委工程部编制了《淮河中游五河以下干支河分流工程规划概要》，指出要使五河水位在淮河流量 9000m³/s 不超过 17.0m，仅五河至上草湾 37km 间的淮河河槽，需开挖土方 1 亿 m³ 以上；上草湾以下至老子山 70km 淮河河槽疏浚土方估计当在 2 亿 m³ 左右，工程量巨大，且一部分土方需在水下开挖，远非当时人力财力所能胜任，而内涝问题又亟须解决，于是有干支河分流工程规划。规划提出支河（内河）自漴潼河经峰山切岭、窑河、下草湾引河直接入洪泽湖（溧河洼），缩短洪水行程，降低五河内河水位；淮河干流开泊冈引河沟通原有淮河河道；另筑坝以分隔干支河流。按照规划，淮河和漴潼河在五河的水位分别为 18.6m 和 16.5m。

2. 加固堤防

淮河中游干支堤大都低矮，断面狭小。经 1950 年洪水，几乎全部漫决，为保障干支流两岸农业生产，必须与蓄洪工程相配合，进行堵口复堤，并择要放宽堤距，必要地段进行退建。

对于堤防加固问题，《计划纲要》认为，以当时已有堤距推算河道行洪能力，无法满足排泄经拦蓄以后的洪水的需要。如全靠退建堤防，则因堤内地势较低，建筑费用巨大，且将广泛引起群众反对。故中游治淮会议决定，一九五〇年冬至一九五一年夏，治淮工程以保全大利益牺牲小利益为原则。颍河未经治理，尚不足排泄自身之洪水量，蚌埠以下不能单靠退建以宣泄洪水，因之规定北岸颍东涡西为麦秋两收区，润东颍西及涡东浍西为争取秋收区，南岸为麦收区，河心圈堤不予修筑。南岸蚌埠市区，因人烟稠密及商业上之关系，筑圈堤保护。淮南矿区老应段加高培厚，以保矿区之安全。

根据以上原则，淮河北岸地钞段、钞曹段、曹南段、南润段、王润支堤，因保护面积过小，兼供泄洪，只予堵口，堤顶高度低于计划洪水位 1m。颍河堤及淮左庙垂段，堤顶高于计划洪水位 0.5m，争取秋收。其余干支堤堤防堤顶高度，均高于计划洪水位 1m，并予培厚，以期堤内土地减少被淹，大部可以麦秋两收。南岸正阳关以上为蓄洪区，另行规划。正阳关以下，除淮南矿区之老应段、蚌埠圈堤等堤顶高度，高于计划洪水位 1m 外，其余堤段只予堵口，照原堤培修，堤顶高度均低于计划洪水位 1m，只保麦作期间不遭淮水侵入，普通洪水之年，亦可保障秋收；如遇非常洪水，则任其漫溢，以增大淮河泄量。河心圈堤，如洪集圈堤、三河尖圈堤、六坊圈堤、溧潼圈堤及大柳圈堤等，不予修筑。

1952 年汛期，为提高淮北大堤的抗洪能力，又将涡西、涡东圈堤一律加高 0.6m，并加高淮南老应段、蚌埠市圈堤，培修正南淮堤、牛尾岗堤和寿西淮堤。

4.2.5 洪泽湖蓄洪工程

对洪泽湖的治理，《治淮方略》认为利用洪泽湖蓄水是最适宜的，只是蓄水后的水位不可太高，最好不要超过 14m，以免抬高上游的水位并加重大堤的负担，使下游受到威胁。具体规划治理设想或措施则随着论证工作的深入而有所变化，规划确定的措施主要有修建三河闸、高良涧闸，整治入江水道，开辟苏北灌溉总渠，培修湖堤等。

洪泽湖水位和出口规模与洪泽湖以上淮河中游的治理方案以及下游入江水道规模关系密切。在论证淮河中游河槽整理方案时，曾拟定了洪泽湖 14.0m、13.0m 两种蓄水方案。其中，对 14.0m 蓄水方案，拟采取河湖分开的方案，即通过工程措施，使浮山以上淮河干流来水尽可能直接入三河，当来水超过 5000m³/s 时超过的部分入洪泽湖，此种情况下，三河需下泄 6000m³/s；对 13.0m 方案，则是河湖不分，淮河洪水入洪泽湖调蓄后下泄，此种情况下三河泄量需达到 8500m³/s。由此看来，当时对洪泽湖蓄洪工程的主要措施还是河湖分家。《治淮方略》也指出，由于当时的淮河是从盱眙的龟山入湖，到蒋坝的三河出湖，河湖相连不分，只有上游来水先把洪泽湖水位面抬高才能畅泄，所以效用不大。为增加蓄洪的效率，采取河湖分开的方案，其措施大致包括开通盱眙的古河，筑坝堵塞龟山附近淮河入洪泽湖的口门，使淮河水由古河进入三河；开通双沟以下之上草湾冈地，上草湾建入湖闸，控制入湖水量，淮河来水尽量下泄，当来水超过 5000m³/s 时，超过的水量由此处分泄入洪泽湖调蓄，汛后再下泄，或用于灌溉、航运与发电；在浮山建拦河闸，用来调节下泄的水量；在蒋坝附近筑坝，使洪泽湖水不入三河。在坝旁应建小型的退水闸，以便剩余之湖水由此泄出；在高良涧开灌溉总渠供给苏北农田所需的水量，同时设水力发电厂。

1951 年 4 月 26 日—5 月 2 日召开的淮委第二次全体委员会议决议指出"下游则依据洪水总来量八百亿公方计算，洪泽湖水位为十四公尺，中渡流量为八千秒公方，高邮水位为八公尺"。

1951 年 7 月 26 日—8 月 10 日，中央水利部北京召开第二次治淮会议，进一步研究治淮规划问题。据《新中国治淮纪略》，这次会议确定洪泽湖 150 天洪量 760 亿 m³，在上中游蓄洪 120 亿 m³ 后，使正阳关流量不超过 6500m³/s；洪泽湖最大入湖流量 11400m³/s，三河最大流量不超过 7000m³/s，入海水道不再开辟而改为灌溉总渠，以灌溉为主结合防洪，分泄入海 700m³/s，"会议初步确定淮河在五河以下与北岸支流分流至洪泽湖及淮河与洪泽湖分开运用的治理方针"。

据苏北治淮指挥部《三河闸工程规划概要》，按 1921 年淮河洪水总量为 760 亿 m³、上中游的有效蓄洪量为 120 亿 m³ 推算，在湖河分开的情况下，如出湖总量为 7700m³/s（灌溉总渠入海流量 700m³/s，入江流量 7000m³/s），则洪泽湖最高水位达 14.70m。嗣经治淮委员会计算，上中游有效蓄洪为 87 亿 m³，自然蓄洪为 17 亿 m³，淮河洪水总量增至 800 亿 m³，据此推算，当出湖流量 7700m³/s 时，湖河不分开、分开时洪泽湖最高水位分别为 16.02m、16.06m；当出湖流量达到 8500m³/s 时，湖河不分开、分开时洪泽湖最高水位分别为 15.32m、15.15m。考虑到古河开挖土方甚巨，工程大，不经济，"经中央水利会议研究决定：河湖不分，洪水总量为 800 亿公方，上中游有效蓄洪量为 87 亿公方，自然蓄洪为 17 亿公方，洪泽湖出水量为 8500 秒公方，最高水位为 15.32 公尺。入海部分，灌溉总渠原设计流量 700 秒公方；入江水道应负担 7800 秒公方流量，为安全计，最大设计流量为 8000 秒公方。当洪泽湖水位到达 15.32 公尺时，洪泽湖容量有 106 亿公方。"

据《新中国治淮纪略》记述，1951 年 9 月编制的《治淮五年计划报告（草案）》（1951—1955 年）指出，洪泽湖以上洪水总量为 800 亿 m³，要求上游蓄洪 49 亿 m³，中游蓄洪 67 亿 m³，淮河干流遇非常洪水，控制正阳关流量 6500m³/s，最高水位 24.8m；五河水系直接入洪泽湖，与淮河隔开分流；洪泽湖采取河湖不分的治理方案，最大入湖流量 11790m³/s，最高蓄洪水位 15.32m，最大下泄流量 8500m³/s；入江水道非常洪水流量 8500m³/s，高邮水位 9.0m；开辟灌溉总渠，汛期排泄洪水 700m³/s。

1951 年 7 月 10—12 日召开的淮委全体委员会议研究洪泽湖水位等问题后，在《关于治淮方案的补充报告》提出，安徽宿、滁两专区提出最高洪水位为 13.0m，中秋以后为 12.0m，以利种麦。下游地区提出最高洪水位为 14.0m，中秋以后 13.0~13.5m。此次会议考虑在最高洪水时期确定为 14.0m，在平时（即中秋后）的水位需要进一步分析比较后再行确定。并指出"据初步计算，如果平时蓄到十三公尺，则宿县、滁县、淮阴三个专区约有一百万亩土地被淹，二十万人口需要搬移。此点亦请中央水利部作一考虑"。1951 年 11 月 3—5 日，中央水利部召集治淮委员会工程部、苏北行署、苏北治淮总指挥部、皖北宿县专区治淮指挥部有关领导，就洪泽湖蓄水位商定初步意见，明确"解决这一问题的主要原则，是根据淮河上中下游人民的长远的最大的利益，通盘规划，以求得洪泽湖蓄水的合理利用。因此，一方面要顾全苏北一般年份灌溉事业可能的发展；另一方面，此项灌溉用水，必须尽量讲求经济，尽量使皖北沿湖地带少淹地、少迁移居民，并顾及将来上中游灌溉用水的需要"，并指出由于资料不足，对此问题应由治淮委员会会同有关地区和部门进行长期调查研究后再做最后确定。同时，该意见明确"皖北内河疏浚，可按洪泽湖冬春水位 12.50 公尺设计施工"。

4.2.6　入江水道

《治淮方略》认为，为使三河下泄之水能顺利入江；降低高邮一带的水位，以增加运河东西堤的安全；在低水时期能使高、宝湖底大部涸出，在冬季种植小麦；逐渐造成排洪通道，将湖地完全涸出成为两收地区，应开辟入江水道。

对入江水道整治，曾研究了两个方案：①洪泽湖蓄水位 14m，三河下泄 6000m^3/s，拟定中渡水位 12m，高邮水位 8m，六闸水位 7m；②洪泽湖水位 13m，三河下泄 8500m^3/s，拟定中渡水位 12.5m，高邮水位 8.5m，六闸水位 7.5m。

1951 年 5 月 2 日淮委第二次全体委员会议决议中明确，参照 1921 年洪水估算，采用洪水总量 800 亿 m^3，洪泽湖水位 14m，中渡流量 8000m^3/s，高邮水位 8m。

《1955 年治淮工程计划纲要》，拟定在三河闸排洪 8000m^3/s 时，中渡水位 13.2m，高邮水位 8.5m，三江营水位 5.24m。具体工程措施主要有：三河段河道疏浚扩挖或加大堤距；拆除高邮、邵伯两湖阻水圩堤；疏浚六闸以下河道；拆除大部分旧江坝。

4.2.7　水的利用

就水的利用问题，《治淮方略》也从灌溉、动力、航运三个方面提出设想。

(1) 灌溉。山丘区多数水库完成后，可以为农业生产提供灌溉水源，"关于这部分的灌溉面积，据初步查勘的结果约有二百九十万亩"，具体是：淮河大坡岭水库0.2 万亩，潢河龙山水库 20.0 万亩，洪河石漫滩水库 2.0 万亩，南汝河板桥水库 20.0 万亩，史河梅山水库 40.0 万亩，灌河盛家店水库 20.0 万亩，淠河佛子岭水库 40.0 万亩，沙河下汤水库 5.0 万亩，沙河曹楼水库 2.0 万亩，汝河紫罗山水库 100.0 万亩，颍河白沙水库 40.0 万亩。在里下河区、滨海区、通扬运河两岸，高、宝湖北首等苏北地区，估算需灌溉的农田约 2000 万亩，需水量 47.5 亿 m^3，所需水量除一部分"可设法从长江引用外，大部分可由洪泽湖去供给"。至于对中游地区的灌溉问题"还没有详细的研究"。

(2) 动力。水力发电"与其他水利不能两全，所以为了照顾灌溉用水，只得减少发电量"，并据初步查勘报告，提出淠河佛子岭、灌河盛家店、浉河南湾、淮河大坡岭、汝河紫罗山、颍河白沙等水库可能装机约 2.145 万 kW，洪泽湖约 1.5 万 kW。

(3) 航运。治淮的结果可使支干河低水流量普遍增加，有利于改善航运条件。提出将运河西堤缺口全部堵闭，利用淮阴、邵伯两船闸，来维持排水量 900t 以下的大船交通；疏浚邵伯以下瓜州运河及邵伯到三江营的河道，完善通江航道。在洪泽湖进口处的分水闸附设船闸，淮河上、中游的船舶，可经此船闸进入古河与三河，再沿高邮湖中的深泓下驶，经高邮船闸而后进入运河。这样淮河上下游的航道可终年无阻。

4.2.8　治涝规划

对治涝问题，政务院《关于治理淮河的决定》中指出淮河流域"内涝成灾，亦至严重，应同时注意防止。"1952年淮河流域发生严重内涝之后，淮委工程部总结各省治涝意见提出的《关于进一步解决淮河流域内涝问题的初步意见》。

《治涝意见》指出，1952年内涝主要在淮北平原坡水区，受涝面积河南省约为630万亩，安徽省约1500万亩，江苏省约370万亩，共约2500万亩。成灾原因，一是降雨较大，二是排水系统未完全建立，三是群众缺少蓄水保水的耕作习惯，四是地形特殊，不易排水。认为淮河流域的内涝是广义的，是指在淮河干支流堤防不溃决的情况下，各支流发生的一切水灾而言，包括地势较高地区，因沟渠缺乏，雨水不能及时排出造成的短期内涝，低洼地区主客水共同造成的严重涝灾和沿河沿湖地区受河水顶托或倒灌造成的涝灾（因洪致涝）。

《治涝意见》研究了蓄水除涝，排水除涝，以蓄为主、以排为辅除涝等三种除涝方案，认为应采取以蓄为主、以排为辅的方案。在此基础上，提出了解决内涝的方针：以蓄为主，以排为辅，采取尽量地蓄，适当地排，排中带蓄，蓄以抗旱，因地制宜，稳步前进，使防洪与除涝、除涝与防旱相结合。蓄水措施有水库和湖洼蓄水、塘堰、沟洫、圩田、水田等蓄水和造林、种草、畦田、深耕、等高种植、改良土壤等蓄水。要求建立全面的、起码的、完整的排水系统，使蓄水以后多余的水，根据地下行水的原则，坚决排下去，以消除普通洪水的涝灾；并结合堤防工程，使非常洪水不致漫溢泛滥；提出在一般情况下先解决5年一遇的内涝问题，个别地区可以适当提高或降低。

《治涝意见》还要求进行流域性的勘测设计。提出了治涝工程的投资原则，凡属重点蓄水、河道整理、涵闸桥梁等较大水利工程，由治淮投资；大沟开挖、整修，一般为民办公助；中小沟开挖、塘堰修建、畦田、梯田、等高种植、造林等群众性蓄水、保水、排水工程均由群众自办或农贷扶持。同时也指出，对上述群众自办或民办公助的工程，为取得经验，推动群众而进行的典型示范工程得由治淮投资。

《治涝意见》要求，自1953年起，有计划、有步骤地进行除涝工程，在"一五"期间，完成重点蓄水工程和稍加完整的排水系统，以及一批群众性的蓄水、保水示范工程，以利逐步推广。

4.2.9　淮北支流治理

治淮初期，在各年度计划纲要中对洪河、汝河、颍河、包河、汾河、泉河、西淝河、北淝河、安河、奎河等数十条支流河道治理作了安排，并逐年实施，此外，治淮委员会工程部陆续提出了北淝河、濉河、唐河、芡河、泥黑河、西淝河、汾泉河等支流治理规划。

汾泉河。1954年淮委编制了《汾泉河治理工程规划概要》。规划治理标准是，干流按 3 年一遇疏浚河槽，按 1954 年洪水培修堤防，支流按 5 年一遇涝水治理。此外，规划将汾泉河支流谷河（流域面积 500km²）截引入颍河，并截死澧河分流入汾泉河的分洪道，使汾泉河流域面积减少到 5262km²。

茨河、泥黑河。治理规划本着高低水分排的原则，调整水系，将茨河上游部分流域面积截入涡河，下游临近淮河地区，另建排水系统就近排入淮河。泥黑河上游坡水就近改入西淝河，下游沿淮洼地仍就近排入淮河，同时利用茨河、泥黑河下游洼地滞蓄涝水。规划要求按 5 年一遇标准疏浚河道沟洫，健全排水系统，按 10 年一遇标准培修堤防。

北淝河。1953 年规划重点研究了上、中游引淝入涡、入灖，治理标准为 5 年一遇除涝，10 年一遇防洪。引淝入涡是将清宫集以上 600km² 截入涡河，引淝入灖是将中游 1653km² 面积截入灖河，并在四方湖出口建控制工程。北淝河下游尚有 613km²，地面低洼，受淮河洪水位顶托、倒灌。规划要求留出部分洼地滞蓄内水，其余地区分片建站，改种水稻；疏浚干河，健全排水系统，建沫河口闸相机排水入淮，并控制淮河洪水倒灌。

濉河、唐河。为改善中下游河道排水条件，1950—1951 年，按 75～120m³/s 疏浚濉河符离集至浍塘沟段河槽，按排洪 370～437m³/s 培修堤防，浍塘沟以下堵死南股河，开新河穿禅堂湖至八里桥入东汴河，至泗洪分由北濉河和老汴河入洪泽湖。

为减轻唐河中下游排水负担，1952 年将上游巴青河截入沱河，中游小黄河截入北沱河（流域面积减为 1924km²）。

1952 年、1954 年发生洪涝灾害之后，又编制了濉唐河治理规划。主要治理措施是，濉河中下游利用老汪湖、康家湖滞蓄山区洪水，疏浚河道，培修堤防。老汪湖滞洪区可滞洪 1.48 亿 m³，康家湖为 0.51 亿 m³。规划在唐河蒿沟集附近开挖引河，截引中上游 1467km² 面积来水入北沱河，并按 3 年一遇排涝标准治理唐河上游，按 5 年一遇排涝标准治理唐河下游及北沱河。

4.3　沂沭泗河治理规划

4.3.1　导沭整沂和导沂整沭

治淮初期的沂沭泗河治理规划主要包括 1949 年 3 月沂沭河水利工程总队编制的《导沭经沙入海工程计划初稿》、1949 年 8 月苏北行署拟定导沂工程计划及 1954 年沂沭汶泗洪水处理意见。

1. 导沭整沂

规划内容主要包括切开马陵山，开辟新沭河，导沭经沙河于临洪口入海，兴建大官庄沭河坝和人民胜利堰，控制分流；整修山东境内沂沭河堤防，开挖分沂入沭水道，疏浚沂河淤浅段等。

沭河防洪标准按大官庄流量 4500m³/s 安排，其中经沙（河）入海 2800m³/s

（1951年华东水利部召开沂沭汶泗会议，将该河道定名为新沭河）、经胜利堰下泄1700m³/s。新沭河最大设计流量3800m³/s（考虑沙河区间来水1000m³/s），老沭河排洪流量3000m³/s（包括分沂入沭1000m³/s、沭河区间300m³/s）。沂河防洪标准按临沂洪水流量6000m³/s，其中分沂入沭1000m³/s，江风口分洪1500m³/s，其余3500m³/s由李庄沂河本干下泄。

2. 导沂整沭

规划内容主要包括按排洪3500m³/s开挖新沂河，导沂沭泗河洪水于灌河口入海，修建骆马湖初期控制工程，调蓄控泄沂沭泗河洪水；培修加固江苏境内沂沭河堤防。

4.3.2　1954年沂沭汶泗洪水处理意见

1953年，沂沭汶泗治理工作由华东水利部组织领导改归淮委统一领导，当时"导沭整沂"与"导沂整沭"工程即将完成，沂沭汶泗地区洪水安排仍有不少问题，为此1954年编制了《沂沭汶泗地区洪水处理意见》。

1. 南四湖洪水处理方案

经过比选，南四湖采用一级湖方案，蓄水位暂定33.5m（以微山湖为准），治理措施总的思路是疏浚四湖，加强堤防，扩大出口河道规模并建闸控制泄量。具体为：南四湖出口处建韩庄闸、蔺家坝闸，在微山湖水位33.5m时，控制韩庄运河及不牢河泄量1000m³/s；南四湖出口河道泄量，暂定在微山湖水位33.5m时泄800m³/s，最大不超过1200m³/s，可在规划不牢河、韩庄运河时再比较确定。沿湖堤线在南阳湖大致沿34.0m等高线，昭阳湖北段大致沿33.5m等高线，二者沿用旧堤线；昭阳湖南段大致沿33.5m等高线。湖内疏浚四里湾宽度暂定1500m，最宽2500m；十里桥大捐段宽度暂定1500m，最宽3000m，再做设计详细比较。在滨湖地区高程低于湖内水位的区域，应采用分区筑圩、截水、挖沟等办法，分别排水入湖；内涝无法自排的地区采用抽排方式解决。

2. 沂沭运地区洪水处理方案

在拟定沂沭运地区洪水处理方案时，发现在拟定导沭整沂方案时对沂河洪水、邳苍区间的来水估计偏小，原推算1949年洪水沂河临沂洪峰流量为6000m³/s，据此确定沂河临沂洪峰流量为6000m³/s，但1949年洪峰已证实是7700m³/s，1914年可能达10000m³/s以上。因此对沂沭运地区洪水处理问题研究了多种方案，确定了沂河、沭河、新沂河等河道行洪规模。具体是：沂河临沂在发生100年一遇洪水、洪峰流量9200m³/s时，分沂入沭流量2450m³/s，沂河本干下泄4650m³/s（华沂以下老沂河至少排泄500m³/s），江风口分洪2000～2100m³/s，从以上数字可知，该规划中沂河临沂断面洪峰流量及各河段泄洪规模较导沭整沂工程河道发生了较大变化。沭河基本维持了导沭整沂工程确定的各河段规模，即大官庄流量4500m³/s，其中新沭河、老沭河分别承泄2800m³/s、1700m³/s。嶂山最大下泄2000～3000m³/s，但新沂河口头以下最大泄量 4500m³/s，规模也较导沂整沭工程有所加大。

按以上洪水安排方案，除计划在上游山丘区修建龙门、傅旺庄、东里店、石岗 4 座水库外，沂、沭河等各河工程措施也较导沭整沂和导沂整沭时有所调整，沂河按行洪 5000m³/s 加固李庄以下本干堤防，按行洪 2450m³/s 加大分沂入沭水道（自流），按至少行洪 2000m³/s 建江风口闸（上游水库完成前要求行洪 2750m³/s），按分洪 500m³/s 建老沂河华沂节制闸。骆马湖北部用闸及堤将沂河与骆马湖分开；骆马湖建闸抬高水位（在回水不影响陇海铁路桥的要求下），按行洪 3000m³/s 扩大嶂山段切岭，新沂河按行洪 4500m³/s 扩大，其中。沭河在人民胜利堰增加控制工程，以控制沭河泄量，按行洪 3800m³/s 加固新沭河。

4.4 规划实施情况

1949—1956 年期间，治淮规划的制定与实施，对淮河流域的治理、特别是防洪除涝产生了决定性的影响。以下主要就防洪方面阐述实施情况。

1. 淮河上游

淮河上游以拦蓄洪水发展水利为长远目标，1950—1956 年，修建了石漫滩、白沙、板桥、薄山、南湾等 5 座大型水库和老王坡、吴宋湖、蛟停湖、潼湖、泥河洼等 5 处洼地滞洪工程。

在淮河干流上游，对陈族湾分洪堤进行了培修；对洪河、汝河、颍河、黑河、沙河、惠济河等多条支流采取复堤、疏浚等措施进行了治理。

2. 淮河中游

在淮河支流淠河上游修建了佛子岭水库，史河上修建了梅山水库，淠河响洪甸、磨子潭两座大型水库也于 1956 年开工。

湖泊洼地蓄洪工程。在洪河口至正阳关间，建成濛洼、城西湖、城东湖三个蓄洪区；在正阳关以下修建了瓦埠湖蓄洪区。设立了童元、黄郢、建湾、南润段、润赵段、邱家湖、姜家湖、寿西湖、董峰湖、黑张段、六坊堤、石姚段、荆山湖、黄苏段、方邱湖、花园湖、香浮段、潘村洼等 18 处行洪区。

淮河干流中游的润河集蓄洪控制工程于 1951 年 3 月开工，7 月基本完成，1954 年大水时失事。

淮河干流治理以筑堤为主，包括淮河干堤、行洪堤和淮南、蚌埠两市圈堤，其中以淮北大堤为重点。淮河干流堤防在这一时期经过两次大培修。第一次是 1950 年冬至 1951 年春，堤防标准低，堤顶宽 3~6m。第二次是在 1954 年大洪水后，于 1955 年冬至 1956 年夏进行，加高培厚淮北大堤，部分堤段退建，堤顶高出设计洪水位 2.0m，堤顶宽 6~10m。五河内外水分流工程于 1951 年 10 月动工，至 1954 年汛前完成。另外，1953—1954 年间，在 4 个蓄洪区和部分行洪区修建了一些低标准的庄台。

　　淮河中游支流治理工程主要在淮北平原区。在 1950 年冬至 1952 年期间进行治理的河道有西淝河、濉河、唐河、沱河、安河、赵王河、港河、奎河、拖尾河等。1953年起，根据淮委工程部《关于进一步解决淮河流域内涝问题的初步意见》，在淮北平原区各支流进行全面勘察和规划，对濉河、北淝河、泉河、芡河、泥黑河、西淝河与港河进行全面的治理，包括开挖部分大、中、小沟，在入淮河口建闸，防止淮水倒灌等。以上淮北地区各支流治理工程初步改善了淮北平原区的排水条件。

　　3. 淮河下游

　　淮河下游开挖了苏北灌溉总渠。1950 年冬至 1951 年春，进行了里运河和中运河复堤工程，并培修了洪泽湖大堤；对入江水道高邮毛塘港进行切滩；对淮阴以下的废黄河进行疏浚。1952 年 10 月，开工修建洪泽湖三河闸，于 1953 年 7 月竣工。1954年冬至 1955 年春，进行了 1954 年汛后恢复工程，包括洪泽湖大堤加固、三河复堤、运河堤恢复等工程。

　　1957 年 11 月国务院召开淮河治理工作会议，据淮委向大会提交的《治淮报告》，七年来河南、安徽、江苏三省初步或局部治理大小河道 175 条，总长度 5232km。建山谷水库 9 座（河南 5 座、安徽 4 座），在湖泊洼地修建蓄洪工程 11 处（河南 5 处、安徽 5 处、江苏 1 处），以上两项总库容 316 亿 m³。培修淮河、洪汝河、沙颍河、涡河、西淝河等干支流主要堤防 3985km，运河堤防 633km。兴建大小涵闸 559 座（河南 173 座、安徽 217 座、江苏 169 座）。共计开挖土方 7.89 亿 m³，石方 577.5 万 m³，混凝土 153.4 万 m³；共计投资 9.99 亿元。

　　4. 沂沭泗河

　　在沂沭泗水系完成了导沂整沭和导沭整沂工程，开辟了新沂河、新沭河两条重要入海通道，修建了分沂入沭水道，培修加固了沂河、沭河、骆马湖等堤防，兴建江风口分洪闸、华沂节制闸等水闸，初步治理了南四湖湖东、湖西支流等河道。

　　5. 治理成效

　　新中国成立之初，在国民经济恢复和"一五"计划建设时期，治淮工程具有质量较好、速度较快、费用较省、效益较大的特点。

　　这一时期在淮河水系山区修建的大型水库，为水库下游的防洪、排涝、灌溉起了很好的作用。通过修建湖泊洼地蓄滞洪工程，加固培修淮河中游淮北大堤及重点城市圈堤、下游入江水道和运河大堤等干支流堤防，实施五河内外水分流工程，开辟灌溉总渠，建成洪泽湖三河闸等，改善了沿淮淮北地区和里下河地区的防洪条件，为中下游地区战胜 1954 年特大洪水发挥了巨大作用，避免类似 1931 年发生洪水时惨剧，里运河归海坝从此未再开启过。通过除涝工程，使大部分支流得到初步治理，局部地区进行了大中小沟配套工程，涝灾有所减轻。

　　前述的《治淮报告》认为：由于许多重大工程的完成，防洪标准显著提高，经过1954 年洪水考验，虽然也暴露出有些工程设计防洪标准偏低的缺点，但经大力防汛，保住了淮北与里运河大堤，使淮南、蚌埠、淮北涡东与里下河广大地区未遭受毁灭性灾难，铁路交通未曾中断。未治理前淮河上中游4～5年一遇洪水即泛滥成灾，治理后中游可防止50年一遇的洪水灾害，下游防洪标准也从6～7年一遇提高到了50年一遇。在治淮的七年中遭遇两次洪水袭击，仅淮河干流减少损失就达9.97亿元。

在沂沭泗水系通过导沂整沭和导沭整沂等一系列工程措施的实施，改善了该地区防洪条件，在其后沂沭河中下游地区防洪中发挥了作用，特别是新沂河、新沭河两条重要入海通道及分沂入沭水道的建成，基本奠定了沂沭泗河中下游骨干河道的格局，沂沭泗河洪水也有了稳定的和一定规模的出路，为后来进一步治理创造了条件。

另外，经过几年治淮工程建设实践，培养了一大批设计与施工力量，大大提高了我国水利建设的技术水平。

治理淮河是新中国第一个全流域的治水事业，取得显著成就的经验主要是：治淮初始，党中央、政务院作出的治淮决定、方针、政策符合淮河流域客观实际情况（蓄泄兼筹，以达共治）。毛泽东主席在决定出兵抗美援朝的同时又作出治理淮河的战略决策，既是基于"治国必先治水"的历史经验，又是根据恢复经济，安定天下，边稳、边打、边建的现实要求提出来的，实践证明是及时、正确的。而"蓄泄兼筹"治淮方针的提出和统一治淮机构的建立，使淮河全流域各省在治淮中能以大局为重，团结治水。尤其是涉及两省的工程，在治淮委员会的主持下，能够做到统一规划，统一治理；发生水利纠纷能及时得到协调和化解。

这一时期治淮也存在着一些经验教训，主要是采用的水文账偏小，防洪标准偏低，工程留有余地不够等。由于规划思想的局限性，在工程部署上取消了淮河入海水道，而代之以过流能力仅为700m³/s的苏北灌溉总渠，给以后淮河治理增加了困难。

5

1956 年和 1957 年规划

1954 年汛后，围绕淮河水系、沂沭泗水系的治理问题，治淮委员会分别组织开展两大水系规划的编制工作，先后在 1956 年、1957 年提出了《淮河流域规划报告（初稿）》（该规划内容不涉及沂沭泗河水系，在本章中称为《淮河流域规划》）、《沂沭泗流域规划报告（初稿）》《沂沭泗流域规划初步修正成果和 1962 年以前工程安排意见（草案）》等成果，这一时期工作是新中国成立后在淮河流域开展的第二轮规划，称为 1956 年和 1957 年规划。

5.1 历史背景与工作过程

5.1.1 历史背景

自 1950 年治淮以来，淮河流域发生了 1952 年的涝灾、1953 年的旱灾和 1954 年特大洪水灾害。1954 年 7 月，淮河出现 5 次大范围降雨过程，引发了 40～50 年一遇的特大洪水。汛期暴雨中心临泉、王家坝、宿县降雨量超过 900mm，比 1931 年、1950 年都大，前畈最大降雨量达 1259.6mm，创当时淮河的历史记录，同等暴雨等值线覆盖面积也远比 1950 年大。当年淮河中游沿淮最高实测洪水位：王家坝为 29.59m，比 1950 年高 0.29m；正阳关为 26.55m，比 1950 年高 1.64m；蚌埠为 22.18m，比 1950 年高 1.03m。最大洪峰流量鲁台子为 12700m³/s，和 1950 年相近，蚌埠为 11600m³/s，比 1950 年大 2700m³/s。由于洪水大，超过已建治淮工程的防御能力，致使上游破堤，淮滨县城被淹，损失惨重；中游所有行蓄洪区均行洪、蓄洪，濛洼漫堤行洪，润河集蓄洪控制枢纽失事，淮河中游洪水失去控制，城西湖扒口进洪超蓄，已拦蓄的洪水决堤下泄涌向正阳关以下，沿淮洪水位乃随之迅速上涨，甚至平于或超出两岸堤顶高程，最后相继引发正南淮堤和淮北大堤禹山坝、毛滩决口。下游洪泽湖蒋坝最高水位达 15.23m，比 1950 年高 1.85m，比设计洪水位 14.5m 高 0.73m，三河闸最大下泄流量为 10700m³/s，比 1950 年大 3750m³/s；里运河西堤经大力抢救，幸免溃决。全流域洪涝灾面积 6463 万亩。

1954年洪水暴露了治淮初期规划采用的洪水账偏小，治理标准偏低。1954年9月23日，周恩来总理在第一届全国人民代表大会第一次会议作的《政府工作报告》中指出："在水利方面，国家过去几年内修建了很多大规模的水利工程，对减轻水旱灾害、保障农业生产起了很大的作用，在今年的防汛斗争中的作用更显著，尚未全面完成的治淮工程超额地担负了防洪任务。"同时指出："今年的洪水暴露了过去治水工作的不少缺点，例如防洪设计标准一般地偏低，个别工程修得不够安全，有一个时期比较忽视治理内涝和农田水利的工作。今后必须积极地从流域规划入手，采取治标治本结合、防洪排涝并重的方针，继续治理危害严重的河流，同时积极兴办农田水利，以逐渐减免各种水旱灾害，保证农业生产的增长。"

　　1955年，党中央公布了发展农业计划纲要，对兴修水利和淮河流域发展农业提出了明确要求，从1956年起，在12年内，全国水利事业的发展，应当以修建中小型水利工程为主，同时修建必要的可能的大型水利工程。要结合国家大中型水利工程的建设和大、中河流的治理，要求在12年内，基本上消灭普通的水灾和旱灾。对内涝灾害严重的地区，应该大力进行除涝排水、改造洼地的工程建设。粮食亩均年产量，黄河以南淮河以北地区，由1955年的208斤增加到500斤；秦岭、淮河以南地区，由1955年的400斤增加到800斤。增产的主要措施是兴修水利、发展灌溉、防治水旱灾害，要大力改良土壤、保持水土。

　　为贯彻党中央农业发展纲要精神，解决治淮初期规划在实践中暴露出的问题，1954年大水后，淮委组织邀请各有关部门共同开展了比较全面系统的淮河流域综合利用规划工作。

　　沂沭泗地区经过1949—1955年的初步治理，在沭河大官庄以下，开挖了新沭河，修建了人民胜利堰，分泄沭河洪水2800m³/s；在沂河临沂以下修建了分沂入沭水道和邳苍分洪道，分别分泄沂河洪水1000～1500m³/s；在骆马湖以下开辟了新沂河，分泄沂沭泗河洪水3500m³/s；骆马湖作为拦洪水库，修建了骆马湖大堤、皂河节制闸、船闸和杨河滩泄水闸，使沂沭泗下游洪水得以控制。为了开发利用区内的水利资源，进一步解除洪、涝、旱灾，在编制淮河流域规划的中后期，同时着手编制了沂沭泗区流域规划。

5.1.2　工作过程

1. 淮河流域规划

　　本轮淮河流域规划自1954年汛后启动，至1956年5月结束，历时一年半。规划是在水利部领导下，由治淮委员会、河南和江苏两省治淮总指挥部、农业部、林业部、交通部、地质部、中国科学院、中央气象局、南京农业科学研究所、南京大学地质系等单位先后调集党政干部、专家、学生等800人共同编制，其中参加规划设计工作的有160人，其余640人分别参加水文、经济、地质、水文地质、土壤等调查工作和地质勘探工作。此外，还有数以百计的人员开展了地形测量工作。苏联来华专家直接指导了这次规划编制工作，成立以水利部首席顾问沃洛宁为组长，尼古拉耶夫为副组长的专家组。

1955 年 1 月，治淮委员会与河南、江苏两省治淮总指挥部的 160 名工程技术人员集中到治淮委员会办公，分成资料、水文、地质、防洪、灌溉、航运、水力发电、水土保持、水工、淹没损失、洪汝沙颍河、中游支流、苏北平原等 13 个组，进行规划设计工作。交通部负责编制航运规划，与淮委共同组织淮河流域规划航运组。1955 年 3 月，治淮委员会会同苏联专家组分别征求河南、安徽、江苏三省对淮河流域规划的意见和要求，各省都提出了书面意见。1955 年 4 月，治淮委员会向水利部报送《编制淮河流域规划的计划任务书（草案）》，8 月，国家计划委员会批准了《编制淮河流域规划的计划任务书》。计划任务书要求，流域规划应包括防洪、除涝、灌溉、航运、发电、渔业、都市供水及工业供水等各个方面；规划应与国民经济发展的远景计划相结合，农业增产是今后的主要要求，因此防洪、除涝和灌溉是编制淮河流域规划的中心任务。1955 年 11 月，淮委勘测设计院将各主要规划成果向治淮委员会和苏联专家组作了汇报，在取得同意后，又分别向水利部及豫、皖、苏三省以及农业部、林业部、交通部和电力部进行了汇报，随即根据各方面的意见进行了补充修正，于 1956 年 4 月完成《淮河流域规划报告（初稿）》。1957 年经修改后缩编为《淮河流域规划提要》，并在《中国水利》（1957 年第 4 期）杂志上发表。

规划报告共分流域总述、水利经济计算、防止水灾、灌溉、航运、水力发电、水土保持、水工、今后勘测设计和科研工作、结论等 10 卷，100 万字，图 125 幅。

据王祖烈《治淮规划工作的回顾》，1957 年下半年中央农村工作部主持召开由豫皖苏三省农村工作部和水利厅领导参加的治淮会议，讨论淮河流域规划。由于对淮河干流中游控制等一些重要规划方案未取得一致，此次会议未取得具体结果。其中对淮河干流中游修建洪水控制工程问题，安徽赞成，河南、江苏都不同意修建。会后，水利部科学技术委员会专门组织力量，对中游控制方案进行了研究，最后确定临淮岗方案。

2. 沂沭泗流域规划

新中国成立初期，沂沭泗地区规划设计工作由水利部第五设计室在华东水利部领导下进行。1955 年 4 月淮委成立勘测设计院，第五设计室全体人员并入淮委勘测设计院，继续进行沂沭泗地区的规划设计工作。沂沭泗地区流域规划于 1955 年 11 月开始编制，由淮委勘测设计院副总工程师邢丕绪、主任工程师室副主任姚榜义等主持。参加编制的有淮委勘测设计院，交通部，江苏、山东、河南三省的水利和交通部门。1955 年 12 月起，淮委会同山东省治淮指挥部，山东、江苏两省农业厅、水利厅进行沂沭泗部分地区的土壤水文地质勘测，共完成各种比例尺的测图面积 2.18 万 km^2。地质部于 1956 年委派乔作拭到沂沭泗流域各水库坝址区进行工程地质踏勘。同年，淮委又组织地质勘探队与北京地质学院的生产实习师生一起，完成了泗河南陶洛水库和沭河龙门水库工程地质普查、祊河姜庄湖水库和沂河铁山水库工程地质详测。南京大学地质系萧楠森教授曾参与东里店、南陶洛水库坝址踏勘指导。1957年3月淮委提出了《沂沭泗流域规划报告（初稿）》。1957年11月由邢丕绪向国务院召开的淮河流域工作会议汇报了《沂沭泗流域规划报告（初稿）》。由于苏鲁两省对于修建龙门水库与南四湖分级蓄水等问题的意见分歧，规划未能定案。

《沂沭泗流域规划报告（初稿）》分流域总述、防止水灾、灌溉、航运、水力发电、水土保持、水工、结论8卷，约80万字。

沂沭泗流域规划于1957年3月完成，当时几个主要水库的地质工作还正在进行，8月间将有关资料向当时的苏联专家汇报后，认为铁山、姜庄湖、付旺庄、东里店地质条件很差，筑库存在问题，铁山、姜庄湖淹没面积大，不宜修建水库，因此沂沭河洪水必须重新作安排。1957年7月，沂沭泗地区连降大雨，沂沭泗河水系发生新中国成立以来的最大洪水，南四湖最大入湖流量约 10000m³/s，南阳站最高水位36.48m，微山站最高水位 36.29m；沂河临沂站洪峰流量 15400m³/s。此次洪水造成严重灾害。因此，山东、江苏两省均希望早日解决洪水问题。山东对扩大南四湖泄量，降低南四湖水位，要求尤为迫切。遂由水利部技术委员会召集淮委、山东、江苏技术人员，组织对沂沭泗流域规划进行修订，提出了《沂沭泗流域规划初步修正成果和1962年以前工程安排意见（草案）》。

5.2 淮河流域规划主要成果

规划确立以综合利用为治理开发的基本原则，以保证粮食增产为突出要求，以必须解决的迫切问题为中心任务，提出：提高防洪标准，彻底解决防洪问题；展开全面治理，消灭普遍性的内涝灾害；发展灌溉，扩大水稻种植面积；开发水力和发展航运。总体布局是：

上游河南部分，尽量修建山谷水库，拦蓄洪水，防止水灾，调节径流，大力发展灌溉，建设水电，改善航运。在山地丘陵地区开展群众性水土保持运动，普遍植林，修建塘堰梯田，防止土壤冲蚀，增加枯水流量。在地势有利地区，适当修建洼地蓄洪蓄水工程，疏浚河道，培修堤防，开挖沟渠，排除涝灾。

中游安徽部分，除在南岸山区尽量修建山谷水库外，应利用现有的湖泊洼地扩大蓄洪，并蓄水兴利，大量发展灌溉，改种水稻，开发水利资源，加大河道的排洪能力。淮北平原河道，上段开展群众性的畦田沟洫运动，保持土壤肥力，增加地下水量，中下河段疏浚河道，修建排水系统，消除内涝灾害，有计划地发展航运。

下游江苏部分，利用洪泽湖蓄洪和蓄水兴利，洪泽湖以下加大排洪能力，以入江为主，入海为辅。整理入江水道扩大入江泄量，在灌溉总渠与废黄河之间开辟入海水道，以保证苏北地区的安全。在目前尽量利用淮水、将来引用江水的原则下，扩大现有灌溉面积，增加水稻种植范围。滨海地区修建海堤和挡潮闸，防止海潮入侵，便利内水排泄。适当调整水系，修建圩堤，改善排水系统，消除内涝灾害。苏北为淮运通航的枢纽，今后应在现有的基础上，大力发展航运。

5.2.1 防止水灾规划

5.2.1.1 设计洪水和防洪标准

淮河干流设计洪水和防洪标准的选定，有一个实践、认识、再实践、再认识的过程。在 20 世纪 50 年代治淮初期的规划中，由于水文资料短缺、规划经验较少和财力物力不足等实际问题，确定中上游按防御 1931 年和 1950 年实际洪水设防，下游按较大的 1921 年的洪水设防。1954 年大水后，深感原用的洪水账偏小，实际防洪标准太低。为慎重起见，规划中充分利用 1915 年以来沿淮各站调查、实测的雨量、流量、水位、工情等资料，进行统计、分析、研究，提出沿淮各站近 30 年的最大 30 天、120 天洪量系列，其中 1954 年正阳关、中渡 30 天洪量分别为 306.8 亿 m³、482.7 亿 m³，120 天洪量分别为 423.0 亿 m³、640.5 亿 m³，并据以求出各站不同标准的最大 30 天和 120 天洪量数值，作为防洪规划依据。鉴于淮河干流 1954 年实测流量资料较全，精度较高，洪水峰型的代表性较好，因此淮河干流设计洪水过程线，一律按 1954 年洪水峰型放大，确定了淮河干流不同标准设计洪量，其中 100 年一遇正阳关、蚌埠、中渡 30 天洪量分别为 392 亿 m³、459 亿 m³、555 亿 m³，120 天洪量为 641 亿 m³、756 亿 m³、922 亿 m³。

淮河流域各支流一般仅有 1951—1955 年的短暂实测水文资料，不能用以直接推求设计洪水的特征值，只得借用少数较长系列雨量站的实测资料，用间接法推求各地的不同频率的设计洪水过程线和峰值作为规划依据。

有关淮河的防洪标准按各个保护地区的重要性分别确定。上游山谷水库一般按 100~300 年一遇洪水设计，河道按 100 年一遇洪水设计，中游峡山口水库和洪泽湖按 1000 年一遇洪水设计、10000 年一遇校核。

5.2.1.2 淮河上游及淮南支流防洪规划

淮河上游及南岸支流是淮河中下游主要洪水来源。根据"蓄泄兼筹"的治淮方针和三级控制淮河洪水原则，这些地区必须结合水资源开发利用，尽量采取以多修山谷水库，就地拦洪削峰为主，结合水库以下的河道整治，培修堤防，改善防洪条件，增加抗洪减灾能力。这些水库不仅可以解决所在支流的防洪问题，有些还可以为干流削减部分洪峰。

区内除已建的南湾、梅山、佛子岭等水库以外，还拟再建淮河大坡岭、出山店两座梯级水库，竹竿河张湾水库，潢河万河水库，灌河盛家店和鲇鱼山水库，淠河响洪甸、磨子潭和两河口水库。这些水库都是以防洪为主结合兴利的综合利用水库。各水库为干支流防洪的设计标准均为 100 年一遇，出山店、南湾、张湾、万河、梅山、响洪甸和两河口等水库，由于库容都在 10 亿 m³ 以上，建筑物的标准拟按一级建筑物设计，其他各库按二级建筑物设计。

上述水库建成后，浉河、竹竿河、淠河下游地区可防止 100 年一遇洪水，其他如干流淮滨段、支流潢河及史灌河等下游，还须修建堤防，才能达到100年一遇的防洪标准。

5.2.1.3 淮河中游防洪规划

淮河中游的特点是沿淮地势低洼，洪水峰高量大，高水位持续时间长，全靠加高堤防增加防范能力，提高防洪标准，不仅堤身要加得很高，安全性能差，而且洪水位更将长期居高不下，沿淮两侧洼地和支流排水更加困难。因此，只能适当加固堤防，在安全排洪的前提下，充分利用现有河道两侧的行洪洼地配合河道排泄洪水。若通过大量退建堤防，增加排洪能力，则因堤后地势低洼，筑堤困难，安全性更差，还要占用大量土地，涉及众多群众的生产生活。因此，规划中除退建局部束水段堤防外，堤防一般不再退建。

淮河中游的地形特点是：淮北为一片广阔的平原，淮北大堤为其防洪屏障，淮南大都为丘陵区，各支流河口附近地势低洼，受黄泛淤积及淮河水位的顶托，形成众多湖泊洼地，具有蓄洪削峰的天然有利条件。淮河各主要支流如洪汝河、沙颍河、史灌河、淠河、东淝河、西淝河等都在峡山口以上先后汇入淮河，洪峰集中而河道排泄不及，往往酿成洪涝灾害。根据淮河这些地形、水系和洪水的特点，为了彻底消除中游的洪水威胁，曾研究了修建中游水库（在凤台峡山口淮河干流修建水库）、淮北分洪道（从颍河阜阳起向东开辟200~230km长分洪道，截淮北支流洪水在五河入淮河或在双沟附近入洪泽湖）、干流疏浚（疏浚润河集到洪泽湖之间的淮河河道）和湖泊改善（在润河集蓄洪工程加高加固堤闸，提高蓄洪能力）等防洪工程方案。经多方面的组合比较，初步选定了中游水库方案，并配备必要的河道整治。

1. 中游水库规划

中游水库坝址曾比较了峡山口、溜子口和赵集三个方案，经比较初步选定峡山口为中游水库坝址。峡山口水库为防洪灌溉为主的综合利用水库，控制流域面积约10万km²，库区最大淹没面积为6160km²，总库容432.4亿m³，最大蓄洪量277亿m³。500年设计洪水位29.0m，1000年设计洪水位30.0m，10000年校核洪水位30.3m。工程建成后，遇500年一遇洪水时，洪峰流量33700m³/s可减低到淮干涡河口以上不超过10000m³/s、以下不超过13000m³/s。水库用于照顾内涝的库容28亿m³，可将中小洪水的泄量限制到2000m³/s，解除坝下沿淮洼地3年一遇内涝灾害；利用水库蓄水可发展灌溉面积1000多万亩；同时可减少坝下行洪区行洪机遇、改善淮河干流通航条件。

1957—1958年，为了进一步落实淮河中游防洪规划，水利电力部技术委员会曾根据有关水利部门的意见，会同治淮委员会勘测设计院，在上述淮河中游水库规划的基础上，于1957年2月编制了《淮河中游控制工程方案选择报告》，选定临淮岗坝址，并于1958年3月提出了《淮河中游控制工程方案选择修正补充报告》。该报告中对淮河中游的防洪标准和中游水库的坝址作了较深入的研究和比较。重点比较了500年、300年和100年一遇3个防洪标准和峡山口、临淮岗两个坝址方案。最后认为淮河中游的防洪标准，500 年一遇过高，已超出了各国民经济部门的要求；300 年一遇比较适合，但库区淹没面积太大（峡山口 5536km²，临淮岗 3700km²），拆迁人口太多（峡山口 77.3 万人，临淮岗 49.5 万人），工程造价太高（峡山口 5.75 亿元，临淮岗 4.2 亿元，均为当年的物价水平）；而 100 年一遇的防洪标准，已可满足国民经济各部门的防洪要求。

经综合比较，确定淮河中游修建临淮岗水库方案，防洪标准近期采用 100 年一遇，将来可再提高。临淮岗坝上 100 年一遇设计洪水位，在考虑上游修建大量小型工程或加建山谷水库或开辟淮北分洪道（或组合兼有）的前提下，可定为 27.5～27.85m，相应总库容 83 亿～95 亿 m³。坝上近期暂不蓄水兴利，库区仍维持河湖分隔，主要湖区一般年份不进洪，土地照常耕种，群众暂不迁出。今后随着淮北灌区逐步发展，再逐步蓄水兴利，最大蓄水库容 36 亿 m³。

临淮岗水库坝址位于淮河中游正阳关以上、润河集以下、霍邱县以北，控制流域面积 4.2 万 km²，主要任务是以防洪、灌溉为主，兼顾航运、发电等兴利目标。临淮岗水库建成后，可以控制正阳关 100 年一遇洪水泄量不超过 10000m³/s；但临淮岗水库不能分级控制中小洪水，对坝下干支流排涝需另行考虑对策。

2. 中游河道治理规划

规划中原考虑淮河中游防洪标准为 500 年一遇，为配合中游水库规划，曾考虑过疏浚干流河道，扩大平槽泄量，降低中小洪水水位，使之水行地下，以利沿淮洼地及支流的内水及时排出，同时整理加固堤防，增强抗洪能力，确保安全。在干流疏浚方面，由于工程量太大（按平槽泄量 4000m³/s、6000m³/s、8000m³/s，峡山口以下土方量为 3.76 亿 m³、6.2 亿 m³、8.39 亿 m³），造价太高，只能留待远景考虑。1958 年中游控制工程改为修建临淮岗水库，淮河中游防洪标准变为 100 年一遇，正阳关以下泄量 10000m³/s，涡河口以下泄量 13000m³/s，相应淮干设计洪水位正阳关 26.5m，涡河口 23.7m，蚌埠吴家渡 22.6m，浮山 18.5m。

淮河正阳关以下中游堤防经 1951 年培修加固以后，分淮北大堤、沿淮城市和工矿区圈堤等确保堤，以及行洪区堤防两大类。确保堤是规划加固的重点，正阳关以下淮北大堤本次规划拟分为颍泚、泚涡、涡东三大堤圈，堤顶一律按 100 年一遇设计洪水位加超高 2m 设计。淮南、蚌埠两市，怀远县城及老应段等城市工矿区圈堤均按特种堤防培修，堤顶超高为 2.5m，以保安全。确保堤顶宽一律为 10m。

对于行洪堤，除局部临近淮河的束水堤段需酌情退建以外，一般维持现状。行洪区堤顶高程以不妨碍行洪为原则，一般要低于淮河设计洪水位，为此，临淮岗以下行洪区堤顶高程暂定在淮河干流设计洪水位以下 2.0m。

5.2.1.4　淮河下游防洪规划

为了提高淮河下游防洪标准，规划中曾研究了防御 300 年、500 年和 1000 年一遇三种情况，最后按洪泽湖巨型水库的安全要求，采用 1000 年一遇洪水设计，10000 年一遇洪水校核，湖内设计洪水位 16.0m，校核洪水位 17.0m。工程措施除研究改善利用废黄河及灌溉总渠的排洪能力外，曾着重研究了在充分发挥洪泽湖的蓄洪能力的基础上，整理入江水道、开辟入海水道与入海分洪道等扩大排洪能力的方案，最后选用了入江为主、入海为辅、新开辟入海水道的方案。

洪泽湖大堤经加固后，相应 1000 年一遇洪水位 16.0m 时，共需泄洪 16600m³/s。灌溉总渠及废黄河经整治加固后可分别排洪 800m³/s 和 300m³/s，其余拟由入江水道排泄 11000m³/s，入海水道排泄 4500m³/s；洪泽湖拦蓄 78 亿 m³。洪泽湖 10000 年一遇泄量为 17800m³/s，将由入江水道和入海水道强迫分泄。

1. 洪泽湖规划

洪泽湖规划的主要目标是巩固现有工程的抗洪能力，充分发挥拦洪蓄水、发展灌溉、航运等综合利用效益，务使在设计洪水位时确保工程安全，在校核洪水位时，能有加强防守争取不出险的条件。

洪泽湖治理工程主要包括原有大堤及三河闸等建筑物的除险加固和湖北大堤的修建。原有大堤拟采取临湖翻修部分石工，加强防冲力度，背湖加设导渗措施，堤身消灭各类隐患，堤上按顶高 20.6m，顶宽 8.0m 加高加固子埝并加筑碎石路面，以利防汛交通。三河闸及高良涧船闸拟按规划防洪水位、流量和最高的灌溉蓄水位校核加固。湖北大堤堤线地面高程拟定为 14.0m，堤顶高程按 500 年一遇洪水位 15.5m 加超高 2.5m 设计，堤顶宽 6m，当预报洪水位将超过 15.5m 时主动决堤蓄洪。后经水利部确定，湖内最高兴利蓄水位为 12.5m，湖北大堤堤脚线地面高程为 12.5m，预报湖内洪水位将超过 14.5m 时，主动决堤蓄洪。

2. 入江水道整治规划

入江水道整治规划的主要目标是按三河闸排泄淮河 1000 年一遇洪水流量 11000m³/s 设计，10000 年一遇洪水流量 13500m³/s 校核，力求结合引淮水发展灌溉、航运、水产的要求，整理出一条路线最短、洪水归槽、畅流入江、易于运用防守的比较经济合理的排洪通道，兼顾涧垦大片湖田发展农业生产。

入江水道整治主要工程措施是，加固完善中渡至柏家岗的三河南北堤防；柏家岗至闵家桥裁弯取直，改道向南，按堤距 3000m 修筑堤防，清除障碍，实行束水漫滩行洪；自闵家桥起沿高邮湖北部筑格堤至邵家沟接里运河西堤，再自邵伯湖口起至昭关镇筑东堤，并清除障碍，实行漫滩行洪；昭关镇至六闸加固运河西堤，疏浚偏泓；六闸以下至三江营，疏浚拓宽各归江河道的束水段；古运河以下加固两岸堤防。在六闸或归江引河上兴建节制闸壅高水位，以利通扬运河及沿运地区引水灌溉，发展水运交通。

入江水道沿程设计洪水位，在排洪 11000m³/s 时，三河闸下 14.24m，高邮 9.0m，六闸 8.0m，三江营 5.24m。

入江水道工程完成后，除可以提高洪泽湖及里下河地区的防洪标准、缓解洪水灾害以外，还可以涧垦土地 1100km²（近期高宝湖格堤完成后可涧垦湖地 760km²），改善里运河和通扬运河地区灌溉引水和航运条件。

3. 入海水道规划

规划对入海水道的开挖线路、排洪方式、排洪设计流量等进行了比较，其中线路比较过北、中、南三条，北线为废黄河，中线在灌溉总渠与废黄河之间，南线在灌溉总渠以南。中线介于废黄河与灌溉总渠之间的东西狭长地带，有废黄河南堤及灌溉总渠北堤为其屏障，具有影响范围小、地形条件有利、工程拆迁任务较小等优点，最宜开辟入海水道。经综合比较确定采用灌溉总渠以北的中线，筑堤束水漫滩行洪和高水位排洪 4500m³/s 的方案。

入海水道自洪泽湖东侧二河闸起，沿灌溉总渠北侧，东至淮安县城穿运河，下经涟水、阜宁至滨海县境入海，全长 160 余 km。运河西段河长 27km，拟以开挖中泓为主，辅以必要的行洪滩地；运河以东河长 130 多 km，结合渠北排涝开挖深泓，按排洪需要拟定行洪滩地宽 1000m 左右。沿河拟修建二河进洪闸、淮安运东节制闸和海口防潮闸；新修入海水道北大堤，培修加固灌溉总渠北堤。

5.2.1.5 支流治理规划

1. 洪汝河

规划洪汝河近期除涝标准为 10 年一遇，远景为 20 年一遇；近期防洪标准为 100 年一遇，远景为 300 年一遇。治淮初期，为了尽量拦蓄山区洪水，1951—1954 年洪汝河上游已经修建了石漫滩、板桥、薄山三座大型水库，开辟了老王坡、吴宋湖、蛟停湖等滞洪区，初步整治了中下游河道，改善了防洪排涝条件。规划按照上述防洪除涝标准，拟在汝河上修建宿鸭湖水库和遂平水库，并按排洪 600m³/s 和排洪 1000m³/s 分别整治沙口上下的汝河河道。洪河班台以上至五沟营段的治理，拟在西平县杨庄附近另择洼地蓄水，减少河道泄量，减轻老王坡蓄洪负担；班台以下按排涝 600m³/s、排洪 1000m³/s 整治大洪河，按排涝 940m³/s 和排洪 2000m³/s 沿北岸洼地开挖新河，新河按排涝要求开挖深槽，按排洪要求筑堤束水漫滩行洪。

2. 沙颍河

（1）上游水库规划。沙颍河洪水主要来自漯河以西的沙河流域。规划认为，沙颍河的治理应以蓄为主，即充分利用漯河以上山区的有利地形，结合当地蓄水兴利要求，尽量多修山谷水库，就地拦洪削峰，以利减轻中下游河道排洪负担，同时结合整治河道，加固堤防，扩大泄量。经研究比较，拟定修建沙河昭平台、白龟山水库，北汝河紫罗山、郏县水库，澧河北支孤石滩水库和南支官寨水库，总计库容 53.6 亿 m³。此外，还拟结合颍河治理在白沙水库下游增建黄岗镇水库。水库设计防洪标准一律为 300 年一遇。同时扩大泥河洼蓄洪工程，增建澧河南岸的唐河洼地蓄洪工程。

（2）干流治理规划。沙河干流计划按上游六大水库建成后的 100 年一遇洪水漯河下泄流量 1500m³/s 进行治理，其中漯河以西重点加固干流堤防和支流北汝河、澧河下段的堤防，漯河至周口段培修加固两岸堤防和险工；沙颍河周口至牛口段按 10 年一遇涝水疏浚原河道，按排洪 2500m³/s 培修堤防，其余流量自左岸小颍河口开始开辟分洪道穿越贾鲁河，至周口下游郭埠口进入沙颍河，进口建闸控制分洪；牛口至阜阳段按 10 年一遇涝水疏浚河道，按排洪 3500～4800m³/s 培修加固堤防；阜阳至沫河口段，拟自阜阳以下 54km 处的江口集开分洪道分洪 3000m³/s，于峡山口附近入淮河；阜阳至江口集段按 10 年一遇涝水疏浚河道，按排洪 4800m³/s 培修加固堤防；江口集以下两岸洼地 600km² 无自排条件，拟建站抽排，按排洪 1800m³/s 加固堤防。

（3）小颍河治理规划。小颍河位于沙颍河左岸，在周口以西孙嘴入沙颍河。治理措施为：上游结合蓄水兴利，修建黄岗镇水库，颍桥以下河道一般按 10 年一遇排涝疏浚干支流河槽，按 100 年一遇洪水标准实施堤防整治和其他各种措施；吴公渠上游自鲍庄改道入北汝河，下游利用铁路桥的富余排洪能力在铁路以西改入小颍河；清潩河在京广铁路以东改道至大石桥归回原道。

（4）贾鲁河治理。贾鲁河位于沙颍河左岸，至周口入沙颍河。按 10 年一遇涝水疏浚河槽，按 100 年一遇洪水筑堤防洪。河道治理工程措施应因地制宜，分别对待。郑州以上地区主要是疏浚河道培修堤防；郑州以下至扶沟的中游段，治理重点是护岸保滩，固定河槽；扶沟以下可筑堤防御超标准洪水。

（5）新运河、新蔡河及黑茨河治理。新运河、新蔡河、黑茨河均位于周口至阜阳之间的沙颍河北岸，为平原排水河道，地面西北高、东南低。新运河干流东夏亭以下及支流黄水河、清水河一律进行疏浚。新蔡河干流萧桥以下全线疏浚。为防止下游沙颍河洪水倒灌，拟在各河口附近建闸控制。三条河流按 10 年一遇除涝标准疏浚河槽，100 年一遇洪水标准设防。

3. 淮北其他支流

淮北其他支流系指洪汝河、沙颍河以外的淮北平原各排水河道，防止本地区洪涝灾害的主要途径仍是疏浚各骨干河道，扩大排水能力；培修堤防，增强抗洪能力；利用洼地蓄洪，减少河道治理任务；根据各地区的不同情况，结合农业技术措施和生产发展要求，建立田间沟渠排灌系统。

淮北地区各支流上游地势较高，地面坡度较大，土质疏松，地下水位低，属农业旱作区，涝灾较轻，旱灾较重。既要建立必要的排水系统，排泄较大的雨水，更要结合当地的农业生产需要，全面开展群众性深耕、畦田、培修地埂等蓄水措施和水土保持工作，拦截雨水，增加抗旱防洪能力。

在排水有出路的涡东各支流中下游地区，包括澥潼河和濉安河两大水系，属淮北平原易涝地区，应按规划标准继续治理提高河道防洪排涝能力，按以排为主、以蓄为辅的原则建立、完善排水系统，充分利用天然湖泊洼地拦洪蓄水，减轻河道治理任务，发展灌溉，防止干旱。

在排水尚无出路的涡河以西颍涡及颍西、洪西地区各支流下游的沿淮淮北地区，地势大都低洼，湖泊洼地众多，且受干支流高水位的顶托，内水无自排出路，积涝多灾，应结合农业生产要求，大力开展圩田、台田、沟渠、池塘、改种水稻等蓄水措施，增加抗涝能力；也可结合提水灌溉，沿淮建设排灌站进行抽排。

4. 淮南其他支流

淮南支流是指淠河以东的较大支流东淝河、窑河、天河、濠河、小溪河、池河及高邮湖以西的白塔河等。主要在山丘修建水库塘坝拦洪削峰，湖洼周边筑堤防洪，湖内蓄水发展灌溉，酌情治理下游河道，修建排灌站增强抢排能力，河口建闸控制防止淮水倒灌。

5.2.1.6 淮河下游地区治理规划

淮河下游地区系指废黄河以南，洪泽湖及入江水道以东、通扬运河及栟茶运河以北、海堤以西地区，主要包括里下河、滨海、高宝湖和灌溉总渠以北等地区。全部内水自成系统单独东流入海。区内治理原则是排涝蓄淡，拒潮御卤，由于各地具体情况不同，其治理措施亦各异。

里下河地区按 10 年一遇疏浚射阳河、新洋港、斗龙港等出海河道，增辟黄沙港，扩大排泄能力，修建港口挡潮闸。

高宝湖区治理近期按 5 年一遇排水标准安排，将来再提高到 10 年一遇。全区拟分成四个排水区，涝水全部排经里下河，再沿大泾河、头引河和新开的两条引河，下接射阳河、新洋港、斗龙港和新开的黄沙港入海。

滨海垦区规划排水范围共分栟茶运河、三沧河、东台河、川东港、王港、上海农场等 9 个排水分区，排水标准均为 10 年一遇。

渠北区拟按 20 年一遇除涝标准结合入海水道工程开挖深泓予以解决。

5.2.2 灌溉规划

淮河流域灌溉农田历史悠久。新中国建立前，全流域灌溉面积近 1200 万亩，1955 年已发展到 2500 万亩。流域内耕地面积近 2.0 亿亩，宜灌面积约 1.6 亿亩，其中河南省 7300 万亩，安徽省 5500 万亩，江苏省 3200 万亩。

根据各地地形、水源、耕地面积和优先照顾现有灌区用水的原则，规划选定兴建沙颍河、洪汝河、淮河上游及淮南、中游沿淮淮北，以及下游苏北 5 大淮水灌区，各区灌溉面积分别为 735 万亩、164 万亩、2846 万亩、1233 万亩和 2952 万亩，合计淮水灌溉面积 7930 万亩。为满足大量发展农业的灌溉用水需要，还必须引取邻近其他河流（黄河、汉江、长江）的水资源和开发利用地下水。

沙颍河灌区。已建白沙水库及其灌区，将增建以防洪为主的昭平台、白龟山、紫罗山、郏县、官寨、孤石滩六大综合利用水库，用以拦蓄调节河川径流，结合利用当地比较丰富的地下水，可以发展以旱作为主的灌溉面积 535 万亩，同时发展小水库及塘堰灌溉面积 200 万亩，共 735 万亩。

洪汝河灌区。已建石漫滩、板桥、薄山三大水库，拟增建宿鸭湖水库，利用水库调节河川径流，并利用当地比较丰富的地下水，可发展以旱作为主的灌溉面积 137 万亩，同时发展小水库及塘堰灌溉面积 27 万亩，共计 164 万亩。

淮河上游及淮南灌区。已建有南湾、梅山、佛子岭三大水库，拟增建出山店、张湾、鲇鱼山、响洪甸、磨子潭、两河口等水库，用以拦蓄调节河川径流，可发展以水稻为主的灌溉面积 896 万亩，同时改善、发展塘堰和小水库灌溉面积 1950 万亩，共计 2846 万亩。

淮河中游沿淮淮北灌区。当时以旱作为主，内涝严重，产量低而不稳。拟大量改种水稻，以利避涝增产，但地面水不足，抽引江水近期还有困难。因此，拟结合临淮岗水库和怀远城东壅水闸（即蚌埠闸）的兴建，用以拦蓄调节利用淮河水资源，结合利用当地径流，可发展以水稻为主的灌溉面积 1233 万亩。

苏北灌区。主要由洪泽湖水库调节供水，由灌溉总渠及里运河、通扬运河等输水，可发展灌溉面积 2952 万亩。

黄水、汉水、江水灌溉地区。豫东、淮北北部地区除尽量利用当地径流和地下水发展灌溉以外，还将发展引黄水、汉水灌溉。中下游地区将根据动力条件，逐步发展引江灌溉。初步拟定远景引江灌溉面积 3388 万亩，引黄灌溉面积 1600 万亩，引汉灌溉面积 5050 万亩，合计外水灌溉面积约 1.0 亿亩。

5.2.3　航运规划

淮河流域河湖众多，历来承担城乡物资交流任务。20 世纪 50 年代初期常年通航的河道有淮河干流、洪泽湖、高宝湖、里运河和苏北水网地区等，季节性通航的支流有 33 条，共计航道里程 12000 多 km。1953 年货运量 636 万 t，客运量 313 万人。预测 1962 年货运量 2100 万 t，1967 年为 3200 万 t，客运量分别为 737 万人和 840 万人。

规划结合水利综合利用措施、货运量、货物流向、营运船舶等，重点研究了淮河干流、苏北大运河、沙颍河等重要航道，并比较选定各自的航道标准。淮河干流上游拟利用已建、拟建水库提供水源，航道自信阳开始，沿浉河及南湾水库灌区渠道至息县，穿过拟建的淮河息县节制闸，沿淮河北岸计划中的出山店水库灌区渠道，至淮滨连接淮河，长 162km；淮滨至高良涧航道长 525km。苏北运河由不牢河刘山子至长江，长 403km。沙颍河航运由上游拟建水库供水，航道自叶县开始至沫河口，长 486km。苏北大运河采用 1600t 驳船标准，淮河采用 1200t 驳船标准，苏北水网区采用 250t 驳船标准，淮河中上游、沙颍河界首以下及涡河涡阳以下的航道全部渠化，通航 250t 驳船。

航运规划实施后，可以常年通行机动船舶的航道里程将由 2400km 增加到 4000km。

5.2.4　水力发电规划

淮河流域山丘区面积不大，地面落差小，年径流不多，水力蕴藏量只有 80 多万 kW。流域内水能利用主要是结合防洪、灌溉等水利枢纽兴建水电站，由于地形、水资源和工程造价的限制，专用的水电站不多。规划中重点研究了水力资源较为丰富的溹河、史灌河、北汝河和淮河干流的水能开发利用，其他各河只作了概略的研究。全流域规划拟建水电站 25 座，总装机容量为 22.4 万 kW，年发电量 8.12 亿 kW·h。

5.2.5 水土保持工作意见

规划根据 1955 年全国水土保持会议确定的方针、任务，结合淮河流域各地的具体情况和近年来治山治水的经验，拟定了淮河流域水土保持工作的基本意见，即紧密结合山丘区及豫东风蚀区生产的要求，大力发动群众，积极参加水土保持工作，因地制宜采取封山育林、植树种草、防风固沙、改良土壤、截水拦沙、改造荒坡荒山、美化环境、治贫致富。

5.3 沂沭泗流域规划主要成果

5.3.1 防止水灾规划

沂沭泗河流域面积近 7.2 万 km² （不包括汶河流域面积），北部为沂蒙山丘区，西部为湖西平原，东南部为苏北大平原，山丘区面积约为三分之一，平原区约占三分之二。

流域洪涝治理方针是上中下游统筹兼顾，蓄泄兼筹。上游以蓄为主，中游蓄泄并重，下游以泄为主。

5.3.1.1 南四湖地区规划

南四湖地区治理措施主要是，湖东山丘区应修建水库，削减洪峰，蓄水兴利，推行水土保持，防止水土流失；中下游整治河道，扩大排泄能力，增强防洪安全，修筑湖堤，防止湖水漫溢。湖西平原适当调整水系，疏浚河道，建立健全排水系统，防治涝渍灾害。滨湖地区圈圩建站，改种水稻。湖区应清除芦苇等阻水障碍，酌情疏浚，改善排水条件，加强周边堤防，加大出口泄量，增加防洪安全度；湖口建闸控制，蓄水兴利。

南四湖地区防洪除涝标准，经研究确定湖东山丘各河防洪标准为 100 年一遇，湖西平原河道除涝标准为 10 年一遇，南四湖防洪标准为 300 年一遇。

1. 湖东河道规划

拟在山区建造水库，削减洪峰，蓄水兴利，中下游河道实行洪涝分排，统筹治理。湖东山丘区拟建泗河南陶洛、尼山水库，北沙河龙山水库，城河埝下水库，十字河梁里水库。中下游加高泗河、白马河、北沙河、城河、十字河等排洪河道堤防，适当疏浚洸府河、泉河、泗河、白马河、白沙河、城河、十字河等河道。泗河和白马河区间与白沙河和城河区间还拟另开排涝河道，直接排水入湖。城河以南各入湖支流，亦应予整理。滨湖低洼地区，可酌情分区建筑圩堤，以防湖水侵入。

2. 湖西河道规划

对湖西地区河道，拟适当调整水系、疏浚河道，其中宋金河拟沿原线疏浚流入东平湖，赵王河上游拟改道入万福河，东成河拟将上游集水面积由黄水口开挖引河排入万福河。各河下游堤防均需延伸加固与南四湖堤相接，防洪标准与湖堤同为 300

年一遇；中游利用挖河出土成堤，可防御 100 年一遇洪水，各入湖小支流及沿河各大沟均需兴建涵闸，防止倒灌，便利排水。滨湖低洼地区拟圈圩建站，近期按 5 年一遇排涝标准安排排灌工程。

3. 南四湖规划

规划按微山湖水位 33.5m 泄量 1500m³/s 扩大韩庄运河（包括伊家河），湖口建闸控制，扩大出口泄量；湖东湖西合排，疏浚湖内排水深槽，清除湖内阻水芦苇；按 300 年一遇洪水位 37.0m 加固已有湖西堤，堤顶高程 39.5m，湖东独山湖至韩庄段按原有老堤加固，无堤段可沿 34.0m 等高线筑新堤，其标准在初步设计阶段进一步论证；建筑蔺家坝及韩庄土坝，确保铁路安全、防止扩大下游灾情。

5.3.1.2 沂沭河规划

沂沭河的主要防洪问题是，上游洪水来量大，下游河道排泄能力小，动辄泛滥成灾。为解决沂沭河防洪问题，拟在上游修建水库拦洪削峰，兼顾蓄水兴利，下游适当扩大河道泄洪能力。

1. 沂河防洪规划

沂河干流采用 100 年一遇洪水标准设计。曾研究开辟分洪道、建造大龙门水库、修建水库配合扩大河道三个比较方案，最后确定修水库配合扩大河道方案。经比较，初步选定沂河上游兴建东里店水库、铁山水库、付旺庄水库、姜庄湖水库等。从防洪及灌溉效益考虑，铁山、姜庄湖水库较好但坝址地质情况尚不清楚，有待初步设计时再确定。

沂河在铁山水库以上是山谷丘陵地区，一般洪水在地面以下行洪，大洪水漫溢范围不广，局部低洼或重要地区，可圈圩自保。铁山水库至临沂长 38km，诸葛城以上无堤，较大洪水时，临沂城北、沂河祊河地区，漫溢成灾。左岸堤防单薄，在铁山水库建成前，应适当加筑堤防。临沂至李家庄，长 22km，两岸有堤，有些堤段水位较高，应适当加固堤防。李家庄以下堤防按行洪 6000m³/s 加固。

分沂入沭进口拟建沙堤控制，以利减少分洪机会，堤顶高定为 59.5m。

2. 沭河防洪规划

沭河干流采用 50 年一遇洪水标准设计。沭河干流袁公河以上为山区河道，防洪问题不大，袁公河口至西野埠筑堤防洪不经济，莒县县城可筑堤自保。西野埠至大官庄拟筑西堤，东岸保护面积不大，可不筑堤。

沭河下游拟建龙门、石梁河水库，拦洪削峰，蓄水兴利。水库上下游河道堤防按排洪 2500m³/s 加固。大官庄枢纽加固拦沙坝，扩大胜利堰宽达 150m，堰上加建闸门，控制泄洪。为保证龙门水库蓄水，拟建新沭河节制闸。

3. 韩庄运河、中运河及邳苍郯新地区规划

韩庄运河、中运河主要承泄南四湖和邳苍郯新地区的大沙河、西泇河、东泇河、陶沟河、燕子河、房亭河等支流来水。这些支流多发源于山丘区，中下游河道排泄能力一般很小，远不能满足排洪排涝要求。治理步骤，拟优先治运，而后逐步整治其他

各支流。

防洪除涝标准。韩庄运河、中运河的防洪规划标准拟定为 300 年一遇，其他各河为 100 年一遇，平原自流排涝标准为 10 年一遇，机电排涝标准为 5 年一遇。

(1) 韩庄运河、中运河。规划中曾研究比较了疏浚扩大河道、筑堤漫滩行洪和分洪等方案，最后选用疏浚结合筑堤方案。滩上以上以下分别按排洪 1500m³/s 和 2210m³/s 疏浚河道，其中韩庄至台儿庄之间的伊家河和韩庄运河分别排洪 200m³/s 和 1300m³/s。工程完成后，遇 5 年一遇以上洪水，中运河仍需使用洼地滞洪。为缩小淹没范围，在 20 年一遇洪水以下时，拟只使用林庄湖滞洪，赵村、白滩湖可争取不用。

(2) 邳苍分洪道。江风口是沂河向邳苍分洪道分洪的口门，在沂河上游水库建成生效之前，几乎每年需要分洪，水库建成生效以后，100 年一遇以上洪水仍需分洪。每当分洪时，下游武河、燕子河一带，遍地漫流，一般淹地 30 万亩以上。现状沂河 10 年一遇洪水需由江风口分洪 2600m³/s，相应江风口以下沂河堤防仍需按排洪 5600m³/s 加高加固。

江风口分洪与下游沿途涑河等坡水会合后，经王庄、索埠至祊庄，流程 64.2km，拟采取筑堤束水漫滩行洪方式进入中运河，中运河拟按邳苍分洪道分洪、排涝需要进行开挖，堤距采用 700m。

(3) 邳苍地区河道。邳苍地区需要规划治理的河道，计有大沙河、西泇河、东泇河、燕子河、陶沟河、房亭河等。

大沙河拟结合灌溉蓄水建峄城水库拦洪削峰，最大库容 2.7 亿 m³。西泇河拟建万村水库拦洪蓄水，最大库容 3.0 亿 m³。西泇河中下游左岸支流就近改道入汶河，以利排泄坡水。东泇河上游拟建庙疃水库，最大库容 3.4 亿 m³；下游内窝以下培修堤防，堵塞与燕子河、沙陶河、祁家河相连的各岔道，进行赵家至上吴埝段裁弯取直，下游与祁家河分家，赵村以上改道在老滩上入运。燕子河自好儿桥起，疏浚河道，由祁家河入运，在王家桥旗杆处拟建分洪控制工程，分泄洪水 200m³/s 入城河。陶沟河以疏浚扩大河道为主。房亭河拟疏浚河道，扩大排泄能力。

5.3.1.3 骆马湖水库规划

黄河长期夺泗以后，沂沭泗河洪涝水出路受阻，中运河排泄能力小，汛期洪水常潴聚于马陵山以西的泗沂河下游骆马湖洼地。马陵山麓至皂河闸长 18km 的骆马湖大堤乃成为苏北淮阴平原的防洪屏障。1955 年整修后，堤顶高程 25.0m，成为临时防洪水库，汛期拦洪蓄水，汛后排水种麦。骆马湖以西的黄墩湖为非常蓄洪水库。

为充分发挥骆马湖的自然优势，规划中拟将其改为以防洪为主、兼顾蓄水，发展灌溉、航运、水产等综合利用水利枢纽。骆马湖拟按 1000 年一遇洪水标准设计、10000 年一遇校核加高加固堤防及有关建筑物。

规划确定的骆马湖综合利用的原则是，根据航运水深需要，确定湖内死水位为 20.5m、死库容为 2.4 亿 m³；根据防汛要求，确定湖内汛期限制蓄水位为 22.48m，汛后兴利库容为 9.0 亿 m³；1000 年一遇设计洪水位为 25.03m，10000 年一遇校核洪水位为 25.87m，总库容为 50.20 亿 m³。

嶂山切岭按湖水位 22.5m、泄洪 5500m³/s 扩大；骆马湖控泄，使新沂河泄量不超过 5500m³/s，据此加固新沂河堤防；宿迁以下中运河、六塘河同按 600m³/s 控泄。

5.3.1.4 沂沭河下游地区规划

沂沭河下游地区，南及西南以废黄河右堤为界，西至马陵山脉及沭河东分水岭，北至青口河，东至黄海，流域面积共 15400km²，其中沂北 6816km²，沂南 8584km²。自从治淮初期建成"导沭整沂"和"导沂整沭"工程以后，一般洪水业已归槽，但大的洪水威胁依然存在，涝渍灾害仍极严重。据 1949—1955 年统计，年平均受灾面积为 506 万亩，1950 年受灾面积最大达 843 万亩。

规划中涉及的河道主要包括新开河、蔷薇河、善后河、五图河、灌河、柴米河、北六塘河、南六塘河等。各河道设计标准，一般平原河道除涝标准为 10 一遇，圈圩机排部分为 5 年一遇；丘陵河道的防洪标准为 50 年一遇，高流河、淋头河水库的防洪标准为 100 年一遇，厚镇河安峰山水库为 50 年一遇。

沂沭河下游地区防洪除涝规划的主要措施是：山丘区结合蓄水兴利，修建蔷薇河、高流河和淋头河水库，拦洪削峰；平原区调整水系，治理扩大河道，改善排水条件。

5.3.2 灌溉规划

5.3.2.1 灌区规划

根据地形、水源共分为南四湖、沂沭河中上游和沂沭河下游三大灌区。

1. 南四湖灌区

南四湖地区耕地面积 3180 万亩，可灌面积 3000 万亩。由于区内水源异常贫乏，区内水源只能发展湖东、湖滨灌溉面积 222.8 万亩，尚有约 2700 万亩的灌溉面积的灌溉水源拟由黄河、汶河引水解决。

2. 沂沭河中上游灌区

沂沭河中上游地区包括临沂、大官庄以上及邳苍的运南运北两部分，面积 25600km²，耕地 2120 万亩，可灌面积 1172 万亩，可能开发利用的水资源近期为 24.2 亿 m³，可以灌溉约 1000 万亩，不能满足灌溉发展要求，拟引长江水、黄河水补源，灌区主要分布在沂河及邳苍地区和沭河地区。

区内拟优先发展水源近，工程简易，自然条件好，防洪除涝有基础的灌区，包括铁山灌区、陷泥河灌区、沂东灌区、邳苍沂河水库灌区、姜庄湖水库灌区、运北邳苍水库灌区、邳苍南灌区、沭河上游灌区和龙门水库灌区等，发展灌溉面积约 880 万亩。

3. 沂沭河下游灌区

沂沭河下游区内耕地面积 1800 万亩。按照目前可利用水源，在 50% 保证率下，可灌溉面积 1164 万亩,此外,还可利用地下水发展灌溉面积。根据水源不同,分骆马湖灌区、新沭河灌区、小水库塘堰坝灌区和引淮灌区,50％保证率时可发展灌溉面积 1161.5 万亩。

5.3.2.2 引江引黄灌溉意见

1. 引黄

南四湖地区及南四湖以下的不牢河等地区可灌面积 3300 万亩,当地水量只灌溉 260.8 万亩,尚有 2800 万亩希望引用黄河水、汶河水灌溉,按 50％保证率计算,需引水 107.2 亿 m³。

2. 引江

沂沭河下游及龙门水库、剑秋洼等灌区共有可灌面积 1596 万亩,区内水源(包括淮河水源)在 50％灌溉保证率下只能发展灌溉面积 1160 万亩,按 75％灌溉保证率只能发展 607 万亩,其余可考虑抽引江水补足,75％保证率需抽引江水 39.2 亿 m³,灌溉面积 989 万亩。此外,还考虑由南四湖调节供水的灌溉面积约 600 万亩,如黄河水源不足,也拟抽引部分江水补源,在灌溉保证率 75％的年份,需抽引江水 14.2 亿 m³。

5.3.3 航运规划

流域内现有航道除大运河、盐河以外均处于自然状态,通航条件十分落后。规划结合水利综合利用措施、运输量预测等,重点研究了大运河、盐河、灌河、武障河、善后河、蔷薇河、万福河、武河以及南六塘河、北六塘河、复新河、洙水河等河道航道规划,通过疏浚河道、新建船闸、改建桥梁等措施,改善航道条件。

规划将年吞吐量在 7.5 万 t 以上的港埠建成比较完备的杂货码头,年吞吐粮、煤 20 万 t 以上者各建专用码头,配备机械装卸设备。规划主要港埠 30 处,其中大运河 10 处,盐河、灌河 5 处,万福河 4 处,其他支流 11 处。

5.3.4 水力发电规划

沂沭泗流域河道集中,落差小,年径流少,可以利用的水力不多,按多年平均流量计算水能蕴藏量为 20 万 kW,其中沂河干流 12.9 万 kW,占 62％。规划沂沭泗区水电装机 8630kW,其中中运河利用庙子山、大王庙、宿迁等处落差共可装机 1380kW,盐河利用杨庄、朱码头等 11 处落差,共可装机 7250kW。

5.3.5 水土保持

规划拟定的水土保持基本原则是:针对各种水土流失的根本原因,研究采取不同措施,杜绝面上的水力侵蚀,达到保水保土保肥、增加农业生产之目的。为此,应尽量发动群众,采取可以提高生产、经济易行的植物措施,同时也要施行必要的工程措施,拦截利用地表径流,安全排出多余雨水,以利防止冲刷。要充分利用土地,制止土壤侵蚀,发展生产能力,合理配置森林草地,绿化山丘,改善自然条件和生态环境。

规划农田水土保持整修农田 86 万 hm²；停耕土地 10 万 hm²，其中拟改为果、桑园的有 7 万 hm²。荒山水土保持需解决群众燃料不足问题，制止扒挖草根，优先营造大批洋槐薪炭林，加速恢复植被，制止土壤侵蚀。现有 69 万 hm² 的荒山荒坡，拟发展牧场 17 万 hm²，造林 52 万 hm²。

5.3.6 沂沭泗流域规划初步修正成果

在 1957 年底提出的《沂沭泗流域规划初步修正成果和 1962 年以前工程安排意见（草案）》中，进行了南四湖、沂沭河、骆马湖等有关两省洪水处理方案的比较，以及南四湖一级湖二级湖蓄水问题的比较。修正成果包括水文计算、南四湖治理、沂沭河和骆马湖洪水处理工程概要及近期工程安排四部分。概要如下：

南四湖治理标准为 100 年一遇，分两级蓄水，设计水位仍为 37.0m。南四湖出口按照在微山湖水位 33.5m 时下泄 2000m³/s 开挖，湖腰清除芦苇障碍 3000m，开挖深槽底宽 50m。中运河按平槽泄量 2000m³/s 开挖，堤防按防御 100 年一遇洪水标准设计。

沂沭河先解决 20 年一遇洪水，将来在上游水土保持和中小水库实施后再提高。沂沭河上游水库因地质条件差而暂不建。在解决 20 年一遇洪水后，沂河下泄暂以 8000m³/s 为标准。石梁河水库亦可考虑兴建。

骆马湖兴建宿迁枢纽，防洪标准定为 300 年一遇，按一级建筑物标准设计。扩大嶂山切岭，在骆马湖水位 23.0m 时下泄 5400m³/s，新沂河泄量扩大至 6000m³/s，防洪标准定为 300 年一遇，六塘河、宿迁以下中运河泄量仍为 600m³/s。骆马湖蓄水位仍暂定为 22.5m，将来再作研究。

1962 年以前工程安排意见为：南四湖清除芦苇障碍 3000m，开挖深槽底宽 50m，湖西堤堤顶高程按 39.6m 培修，出口按 33.5m 泄 1500m³/s 开挖。中运河在邳苍区按平槽 1500m³/s 开挖。沂沭河按 20 年一遇洪水处理，沂河李庄以下堤防按 8000m³/s 培堤；沭河建小龙门水库，新沂县一带按 2500m³/s 培堤；分沂入沭按沂河临沂 17000m³/s 时分泄 5500m³/s 扩大，并调尾至沭河拦河坝上游入沭河，江风口分泄 3500m³/s。新沭河扩大至 6400m³/s，下段建新分洪道、改道直接由临洪口入海。骆马湖嶂山切岭按骆马湖水位 23.0m 时泄 4200m³/s 扩大，新沂河按 6000m³/s 扩大。湖东、邳苍和其他河道按 20 年一遇防洪标准治理。南陶洛等水库在条件具备时可以兴建。湖东、湖西、邳苍、沂北等地区除涝先按 5 年一遇标准治理。

5.4 规划实施情况及效果

本次淮河流域规划工作完成不久，1958 年 7 月，治淮委员会被撤销，治淮工作改由各省分别负责进行。因而，有关两省以上的全局性的工程，按规划要求实施完成的较少。但是，各省在各自范围内针对防洪除涝都做了不少工程，取得了较大成绩。

5.4.1 淮河上游

本次规划后至 1970 年间，河南省先后建成了规划确定的宿鸭湖、昭平台、白龟山、孤石滩 4 座大型水库，以及规划外的石山口、五岳、泼河 3 座大型水库，完成了小颍河和班台以上的洪河、汝河治理工程，还建成或基本建成了规划内的梅山、石漫滩、板桥、薄山、宿鸭湖、昭平台、白龟山、南湾等水库灌区，以及规划外的石山口、五岳、泼河等水库灌区，同时还建成了诸多的引黄灌区和井灌区，1969 年开始兴建规划内的鲇鱼山水库及其灌区。另外，湖北省建成了规划外的花山水库。

由于种种原因，淮河大坡岭、出山店两座梯级水库，竹竿河张湾水库，潢河万河水库，灌河盛家店水库，㵲河两河口水库，以及汝河遂平水库，北汝河紫罗山、郏县水库，澧河南支官寨水库，颍河黄岗镇水库，均未能开工建设。

5.4.2 淮河中游

安徽省按规划要求先后完成了淮北大堤及淮南、蚌埠等城市圈堤加高加固工程，蚌埠闸工程，以及规划内的磨子潭、响洪甸等水库及其电站工程；1958 年开始在规划基础上，建设淠史杭灌区工程，淠史杭灌区利用当时已经建成的佛子岭、磨子潭、响洪甸、梅山和正在兴建的杭埠河龙河口（属长江水系）五大水库为灌区提供水源，蓄、引、提并举，最大限度地利用水资源，打破行政区域的界限，实行水系引水、配水，建立渠、库、塘、站联合运用和大、中、小型工程相结合的"长藤结瓜"式的灌溉系统，设计灌溉面积 1194 万亩（其中安徽灌溉面积 1096 万亩，河南梅山灌区面积 98 万亩），1958 年工程动工兴建，60 年代主要开挖干渠，中型水库也多建于这一时期，1972 年骨干工程基本建成；1958—1962 年还兴建了淮河中游临淮岗水库工程，施工期间，逢国民经济困难，经费、物资缺乏，劳动力紧张，于 1962 年 4 月停建。

1958 年河南、安徽两省还先后团结合作共同治理了洪汝河下游，整治大洪河，建成班台闸，开挖洪河分洪道。1966 年起，豫皖苏三省团结治水，开挖了新汴河，承泄沱河、濉河上游流域面积 6562km² 排水任务，兼顾发展灌溉和航运。

5.4.3 淮河下游

江苏省按规划要求加固了高良涧至蒋坝段洪泽湖大堤，按排洪 12000m³/s 整治扩大了入江水道，完成了苏北里下河等地区的排水挡潮工程。按二级航道要求整治苏北大运河。从 1957 年开始建设淮水北调分淮入沂工程。江都第一、二、三抽水站从 1961 年开工，分期实施，分期投入运行，至 1969 年建成，具有灌溉、排涝、调水、发电等多种功能。第一抽水站 1961 年 12 月开工，1963 年 3 月建成，第二抽水站 1963 年 7 月开工，1964 年 8 月建成，第一、第二抽水站设计抽水流量均为 64m³/s；第三抽水站 1967 年 7 月开工，1969 年 10 月建成，设计抽水流量为 135m³/s。

5.4.4 沂沭泗流域

山东省在山丘区修建了田庄、跋山、岸堤、唐村、许家崖、沙沟、青峰岭、小仕阳、陡山、尼山、西苇、马河、岩马、会宝岭、日照等 15 座大型水库，32 座中型水库，并增修塘坝灌区面积 200 万亩。修筑了邳芬分洪道堤防工程。

在南四湖地区修筑了湖西大堤，堤顶高程 39.0m，堤顶宽 6.0m；修建了韩庄闸、伊家河闸，扩大了南四湖泄水能力，在微山湖水位 33.5m 时下泄 1000m³/s；调整了湖西水系，疏浚了惠河、万福河、洙水河、赵王河，开挖了洙赵新河和红卫河（后改为东鱼河），初步实现高低水分排、洪涝分治，提高了防洪排涝标准；修建了南四湖二级坝。将湖内分成上下两级湖泊，坝上先后修建了红旗一闸和红旗二闸，设计过闸流量分别为 4500 和 3000m³/s，利用湖泊蓄水发展灌溉，修建排灌站 856 处，装机 6.9 万 kW，排灌面积 300 万亩。

修建太平堤平原水库灌区，引黄灌溉 100 万亩，因缺排水工程，造成涝碱灾害，1962 年废库还田。1965 年在总结经验、完善引黄泥沙处理措施及控制地下水位的情况下，恢复了引黄灌溉及放淤压碱。

江苏省修建了石梁河、安峰山、小塔山 3 座大型水库，10 座中型水库，水库塘坝灌溉面积增加约 100 万亩。完成了邳苍分洪道工程。在宿迁闸的基础上，陆续建成六塘河闸、嶂山闸、骆马湖宿迁控制线，使骆马湖由滞洪区域变成一座大型常年蓄水湖泊，防洪标准当时定为 300 年一遇设计，1000 年一遇校核，防洪水位 25.1m，蓄水位 22.5m，灌溉水稻面积 300 万亩。扩大中运河、新沂河的排洪能力，退建中运河西堤，使中运河的泄洪能力在运河镇水位 26.5m 时扩大到 5000m³/s。加固新沂河堤防，使沭阳以下泄洪能力由 3500m³/s 增加到 6000m³/s。

1958 年开始，按照交通部和淮委规划的要求，对京杭运河徐（州）宿（迁）段，按二级航道标准治理了不牢河和中运河，并建成刘山、解台、宿迁、泗阳 4 座节制闸和船闸，使苏北运河能通行 500t 级船队，并为江水北调创造了有利条件。

经过这一时期治理，除害兴利能力明显提高，成效显著。在防洪方面，期间淮河水系共修建大型水库 8 座。同时，淮河干流和一批支流及下游入江水道也得到有效治理。由于这些治淮工程的相继进行，使淮河干支流的防洪能力显著提高。沂沭泗水系修建大型水库 18 座，修建完善了南四湖、骆马湖堤防，整治了韩庄运河、中运河、新沂河等河道，行洪能力明显提高。

在除涝、抗旱方面，洪汝河、汾河、涡河、惠济河、沱河等支流经过治理，排水条件有所改善。由于开挖了新汴河、濉河、唐河、沱河、北沱河等排涝条件改善较大。里下河地区、徐淮地区的排水条件改善也较大。其中部分地区已达 5 年一遇的排涝标准。特别是江都第一、二、三抽水站的建成投入使用，极大地改善了区域的排涝条件，发挥了极大的抗旱作用，江都第一抽水站 1963 年 8 月开机 20 天，抽排涝水 1.57 亿 m³ 入江，减轻了里下河地区的涝灾；1964 年 8 月江都第二抽水站及配套工程完成，即与一站联合投入排涝，抽排里下河涝水 1.75 亿 m³ 入江；1965 年干旱，及时抽江水 2.46 亿 m³ 送入京杭运河抗旱；1965 年秋天，里下河地区暴雨，江都一站、二站连续开机 88 天，抽排涝水 9.66 亿 m³，里下河地区灾情大为减轻；1966—1967 年连续干旱，淮河长期断流，两站从 1966 年 5 月中旬投入抗旱，连续开机 414 天，抽江水 37.7 亿 m³ 北送，使沿运各县大旱之后粮食获得丰收。南四湖地区通过水系调整，初步形成高低水分排、洪涝分治的格局，改善了区域排涝条件。

在灌溉方面，全流域在 1958—1970 年期间，共新增灌溉面积 3764 万亩，总灌溉面积达到 7016 万亩。由于灌溉面积的扩大和除涝条件的改善，淮河流域的粮食产量从 1957 年的 210.5 亿 kg，增加到 1970 年的 282.5 亿 kg。

总之，在 1956—1970 年期间，经过努力，很多水利工程得以兴建，在减轻水旱灾害，促进农业生产，开发水利资源等方面都发挥了显著的作用。但是距规划的要求还差之较远，特别是一批关系到治淮全局的战略性防洪骨干工程，如出山店水库、临淮岗水库和入海水道等工程，都未按规划要求适时建成。淮河流域的治理工作仍任重道远。

6

1971 年 规 划

本次规划始于 1965 年，1966 年因"文化大革命"开始而中断。1969 年成立国务院治淮规划小组，领导和组织编制淮河流域规划，于 1971 年提出了《治淮规划小组关于贯彻执行毛主席"一定要把淮河修好"的指示的情况报告》及附件《治淮战略性骨干工程说明》，一般称为 1971 年规划。

6.1 历史背景与工作过程

6.1.1 历史背景

1. 各省分治引发了地区间水利矛盾

1958 年 7 月，经中央批准，撤销了治淮委员会，治淮工作由统一规划、统一计划、统一政策、统一治理的治淮体制转由各省分别负责进行。此后有关全局性和省际间的治淮骨干工程就难以有计划地统一开展，在一定程度上影响了治淮的进程。"大跃进"及以后一段时间，推行"以蓄为主，以小型为主，以群众自办为主"的三主治水方针，有些边界地区在局部利益驱动下，不经协商和统一规划，单方面举办了一些不利团结、害多利少、甚至有害无利的蓄水、排水工程，打乱了原有的排水系统，加剧了地区性灾害和省际矛盾，引发了许多严重的边界水利纠纷。

中共中央、国务院十分重视淮河流域的水利矛盾和纠纷。1960 年 4 月，中共中央批转了《关于江苏、山东两省微山湖地区水利问题协议书》。1961 年 7 月，国务院副总理谭震林主持会议，商定了处理豫东、皖北边界纠纷的原则性意见；1964 年 2 月，豫皖两省商定了废除一切阻水工程等九条意见。1962 年，水电部召开京、冀、豫、皖、苏、鲁五省一市平原地区水利会议，按照周恩来"蓄泄结合，排灌兼施，因地制宜，全面规划"的意见，提出了关于五省一市平原地区水利问题的处理原则。经中共中央、国务院同意，凡边界附近的水利工程都必须按水系、按流域统一规划，经过上下协商一致同意后，才能动工兴建。1964 年 1 月，皖苏两省达成《苏皖边界地区水利问题处理意见》，4 月，鲁苏两省达成《山东、江苏两省边界问题处理意见》。

1964 年 6 月，周恩来总理总结了新中国水利工作的 4 条经验教训，其中有一条是治淮工作犯了地方主义、分散主义错误。重申了上、中、下游统一规划，照顾全局的治水原则。

地区间水利矛盾突出的状况不仅造成一些区域性的水旱灾害，也影响了治淮工作进程，迫切需要通过统一规划来解决。

2. 旱涝灾害频发凸显流域除害兴利工程体系存在不少问题

1959 年以后，淮河流域先后发生连旱连涝的情况，损失严重。1959—1961 年，淮河流域连续少雨干旱，造成旱灾，三年旱灾面积近 1.4 亿亩，年均减产 55 亿 kg；1962—1964 年又连续三年大涝，三年涝灾面积近 2 亿亩，共减产粮食 165 亿 kg，其中 1963 年涝灾面积超过 1 亿亩，较当时正常年景减产 70 亿 kg，减产 1/3。

频发的旱涝灾害说明流域水利工程体系还存在不少问题。在防洪方面，1956 年、1957 年规划确定的淮河上中游治理工程、中游控制工程、下游入海水道、沂沭泗中下游排洪出路扩大等一批对治淮全局关系重大的骨干工程未能按计划实施，已经完成的工程标准也比较低，流域防洪工程体系很不完善，洪水威胁普遍存在。如淮河干流上游山丘区水库未按规划实施，淮河上游沿淮圩区堤防等防洪能力较低；中游临淮岗控制工程尚未建成，缺乏对中游洪水的控制，加剧了洪水对淮北大堤的威胁；下游入海水道未实施，洪泽湖大堤、高良涧闸、三河闸、入江水道等工程防洪标准低。已建的工程还有不少尾工和遗留问题。

在除涝方面，治淮初期大多数平原易涝易渍地区的河道都是按春季麦作期的保麦流量或汛期 3 年一遇以下的低标准流量进行的初步治理，排水能力过低，加以面上的沟渠、涵闸、桥梁配套不全，实际排涝效果更差。有些河道仍未治理，有些新开辟的河道如苏北灌溉总渠和分淮入沂河道，反而截断了渠北及分淮入沂河道以西地区的排水出路，没有妥善解决。一些地区在水利工程建设中缺乏统一规划，各自为政，也不同程度地加重了涝渍灾害，如在平原地区各地采取以蓄为主的措施，缺乏统筹，打乱了排水系统，恶化了排水条件。

在灌溉方面，当时淮河流域水资源开发利用程度还很低，到 1964 年，流域内灌溉面积只有 3400 万亩，仅占当时全部耕地面积的 16%，抗旱减灾能力还很低。

鉴于以上问题，有必要重新编制一部科学的淮河流域规划，对一些工程进一步规划协商取得共识，并根据新情况、新要求进行必要的补充规划和调整。

6.1.2 规划编制过程

1964 年 1 月，全国水利会议提出：淮河要巩固干流防洪能力，适当提高支流（包括沂、沭、泗）防洪标准和扩大下游入海泄量；在巩固现有工程的基础上，继续修建上游水库，续建完成洪泽湖、骆马湖、南四湖扩大排洪能力的工程。会议还要求大力治理黄淮海平原地区涝灾，防止盐碱化，认为应首先开挖骨干排涝河道，一般河道要达到 3 年一遇以上的除涝标准。会后，豫、皖、苏、鲁四省水利厅分别编制淮河流域基本情况及治理初步意见。同年 9 月，国务院在北戴河召开黄淮海水利工作会议，由谭震林副总理主持，重点讨论了有关淮河治理的问题，认为必须从淮河存在的各种实际问题出发，重新编制淮河流域规划，以利进一步治好淮河。同月，水电部规划局提出《淮河流域治理初步意见》，内容包括自然历史情况，十五年来治淮工作成就、问题和经验教训，根治淮河的设想以及第三个五年计划工作安排。其中，就根治淮河设想指出，所谓根治是相对的，并"要求在新的治淮机构成立后，首先集中力量做一、两年调查研究和规划工作，然后再提比较具体的根治方案"。

鉴于淮河面临水旱灾害频繁和众多的边界水事矛盾，以及关系到淮河全局的治淮骨干工程尚未决策和实施，1965 年 9 月，水电部报请国务院同意，会同四省成立淮河规划工作组，开展新一轮淮河规划。此次规划编制过程大致有两个阶段：1965年成立淮河规划工作组到 1966 年因"文化大革命"中断，1969 年成立治淮规划小组到 1971 年提出规划报告。

1. 1966 年形成沂沭泗水系防洪除涝规划成果

1965 年 9 月 18 日，水电部成立淮河规划工作组，由河南省水利厅彭晓林任组长，水电部规划局王祖烈、山东省水利厅江国栋、江苏水利厅陈志定、安徽省水利厅胡廷洪任副组长，办公地点设在水利部。规划任务有：①淮沂沭泗上中游的洪水蓄泄规划；②淮沂沭泗下游洪水出路的统一安排；③淮北平原及沂沭泗区有关两省以上重要排涝河道的统一规划；④有关两省以上重要河流、湖泊灌溉用水的统一安排。

10 月开始全流域的查勘和规划工作，边查勘边开展具体规划工作。首先进行沂沭泗水系查勘，到 1966 年 1 月结束，2 月转入内业工作；1966 年 3 月开始对淮河水系进行查勘。经过约半年多时间工作，规划组提出了沂沭泗流域规划方案的初步意见，1966 年 3 月，在徐州召开的华东地区农业会议上，向国务院、水电部和山东、江苏、安徽三省省委领导同志做了汇报。到 6 月，由于"文化大革命"开始，规划工作被迫中断，未能提出全流域规划成果。尽管如此，通过这一轮工作，形成了沂沭泗水系防洪除涝规划成果，1971 年规划基本采用了这次规划成果。另外，确定了新汴河工程规划。

2. 1969 年规划工作重新启动

1968 年，淮河上游发生特大暴雨洪水，王家坝出现了有记录以来实测最大的洪峰流量 17600m³/s，导致淮滨县城进水，濛洼蓄洪区圈堤普遍漫溢，城西湖蓄洪区洪水决口进、决口出，严重威胁着淮北大堤安全；1969 年，淮南地区发生特大暴雨洪水，造成佛子岭、磨子潭两大水库洪水相继漫坝，淠河堤防溃决，淮北大堤防汛情势全线吃紧。两次洪水暴露出上中游阻水障碍严重，行洪区行洪不畅，蓄洪区控制工程不完善，说明淮河防洪体系不健全，抗御洪水能力低，解决淮河流域防洪安全和治理涝灾等问题已是当务之急。为此，1969 年 10 月，国务院成立治淮规划小组，负责组织领导和协调推动淮河流域规划工作，并在北京召开治淮规划小组第一次会议，形成会议纪要，要求各省"明年三月底以前做出本省境内治理规划。关系两省的关键工程，由治淮规划小组组织现场查勘规划"。1969 年 7 月，水电部海河勘测设计院成立淮河规划组。四省水利部门也成立了规划班子，承担具体工作。1969 年 9 月，淮河规划组组成三个查勘组，查勘了淮河上中游，洪汝河和沙颍河以及沂沭泗河中下游。同年 12 月—1970 年 1 月，钱正英带队组织豫、皖、苏、鲁四省有关领导和专家，分三个阶段进行重点查勘。查勘途中，钱正英作了总结，提出了治淮战略性措施的初步设想和规划分工意见。查勘结束后，她又召集四省和海河勘测设计院人员，讨论淮河治理规划，着重讨论了规划方案和省界设计水位、流量等问题。

1970 年 1 月，水电部、海河勘测设计院及各省水利厅抽调人员共同编制淮河流域规划。4 月底至 5 月初，在江苏徐州召开治淮规划汇报会，经过讨论，基本确定了沂沭泗地区骨干工程规划方案。6 月，治淮规划小组在北京召开淮河规划预备会，历时 40 天。这次会议统一了治淮骨干工程方案的技术基础，形成了《治淮规划会议纪要（草稿）》。10 月，国务院业务组召集豫、皖、苏、鲁四省有关负责人，研究讨论了《关于治淮的报告》以及《治淮骨干工程规划意见》（征求意见稿）、《关于治淮骨干工程若干问题的报告》两个附件。1971 年 2 月，在全国计划会议期间，治淮规划小组讨论通过了《关于贯彻执行毛主席"一定要把淮河修好"指示的情况报告》，形成了《治淮战略性骨干工程说明》《关于治淮工程若干问题的讨论情况》等文件。

1971 年 2 月，治淮规划小组向国务院上报了《治淮规划小组关于贯彻执行毛主席"一定要把淮河修好"指示的情况报告》及其附件《治淮战略性骨干工程说明》《关于治淮工程若干问题的讨论情况》。这就是一般所说的"1971 年淮河流域规划报告"（简称《1971 年规划》）。

6.2 主要规划成果

6.2.1 规划治理目标和措施

《治淮规划小组关于贯彻毛主席"一定要把淮河修好"指示的情况报告》提出，初步设想用十年或稍长时间，基本实现"一定要把淮河修好"的伟大号召。在"四五"期间，要求做到按农业人口，每人有一亩旱涝保收、高产稳产田，并基本控制洪水灾害，为全流域实现农业发展纲要创造条件。旱涝保收的初步标准是，抗御普通旱涝灾害（3～5 年一遇）；防洪要求：一般河道保证普通洪水不为害（20 年一遇）；重要堤防要确保安全。水利工程必须综合利用，积极发展航运、水电、水产和林业。

为了实现上述规划目标，要继续贯彻执行"蓄泄兼筹"的治淮方针和"小型为主，配套为主，社队自办为主"的方针。主要措施是：

第一，治水与改土结合，全面开展农田基本建设；

第二，抓紧骨干工程的配套，治理中小河流；

第三，修建一批战略性的大型骨干工程。

蓄山水。计划增建 14 座大型水库，总库容 91 亿 m^3。"四五"期间，先增建出山店等 5 座大型水库，并建成淮河中游临淮岗特大洪水控制工程。

给出路。扩大淮河中游和南四湖的排洪能力，进一步扩大下游出路，使总泄量从 2.1 万 m³/s 增到 3 万 m³/s。"四五"期间要求：在淮河上中游，扩大洪汝河和淮河干流（"五五"完成），开挖茨淮新河、怀洪新河（"五五"完成）。在沂沭河水系，完成沂沭河洪水东调，扩大新沭河和新沂河；南四湖水系，开挖梁济运河、红卫河（东鱼河）北支，治理南四湖湖区，扩大南四湖湖腰、韩庄运河和中运河；洪泽湖下游，完成分淮入沂，扩大入江水道。

引外水。引江水、汉水补源，约可补充灌溉水源 300 亿 m³。"四五"期间，继续进行江苏境内抽引江水工程。"五五"期间，进行更大规模的引江、引汉工程。

6.2.2 战略性骨干工程

《治淮战略性骨干工程说明》中提出，为了做到"遇旱有水，遇涝排水"，在小型为主的基础上，还需修建一批战略性骨干工程，进一步解决蓄山水、给出路和引外水的问题。

1. 增建山区大型水库

淮河水系增建 13 座水库：淮河干流的出山店，淮南支流游河的顺河店、竹竿河的张湾、潢河的晏河和袁湾、白露河的百雀园、史河的盛家山和石壁、淠河的白莲崖，淮北支流沙颍河的燕山、前坪、黄岗镇、人和等。沂沭泗水系增建 4 座水库：龙门、洛河、双侯、昌里。以上 17 座水库总库容 94 亿 m³。

2. 建成淮河中游临淮岗特大洪水控制工程

淮河正阳关以上集水面积 9 万 km²，在上游干支流水库建成后，尚有 2/3 的面积不能控制，洪水来量仍然很大，需要在中游进一步拦蓄。除改建现有濛洼、城西湖、城东湖等蓄洪区并增辟姜唐湖蓄洪区外，为确保淮北大堤安全，还要续建完成临淮岗特大洪水控制工程。

临淮岗工程已建了泄洪闸，但泄量太小。还需增建泄洪闸、船闸和拦河大坝等。设计最高洪水位为 28.4m，滞蓄总量 90 亿 m³。一般情况下，临淮岗闸门不加控制，利用濛洼、姜唐湖、城西湖和城东湖等蓄洪区分别滞洪。**遇特大洪水，在城西湖堤可能溃决的情况下，再使用临淮岗泄洪闸控制泄量。**

3. 扩大淮河中游出路

淮河干流：淮滨到王家坝，排洪流量扩大到 7000m³/s（原 6000m³/s）；王家坝到史河口，扩大到 8000m³/s（原不到 5000m³/s）；史河口到正阳关，扩大到 10000m³/s（原 6000m³/s）；正阳关到涡河口，扩大到 11000m³/s，连同茨淮新河分洪达到 13000m³/s（原 10000m³/s）；涡河口到洪泽湖，扩大到 14000m³/s，连同怀洪新河分洪达到 16000m³/s（原 13000m³/s）。设计洪水位：王家坝 28.66m，正阳关 26.50m，蚌埠 22.60m，洪泽湖 16m。从淮滨到洪泽湖共长 430km，需做土方约 3.6 亿 m³。

淮北支流：扩大和新增三条骨干河道，即扩大洪汝河、新增茨淮新河和怀洪新河。

洪汝河。洪汝河干流从班台到入淮口长 70km，设计排涝流量 2000m³/s（原 800m³/s），排洪流量 3000m³/s（原 1800m³/s），计需做土方约 8000 万 m³，扩大后，可为这一地区 6000 多 km² 的排涝创造条件。

茨淮新河。从颍河的茨河铺到茨河的入淮口长 130km。平时承泄颍河、涡河之间 5000 余 km² 的涝水。遇颍河或淮河发生特大洪水时，分泄颍河洪水，最大分洪 2000m³/s。需做土方约 2 亿 m³。

怀洪新河。从怀远到洪泽湖长 116km。平时解决涡河以东、新汴河以南 12000km² 的涝水出路。在淮河洪水超过 14000m³/s 时，分泄淮河洪水，最大分洪 2000m³/s，需做土方约 1.5 亿 m³。

4. 扩大洪泽湖出路

入江水道，从洪泽湖的三河闸到三江营入江口，长 145km，当时正按排洪 12000m³/s 施工，计划扩大到 15000m³/s，还需做土方约 1.3 亿 m³（包括这一期未完成工程）。

分淮入沂，在新沂河允许情况下，分泄洪泽湖洪水 3000m³/s，经新沂河入海。从洪泽湖的二河闸起到新沂河，长 100km，已完成了分洪闸和交叉建筑物并完成土方 1 亿 m³，还需续做土方约 6700 万 m³。

入海水道，已有苏北灌溉总渠可排泄 800m³/s。计划结合解决总渠以北地区排涝，扩大排洪到 4000m³/s。从高良涧闸到海口，长 170km。需做土方约 8000 万 m³。

按上述措施实施后淮河下游入江入海能力可由 13000m³/s，增加到 22000m³/s，可以确保洪泽湖大堤和里运河东堤的安全。

5. 扩大南四湖出路

扩大红卫河口至沿河口段湖腰，长约 40km，其中红卫河口至二级坝段在湖外挖槽，湖西堤西移 1km；二级坝以下在湖内开挖。需土方量约 0.68 亿 m³。

扩大韩庄运河、中运河，韩庄运河从南四湖出口韩庄到台儿庄入中运河，长 42km，按微山湖水位 33.5m 时排洪 2500m³/s 扩大（现 1000m³/s），土方约 0.37 亿 m³；从台儿庄起到骆马湖长 60km，按 7000m³/s 扩大（现 5000m³/s），土方约 0.67 亿 m³。

通过以上措施，可为南四湖湖西排涝创造条件，保证沿湖和沿运两岸地区防洪安全，并结合南四湖治理和梁济运河扩大，可使长江到黄河间京杭运河全线通航。

6. 扩大沂沭河出路

沂沭河洪水东调仍利用已有的分沂入沭和新沭河线路，通过河道扩大和建闸控制，使沂沭河上游大部分洪水由新沭河入海，其中分沂入沭按行洪 4000m³/s 扩大（现不到 3000m³/s），新沭河按行洪 6000m³/s 扩大（现上段不到 3000m³/s，下段不到 4000m³/s），从沂河到新沭河入海口长 90km，需土方 0.4 亿 m³，石方约 600 万 m³。沂沭河洪水东调工程规模扩大以后，可使沂沭河上游 50～100 年一遇洪水总量的 80% 可直接东调入海（现在只能调 20%），大大减轻沂沭河下游排洪负担，有利于下游地区排涝，同时可腾出骆马湖、新沂河蓄洪、排洪能力，充分接受南四湖洪水。

新沂河从骆马湖到入海口长 140 余 km，按排洪 8000m³/s 扩大，土方约 1.7 亿 m³。除可承泄沂沭河和南四湖来水外，也可相机分泄淮河洪水。

7. 引江、引汉，增加灌溉水源

引江。在江苏境内，除已建的江都三大抽水站（规模 250m³/s）外，再增建江都、泰州抽江站，增加抽江水 800m³/s；在泰州开辟自流引江河，自流引江规模 500m³/s。初步估计需装机 25 万 kW，土方约 2.8 亿 m³。

安徽境内，在无为县裕溪口和凤凰颈抽引江水 900m³/s，其中 700m³/s 越江淮分水岭入淮河。除改善江淮之间丘陵地区 600 万亩灌溉水源外，可补给淮北地区 1700 万亩灌溉水源，并沟通江淮航运，还可进一步研究利用引江渠道适当分泄淮河洪水。初步估计需装机 37 万 kW，土石方约 2.8 亿 m³。

引汉。河南境内，从丹江口水库引水 500m³/s，过方城江淮分水岭入燕山水库，补给驻马店、许昌、周口地区 1600 万亩灌溉水源，并利用引水渠道通航。初步估计土石方约 2 亿 m³。

以上工程完成后，淮河王家坝以上达到约 15 年一遇的防洪标准，淮北支流达到 20～50 年一遇的防洪标准；淮北大堤、洪泽湖大堤、里运河东堤确保安全，南四湖湖堤和沂沭河均达到 100 年一遇防洪标准；除涝可达到 5 年一遇标准；包括新建水库蓄水、现有湖泊、水库抬高蓄水位和引外水，共可增加灌溉水源约 370 亿 m³，约可发展灌溉面积 7000 万亩。

6.3 规划实施情况

为了顺利实施《1971 年规划》，经国务院批准，在治淮规划小组的领导下，1971 年 10 月在蚌埠成立了治淮规划小组办公室。1977 年 5 月，国务院又批复水利电力部成立水利电力部治淮委员会，治淮规划小组办公室同时撤销。规划确定的治淮骨干工程先后由治淮规划小组办公室、治淮委员会会同有关省共同组织实施。截至 1980 年，按规划要求完成或基本完成的防洪工程有城西湖蓄洪区进洪闸工程，濛洼蓄洪区退水闸工程，淮河临水集至王截流段堤防退建及切滩工程，淮北大堤小蚌埠退建段的移民拆迁安置；蚌埠闸分洪道扩大工程，入江水道按行洪 12000m³/s 整治和分淮入沂续建工程，里下河地区的射阳河、黄沙港、新洋港、斗龙港治理工程；淮安第一、第二抽水站工程，江都第四抽水站及三阳河南段扩大工程。

茨淮新河于 1971 年冬开工，1976 年，西淝河截入新河开始发挥排涝效益；1980 年小断面通水，黑茨河截入新河，部分发挥分洪效益，能分洪 1000m³/s；1984 年 4 座船闸全部建成，开始全线通航；1992 年全面建成。

怀洪新河于 1972 年 5 月开工。由于对工程方案存在争议等原因，于 1980 年列为停缓建工程。停工前，仅完成出口段双沟引河等工程（1991 年淮河大水后，当年 11

月怀洪新河复工续建，2005 年竣工验收）。

1975 年 8 月，受 3 号台风影响，8 月 4—8 日在洪汝河、沙颍河发生罕见的特大暴雨，暴雨中心林庄最大 12h、24h、72h 降雨量分别为 954.4mm、1060.3mm、1606.1mm，4—8 日总雨量大于 1000mm、600mm、400mm 的笼罩面积分别为 1557km²、8965km²、18917km²（其中在淮河流域分别为 1400km²、7360km²、12800km²），造成洪汝河、沙颍河特大洪水，致使板桥、石漫滩两座大型水库，老王坡、泥河洼两处滞洪区，竹沟、田庄两座中型水库和 58 座小型水库垮坝溃堤失事。洪水在洪汝河、沙颍河中下游平原地区互窜，最大积水面积达 12000km²。此次洪水对淮河流域河道、水库安全提出了新要求。国务院副总理李先念指示对现有水库，不论是大的、中的、小的，以及其他水利设施都要检查一下，一两年或者三四年内加固已有工程。同年 11 月，水电部在郑州召开全国防汛和水库安全会议，研究制定水库安全的措施。1975 年冬，按 "75·8" 雨型标准，对淮河流域大、中、小型水库开展了检查和复核，先后对全流域 34 座大型水库中的 25 座水库进行了不同程度的加固。

1976 年唐山大地震后，于 1976—1978 年春，相继在洪泽湖大堤高良涧至蒋坝段大堤背水坡加筑了宽 30m 的两级戗台，使御洪和抗震能力都大大加强。

上述工程的建设，改善了濛洼和城西湖两个重要蓄洪区的控制运用条件，改善了淮河中游部分河段和淮河下游的泄洪条件，改善了里下河地区的排水条件，扩大了江水北调工程的规模和供水范围。水库加固使水库及其下游的防洪标准得以提高，蓄水能力加大，增加了灌溉水源。

这次规划的编制和实施表明，规划修建一批战略性大型骨干工程是在前两轮规划的基础上提出来的，基本上得到四省同意的，因而在工程实施上比较容易实现，这样就能加快治淮工程实施的步伐。同时这次规划把治水与改土、全面开展农田基本建设、抓紧骨干工程配套、治理中小河流等放在很重要的地位，促进了淮河流域的农田基本建设，使淮河流域的粮食产量不断增长。

这次规划也存在一些问题：①关于防洪标准和洪水计算方法问题。在防洪标准方面，通过总结 "75·8" 大水板桥、石漫滩水库垮坝失事的经验教训，得出的结论是水库河道的防洪标准还需要进一步研究；完全依靠频率法计算稀遇洪水是不够的，需要考虑其他多种途径作进一步的研究；②对一些重大骨干工程缺乏具体规划，使工程不易落实。由于规划时间太短、技术力量不足，对有些重大骨干工程方案在技术经济分析论证上做得不够，使得有些工程方案在实施中发生困难。如扩大淮河中游洪水出路和开辟入海水道；③跨省的重要支流只考虑了洪汝河，其他支流在规划中考虑较少；④对全流域的除涝和灌溉规划研究不够。

1991 年 规 划

1991年规划编制工作从1982年开始,1984年完成《淮河流域修订规划第一步规划报告》,1991年完成《淮河流域综合规划纲要(1991年修订)》。1998年长江大水后,按照水利部统一部署,淮委组织开展流域防洪规划编制工作。2001年,完成《关于加强淮河流域2001—2010年防洪建设的若干意见》,2002年初由国务院办公厅印发。2003年,淮河发生1954年以来的最大流域性洪水,水利部指导淮委组织编制完成《加快治淮工程建设规划(2003—2007年)》。

7.1 历史背景与工作过程

7.1.1 规划历史背景

1980年国民经济进入调整时期,当年12月,水利部在北京召开治淮会议,明确了治淮的形势和任务,商定了治淮工作部署。钱正英部长在会议总结中肯定了30年治淮成就,指出了治淮工作中存在以下四方面的严重问题:一是由于"文化大革命"以及工作中长期重建轻管,许多现有工程不但不能充分发挥效益,而且不断遭受破坏;二是淮河流域防洪、除涝、抗旱的标准都不高,规划的工程量很大,认识不统一;三是四化建设对淮河治理提出了许多新问题、新要求;四是在当前调整时期,许多在建工程要停缓建,新建工程更推迟。钱正英指出,经过讨论,大家一致同意要把领导重点转到管理和规划方面来,力求在调整期间充分发挥现有工程的潜力,同时定出扎扎实实的前进规划。钱正英在会议总结中还提到了在全流域进行一次调查研究,成立王祖烈任组长的规划协调领导小组和编制治淮规划任务书等事宜。为此,1981年上半年,水利部组织了淮河干流上中游、淮河干流下游、洪汝河和沙颍河、涡河及涡东洪泽湖以上支流、沂沭河及南四湖等5个查勘队,对淮河流域进行了调查研究。调查研究的重点包括现有工程的情况和存在问题,加强管理工作的措施和近期治理工程的措施建议,现有工程的管理状况和存在的问题,以及对原有规划的评价和进一步规划的意见。

1981年9月,在上述调查研究的基础上,水利部向国务院提出《关于建议召开治淮会议的报告》（简称《报告》）。《报告》在肯定治淮成就的同时，指出存在的六个方面的问题：行洪、蓄洪区矛盾很大；洪水出路还没有完全解决；一些经济效果很好的重点水利工程长期不能很好建设和配套；省际水利矛盾尖锐复杂；许多工程失修、破坏严重；移民安置遗留问题很大。《报告》认为，淮河必须统一治理，"三十年来的实践证明，对淮河这样复杂的水系，必须按水系统一治理，决不能按行政区划分而治之。分而治之的后果必然是力量不能集中反而抵消，矛盾不能解决反而加重"。"要实现按水系统一治理，必须做到按水系统一规划，统一计划，统一管理和统一政策"。同年 12 月，万里副总理在北京主持召开了国务院治淮会议，提出了《国务院治淮会议纪要》（简称《纪要》）。《纪要》全面阐述了淮河流域防洪、除涝防渍、灌溉、管理等方面的情况和问题，并着重指出这个地区农业生产潜力很大，商品率也较高；为了开发煤炭资源，也要进一步补充水源和发展航运；继续把治淮事业推向前进，不仅可以保证这个地区的安定，而且可以为国家作出较大的贡献。《纪要》提出了整治淮河干流等方面的治淮纲要，以及十年规划设想，并指出淮河流域是一个整体，上、中、下游关系密切，必须按流域统一治理，才能以最小的代价取得最大的效益。统一治理包括统一规划、统一计划、统一管理、统一政策。《纪要》建议成立治淮领导小组，要求"逐步打破行政区划，按水系设立统一管理机构"。此前，经国务院批准，成立了对南四湖和沂沭河工程进行统一管理的沂沭泗水利工程管理局。

1982 年 2 月，国务院在批转《纪要》的通知中指出，"治淮工作已经取得了显著成绩，群众是满意的。但是还存在不少问题，还要继续解决"。"淮河流域水系复杂，上下游关系密切，历来矛盾很多，各有关地区要本着小局服从大局、大局照顾小局、以大局为重的原则，互谅互让、互相支持，团结治水，共同把治淮事业搞好"。"国务院同意成立治淮领导小组"，"现有的水利部治淮委员会兼作治淮领导小组的办事机构，负责日常统筹工作"。

7.1.2 规划工作过程

1982 年 2 月，受国家计委委托，水利部审定下达了《淮河流域修订规划任务书》（简称《任务书》），要求淮委和豫、皖、苏、鲁四省水利厅据此进行规划工作。《任务书》包括规划指导思想、规划任务、规划要求、规划的组织分工和规划工作的安排等内容。《任务书》指出：规划的修订工作在水利部领导下由淮委组织，会同四省水利厅及有关部门分工合作，共同完成，并对各专项规划的分工作出了安排。《任务书》要求规划工作分两阶段进行，1983 年上半年完成以恢复、巩固、发挥现有工程效益为主要内容的规划，1985 年以前完成全流域的修订规划综合报告。

为使淮河流域修订规划工作能够顺利进行，淮委自 1981 年下半年开始，按《任务书》的要求，编制了《淮河流域修订规划第一步规划工作提纲》《淮河流域修订规划第二步规划工作提纲》，以及水土保持、水产、水资源保护、农业发展、水资源供需平衡、环境影响评价等专业规划的工作提纲。1984 年 9 月编写的第二步规划工作提纲提出，1990 年为近期水平年，2000 年为规划水平年，根据淮河流域日益增长的用水要求，在原来 10 个方面规划任务的基础上增加了水资源合理利用规划的任务。

1984 年，在四省规划的基础上，淮委提出了以恢复巩固发挥现有治淮工程效益为主要内容的《淮河流域修订规划第一步规划报告》。1985 年 3 月，国务院治淮会议在安徽省合肥市召开，会议由国务院副总理万里、李鹏主持。会议主要审议淮委提出的《淮河流域规划第一步规划报告》《治淮规划建议》和"七五"期间治淮计划的安排，商定了"七五"计划期间兴建的一些重要治淮工程项目。

1990 年 11 月下旬至 12 月初，水利部在北京召开了"淮河流域规划和治理座谈会"和"《淮河流域修订规划纲要（送审稿）》讨论会"，形成了《〈淮河流域修订规划纲要〉讨论会纪要》。1991 年淮河发生流域性大洪水，当年 8 月，国务院在北京召开了治理淮河太湖会议，会议总结了治理淮河、太湖的经验和 1991 年水灾的教训，部署进一步治理淮河、太湖的方略，加快治理步伐。会议强调流域治理要统一规划、统一治理、统一管理、统一调度，并决定于"八五"期间国家与地方投资 61 亿元，在淮河上兴建 18 项大型水利工程（后增加"其他"工程，共 19 项治淮重点骨干工程）。11 月 19 日，国务院颁布《关于进一步治理淮河和太湖的决定》，提出用十年的时间基本完成一批工程建设任务。根据国务院会议精神和《〈淮河流域修订规划纲要〉讨论会纪要》，淮委于1991 年年底完成了《淮河流域综合规划纲要（1991 年修订）》。

1992 年 12 月，国务院治淮治太领导小组第一次会议在北京召开。淮委负责同志汇报了治淮情况和下一步工作意见，河南、安徽、江苏、山东省水利厅负责人分别汇报各省治淮情况，国务院副总理、治淮领导小组组长田纪云作总结讲话。1994 年 1月，国务院治淮治太工作会议在北京召开，国务委员陈俊生作重要讲话。会议检查了 1991 年国务院《关于进一步治理淮河和太湖的决定》的执行情况，总结了两年多来的治淮、治太取得的成绩和经验，安排部署 1994 年治淮、治太任务，要求"八五"期间治淮工作要初见成效。1997 年 5 月，国务院治淮治太第四次工作会议在江苏徐州召开，全面推动治淮治太工作出现一个新的局面，国务院副总理姜春云出席会议并作重要讲话，明确指出下一步治理淮河的主要目标是加快治淮重点骨干工程建设并搞好淮河水污染防治工作。

1998 年以后，按照水利部统一部署，先后编制完成了《关于加强淮河流域2001—2010 年防洪建设若干意见》《淮河流域防洪规划》等成果，对 1991 年规划中有关防洪建设方面的内容做了补充，细化了具体内容，进一步明确实施安排。

7.2　1991 年规划主要成果

1991 年规划以防洪保安、除涝保收、开发利用流域内外水资源、发展灌溉、改造中低产田、增强农业发展后劲为重点，优先考虑恢复、巩固、配套、发挥现有治淮工程效益，研究兴建一批必需的新工程，力求工程措施和非工程措施相结合，兼顾工程的经济、社会和生态环境效益，增强抵抗灾害能力，综合利用水资源。

7.2.1 规划目标任务

1991 年规划的长远规划目标是争取在 21 世纪前期，淮河流域建成具有较为完善的防洪保安、除涝减灾、灌溉增产、水质优良和供水充足的水利工程系统，把淮河流域建成为全国稳产高产的重要商品粮棉油和煤电能源生产基地，基本实现毛泽东主席"一定要把淮河修好"的指示。近期（2000 年）规划目标是为实现中央今后 10 年发展经济的战略计划而提供必要的水利条件（见表 7.2-1）。

表 7.2-1　　　　　　　　淮河流域综合规划战略目标（1991 年规划）

项　　目	治理开发战略目标
流域治理开发总体规划	2000 年前或稍后一些时间，在防洪保安、除涝保收、灌溉增产、改造中低产田、增强农业后劲等方面都有明显的提高，使粮食产量占全国的比重不低于 1/6，使城乡人民、工矿企业、水陆交通和渔副业生产等水利条件和生态环境条件都有明显的改进。 21 世纪前期，为把淮河流域建成全国重要的粮棉油和煤电能源生产基地，提供更加完善的防洪保安和水资源条件
山丘区治理开发规划	1. 继续推行小流域综合治理，制止水土流失，改善生态环境，治贫致富。2000 年前新增治理面积 2.0 万 km²。 2. "八五"期间复建完成板桥、石漫滩水库。2000 年前，基本完成险库加固任务，筹建白莲崖等五座大型，新增控制面积 4000~5700km²，新增库容 50 亿~70 亿 m³。 3. 完成全部大型水库灌区配套，增加灌溉面积 700 万亩。2000 年前增建小水电站装机容量 17.6 万 kW，达到 47.6 万 kW
农业发展水利规划	1. 扩大干支流排水能力，加强面上排水系统配套，进一步改善 1.0 亿亩低洼地的除涝防渍条件，使平原河道排水能力一般达到 3 年一遇，面上排涝标准达到 5 年一遇。 2. 充分利用各种水资源，发展水旱灌溉面积，争取 2000 年的有效灌溉面积达到 1.3 亿亩，实灌面积达到 1.1 亿亩。 3. 努力改造中低产田，建设稳产高产田，开发沿海滩涂，使全流域 2000 年的粮食产量达到 825 亿 kg 以上
淮河干流上中游防洪规划	1. 扩大上中游排洪通道，改善中小洪水出路：①加高上游沿淮圩区堤防，提高防洪标准；②扩大中游排洪通道，基本恢复河道原有排洪能力，减少低标准行蓄洪区进洪机遇；③加固淮北大堤及淮南、蚌埠等城市圈堤，使之安全防御类似 1954 年洪水；④进行沿淮圩区及行蓄洪区的排灌设施、安全庄台和撤退道路、通信报警系统建设，改善区内生产和防洪保安条件，做到蓄洪及时、行洪通畅。 2. 增加淮泄洪能力，提高防洪标准：①兴建临淮岗洪水控制工程，增蓄 30 亿~50 亿 m³ 洪水（临淮岗最大库容 120 亿 m³）；完成茨淮新河和怀洪新河，分泄淮河洪水 2000m³/s，使涡河口上、下淮河排泄能力分别达到 12000m³/s 和 15000m³/s。将正阳关以下中游防洪标准提高到 100 年一遇，并改善豫东、淮北支流排水出路。②加固各蓄洪区的进退水闸，增建城西湖退水闸，以利安全调度洪水

项　　目	治理开发战略目标
淮河下游 防洪规划	沿灌溉总渠北侧开辟淮河入海水道，按排洪流量 $3000\,m^3/s$、$5000\,m^3/s$ 逐步完成，使洪泽湖正常运用标准达 300 年一遇，非常运用标准达 2000 年一遇，相应改善下游里下河等地区的防洪条件
沂沭泗中下游 防洪规划	"八五"期间按 20 年一遇防洪标准，完成沂沭河洪水东调的分沂入沭、新沭河和大官庄人民胜利堰闸，完成南四湖洪水南下的韩庄运河、中运河扩大和南四湖治理、湖西堤加固、湖东堤修建等工程。"九五"期间进一步扩大河道，兴建刘家道口枢纽，使防洪标准提高到 50～100 年一遇。改善苏鲁两省 3000 多万亩耕地和众多煤电能源基地的防洪条件
平原排水河道 治理规划	重点治理洪汝河、沙颍河、汾泉河、涡河、包浍河、奎濉河、泗河、东鱼河、洙赵新河、梁济运河等平原骨干排水河道，使其排涝标准达到 3 年一遇、防洪标准 20 年一遇，改善 7 万 km^2 低洼易涝面积的防洪、排涝条件
内河航运及 水产规划	规划通航河道有京杭运河、淮河干流、沙颍河等 20 条，需新建船闸 76 座、港口 30 个，改善航道 4550km。争取 2000 年前后，使 1000 万亩的可养水面大部分实行放养，使渔业总产量达到 110 万 t
水资源开发 利用规划	努力开发好当地地表、地下水资源，适当扩大引用黄水，大力筹建引用江水。预计到 2000 年能新增供水量 170 亿～210 亿 m^3，达到 560 亿～660 亿 m^3，基本满足平、枯水年份各部门的用水要求
引江水、黄水 工程规划	规划引江工程包括南水北调东线、中线、江苏泰州引江河和通榆河、安徽引江济淮等。90 年代重点建设东线引江和通榆河、泰州引江河工程，其次是河南、山东引黄。2000 年要求增加引江水量 47 亿～122 亿 m^3，达到 100 亿～210 亿 m^3，引黄水量达到 50 亿～56 亿 m^3
水资源保护规划	要求到 2000 年，淮河干流、南水北调东线和重要水源地的水质争取达到 II 类水质标准，严重污染河段达到 III 类标准

　　为实现这一总体战略目标，《纲要》提出以下任务：抓紧山丘区治理；巩固完善防洪除涝工程体系；加快农田水利基本建设；改善沿淮行洪、蓄洪区的生产、生活和防洪保安水利条件，改变生产结构，实施优惠政策，加强计划生育，使这些地区能满足行、蓄洪的需要，以能合理地发展生产；合理开发利用水资源；发展内河航运；加强水源保护工作；充分利用水面，发展水产事业。

7.2.2　淮干设计洪水

　　1991 年规划对淮干设计洪水进行了复核，鉴于淮河干流两侧湖泊洼地众多、行蓄洪情况复杂、理想洪量还原计算精度难以把握、长时段洪量重现期难以考证等诸方面因素，1991 年规划淮干设计洪水复核成果与 1974 年淮干设计洪水成果相差约 10%，总体上差别不大；加之随着经济社会的发展，流域治理开发将不断推进，同样大小的暴雨今后形成的洪水比过去实际出现的要大，尤其短历时洪量会增加较多。为此，1991 年规划淮干设计洪水成果采用 1974 年成果是可行的。100 年一遇正阳关最大 30 天洪量为 413 亿 m^3，中渡最大 30 天洪量为 637 亿 m^3。

7.2.3 山丘区治理规划

1. 水土保持规划

规划提出，1991—2000 年新治理水土流失面积 2 万 km^2（鲁中南山区 7000km^2、豫西山区 5300km^2、淮南山区 4480km^2、江淮丘陵区 1400km^2、淮海丘陵区 1820km^2），计修水平梯田 550 万亩，沟坝地 100 万亩，营造水土保持林 1550 万亩，经济林 400 万亩，种草 100 万亩，封禁治理 300 万亩，解决 400 万人口饮水困难。重点治理开发沂沭泗河上游治理区（4280km^2），洪汝河、沙颍河上游治理区和淮河干流上游治理区（5990km^2）。

2. 水库规划

水库除险加固有田庄、岸堤、尼山、孤石滩、鲇鱼山、会宝岭、跋山、岩马、石梁河、小塔山、白沙、白龟山、安峰山、日照、西苇、马河、唐村、青峰岭、沙沟水库等。

复建板桥水库、石漫滩水库；淮河水系规划水库有淮干上游出山店（或红石潭）；淮南支流游河顺河店水库、竹竿河张湾水库、潢河晏河和袁湾水库、白露河白雀园水库、史河盛家山水库和石壁水库、淠河白莲崖水库；沙颍河的燕山、下汤、前坪、人和等水库。计划 2000 年前后优先兴建以下水库：出山店或红石潭和顺河店水库、燕山水库、下汤水库、白莲崖水库、前坪水库。

3. 水力发电规划

规划到 2000 年，全流域新建小水电装机容量 17.6 万 kW，达到 47.6 万 kW，新增年发电量近 5 亿 kW 时，达到 13 亿 kW 时，占可开发量的 53%。

7.2.4 农业发展水利规划

淮河流域 2000 年前后新增灌溉面积 2100 万亩，将有效灌溉面积发展到 1.3 亿亩，新治易涝面积 1500 万亩，使近 1 亿亩的易涝面积全部得到治理，排涝标准一般达到 5 年一遇或 5 年一遇以上，粮食产量增加超过 200 亿 kg。规划按照不同地区自然条件、水利条件、水旱灾害成因和防治措施相似等因素，将淮河流域分为豫南豫西山丘区、安徽淮南山丘区、豫东平原区、沿黄平原区、安徽淮北平原区、鲁南沂沭泗区、苏北平原区及里下河水网区等 8 处规划区，分别提出了水利措施的重点，淮河流域 2000 年有效灌溉面积规划见表 7.2－2。

表 7.2-2 淮河流域 *2000 年有效灌溉面积规划表*

区域	灌区类别	有效灌溉面积/万亩			2000 年灌溉率/%
		1989 年	新增	2000 年	
全流域	库塘灌区	1987	351	2338	71
	河湖灌区	5725	879	6604	
	井灌区	3281	904	4185	
	合计	10993	2134	13127	
河南省	库塘灌区	690	90	780	56
	河湖灌区	869	36	905	
	井灌区	1829	180	2009	
	合计	3388	306	3694	
安徽省	库塘灌区	737	55	792	62
	河湖灌区	1023	17	1040	
	井灌区	179	800	979	
	合计	1939	872	2811	
江苏省	库塘灌区	287	26	313	92
	河湖灌区	3152	211	3363	
	井灌区	227	124	351	
	合计	3666	361	4027	
山东省	库塘灌区	273	180	453	75
	河湖灌区	681	615	1296	
	井灌区	1046	—200	846	
	合计	2000	595	2595	

7.2.5 淮河水系防洪除涝规划

1. 淮干上中游防洪规划

（1）扩大上中游排洪通道，改善中小洪水出路。治理正阳关以上河道，主要工程内容包括：王家坝以下退建濛洼尾部、南润段、城西湖、邱家湖、唐垛湖等沿淮束水堤段；铲除河南省的童园、黄郢、建湾和安徽省的润赵段行洪区堤防，恢复漫滩行洪。邱家湖、唐垛湖的退堤段暂按排洪 5000m³/s 的水位控制堤顶，实行漫滩行洪。增建城西湖退水闸，加固濛洼、城西湖、城东湖进洪闸，加高加固各蓄洪区堤防。王家坝到正阳关恢复到 1956 年的实际水平。淮河干流上、中游河道现状及规划防洪能力见表 7.2-3。

表 7.2-3 淮河干流上、中游道现状及规划防洪能力表

河流名称	河段	长度/km	现状防洪能力			规划完成后防洪能力			
			起点水位/m	通过流量/(m³/s)	终点水位/m	防洪标准	起点水位/m	通过流量/(m³/s)	终点水位/m
淮河	淮凤集—淮滨	48		6000				7000	
淮河	淮滨—王家坝	22	32.1	6000	28.6	10年一遇	32.6	7000	29.3
淮河	王家坝—史河口	55	28.6	4500	28.1		29.3	7400	28.6
淮河	史河口—正阳关	93	28.1	6000	26.5		28.6	9400	26.5
淮河	正阳关—蚌埠	142	26.5	8500	22.6	100年一遇	26.5	10000	22.6
淮河	蚌埠—洪泽湖	173	22.6	12000	蒋坝16	100年一遇	22.6	13000	蒋坝16
茨淮新河	茨河铺—荆山口	134	33.32	2300—2700	24		33.32	2300—2700	24
怀洪新河	何巷闸—入溧河洼	127					涡河口23.5	2000—4770	16

加固淮北大堤及城市工矿圈堤，恢复其原有的设计防洪能力，加固设计洪水位维持 1955 年规划水位不变，颍左堤按颍河排洪 3500m³/s（相应淮干 100 年一遇洪水）设计、涡河堤防仍按 2600m³/s（约合 10 年一遇）设计。采取退堤、切滩等措施整治束水河段，扩大行洪通道。控制行洪区堤防及口门高程，保障行洪区通畅行洪。通过上述各项整治工程，正阳关以下河段的排洪能力可望恢复至 1955 年的设计水平，即正阳关、蚌埠、浮山设计水位分别为 26.5m、22.6m、18.5m 情况下，正阳关—涡河口和涡河口以下的河道排洪能力可分别恢复到 10000m³/s 和 13000m³/s。

（2）增加蓄洪排洪能力，提高防洪标准。1991 年规划对提高淮河中游防洪标准，曾对比研究过加高堤防和建设临淮岗两个工程方案，加高堤防方案是通过抬高河道设计洪水位，增加河道设计泄量来提高防洪标准；建设临淮岗方案是在利用前期洪水淹没的洼地上，进一步抬高蓄洪水位增加蓄洪量，控制正阳关的下泄流量，以提高中游防洪标准。经综合比较分析，建议采用建设临淮岗方案。具体工程措施为修建临淮岗控制工程和茨淮新河与怀洪新河，将正阳关以下中游的防洪标准提高到 100年一遇。修建临淮岗控制工程，进一步拦蓄洪水，按正阳关发生 100 年一遇洪水时，以正阳关下泄流量 10000m³/s、水位 26.5m 为控制，确定临淮岗洪水控制工程规模，相应坝前设计洪水位 28.51m，滞洪库容 85.6 亿 m³，校核标准为 1000 年一遇，相应滞洪库容 121.3 亿 m³。续建怀洪新河，开挖扩大怀洪新河行洪断面，扩大中游排洪能力。

2. 洪泽湖及下游防洪规划

淮河下游河道现有排洪能力不足，长期以来曾多次规划扩大排洪出路。主要途

径是扩大入江水道、灌溉总渠、分淮入沂或新辟入海水道。在入海水道开工前，应对这些工程进行除险、加固、清除阻水障碍以发挥各工程原有的设计防洪能力。洪泽湖及淮河下游河道现状及规划防洪能力见表7.2-4。

表7.2-4　　　　　　　洪泽湖及淮河下游河道现状及规划防洪能力表

河流名称	河段	长度/km	近期规划完成后防洪能力				远期规划完成后防洪能力			
			标准	起点水位/m	流量/(m³/s)	终点水位/m	防洪标准	起点水位/m	流量/(m³/s)	终点水位/m
入江水道	三河闸—三江营	145		蒋坝15.2	12000	5.66		蒋坝15.2	12000	5.66
分淮入沂	二河闸—沭阳	97		蒋坝15.3	3000	12.1		蒋坝15.3	3000	12.1
灌溉总渠	高良涧闸—扁担巷	169		闸下11.45	1000	4.0		闸下11.45	1000	4.0
入海水道	二河—海口	165	高于百年	蒋坝16	3000	4.0	300年一遇	蒋坝16	8000	4.0
洪泽湖			百年一遇	蒋坝水位15.5			300年一遇	蒋坝水位16		

注　入江水道、分淮入沂、灌溉总渠现状上、下口门水位及通过流量与近、远期规划完成后相同。

3. 主要支流治理规划

淮北主要支流。洪汝河复建石漫滩水库，规划修建杨庄滞洪区，适当整治杨庄以下的河道；洪汝河班台以下河道治理，规划按3年一遇排涝标准进行疏浚，20年一遇防洪标准培修堤防；建议在临淮岗控制工程建成之前，先按3年一遇排涝标准和10年一遇排洪流量治理。沙颍河干流堤防近期拟先按20年一遇洪水标准培修加固；配合现有各水库、滞洪区控制沙河漯河50年一遇洪水泄量不超过3000m³/s，将周口以上沙河干流的防洪标准提高到50年一遇，周口至阜阳按50年一遇防洪标准进行堤防加高。汾泉河规划按防洪标准20年一遇，除涝标准接近3年一遇治理；黑茨河规划按3年一遇排涝流量疏浚主槽，按20年一遇洪水筑堤。涡河规划按20年一遇防洪，5年一遇除涝进行治理。包浍河下段及临涣以下先按3年一遇排涝的82%低标准扩大河槽，按20年一遇标准培修堤防。奎濉河近期按老汪湖滞洪削峰后达到3年一遇除涝、20年一遇防洪标准进行河道治理。

淮南主要支流。白露河按10年一遇防洪标准治理官渡到平湖段。史灌河豫皖两省附近河道尚需整治。淠河干流拟按20年一遇防洪标准治理。池河拟在上游兴建江巷水库，中游疏浚河道，裁弯取直，明光以下裁弯取直，疏浚河道，退建堤防，按1956年型洪水（约合15年一遇）设计排洪河道。

其他支流。河南省的新蔡河、新运河，安徽省的芡河、北淝河，江苏省的射阳港、黄沙港、新洋港、斗龙港等中等河道，各省也要结合发展农业生产，进行综合治理。

7.2.6 沂沭泗水系防洪除涝规划

1. 沂沭泗中下游防洪规划

沂沭河。规划修建刘家道口闸及人民胜利堰闸，续建分沂入沭水道及新沭河，扩建石梁河水库泄洪闸，加高加固沂河、沭河和邳苍分洪道堤防并清除阻水障碍。

南四湖。南四湖湖腰扩大，将 1971 年确定的上游起点下移到杨官屯河，挖河筑堤；铲除湖内苇草，清出宽 1500m 的行洪通道；开挖西股引河上段以利三闸泄洪；按防御 1957 年洪水加高加固湖西大堤（上级湖顶高程为 40m，下级湖为 39.8m）及各支流回水段堤防；修建完善湖东堤。

韩庄运河、中运河。根据南四湖治理要求，确定按微山湖水位 33.5m，下泄 2500m³/s 扩大韩庄运河，相应河道排洪能力 5600m³/s；考虑区间排水需要，省界至大王庙设计排洪流量由 7000m³/s 调整为 6000m³/s，大王庙至骆马湖仍为 7000m³/s。

骆马湖、新沂河防洪规划。按 100 年一遇防洪水位 25.0m 加固骆马湖南堤；加高新沂河堤防，将排洪能力扩大到 8000m³/s。

2. 东调南下近期工程

沂沭泗河洪水东调南下工程规划的总体部署是：扩大沂河、沭河洪水东调入海和南四湖洪水南下的出路，使沂沭河洪水尽量就近由新沭河东调入海，腾出骆马湖、新沂河部分蓄洪、排洪能力，接纳南四湖南下洪水。

治理标准总体为 50 年一遇，主要工程措施有：扩大分沂入沭下段并将尾部调到人民胜利堰闸上；兴建人民胜利堰闸；续建新沭河；扩建石梁河水库泄洪闸；加固临沂—刘家道口—江风口—骆马湖的沂河堤防；加固大官庄以上沭河堤防；加固老沭河堤防；加固东泇河以上邳苍分洪道堤防、东泇河以下开挖西偏泓并加固两岸堤防。续建南四湖湖腰扩大工程，开挖西股引河上段和续建庄台，按原设计堤顶高程 39.5m 加固湖西大堤及入湖支流回水段堤防，按 20 年一遇洪水加超高 2m 修建完善湖东堤。韩庄运河、中运河近期扩大工程的设计排洪流量为韩庄至大沙河口 4000m³/s，大沙河口至省界 4400m³/s，省界至大王庙 4600m³/s，大王庙至二湾 5500m³/s；韩庄运河湖口至台儿庄闸段按微山湖水位 33.5m，下泄 1900m³/s 扩大河槽。新沂河现有排洪能力已达到近期 7000m³/s 的要求（见表 7.2-5）。

3. 主要支流治理规划

南四湖周边。规划按 20 年一遇防洪标准治理泗河；按 3 年一遇除涝标准、20 年一遇防洪标准治理东鱼河、洙赵新河；按 3 年一遇除涝、南水北调东线输水和航运需求治理梁济运河。其他各低标准河道，要求按 3～5 年一遇除涝、20 年一遇防洪标准整治。

表 7.2-5 沂沭泗水系骨干河道、湖泊及规划防洪能力表

工程项目		河长/km	现状泄量或防洪水位/(m³/s, m)	20 年一遇泄量或防洪水位/(m³/s, m)	50～100 年一遇泄量或防洪水位/(m³/s, m)
沂河	临沂—刘家道口	16	12000	12000	16000
	刘家道口—江风口	6	10000	10000	12000
	江风口—骆马湖	93	6000	7000	8000
沭河	汤河口—大官庄	31	5000	5750	7500
	大官庄—口头	102	2500	2500	2500
邳苍分洪道		74	2000～3000	3000～4500	4500～5500
分沂入沭		20	2500	2500	4000
新沭河		80	4000	5000	6000
韩庄运河		42.5	3000	4000～4400	5600
中运河	陶沟河口—大王庙	12	3800	4600	6000
	大王庙—骆马湖	41.8	4500～5000	5500	7000
新沂河嶂山闸—灌河口		145	7000	7000	8000
南四湖	上级湖		36.5*	36.5*	37.3*
	下级湖				37*
骆马湖			25*	25*	25*

* 数值为水位。

新沂河南、北片。沂南地区整治灌河，加固堤防涵闸，健全各项排水设施。沂北地区按 5 年一遇排涝标准治理古泊善后河，扩大五贯河，修建洼地排涝站。蔷薇河按 5 年一遇除涝、20 年一遇防洪标准整治河道，下段低洼地区，拟兴建泵站抽排入河。

新沭河以北片。规划对青口河以南地区实施范河调尾、抽排等治理工程；规划清除锈针河入海口段滩地阻水障碍，拆除两岸阻水丁坝，加固堤防。

废黄河。规划对废黄河二坝以上河南、山东、安徽境内部分防洪标准较低的拦河坝和堤防险工进行加固处理；二坝以下至徐州段按 50 年一遇防洪标准治理；徐州至睢、宿县界按 20 年一遇防洪标准治理，由白马河分洪 140m³/s 入房亭河，由魏工水库滞洪区分洪 50m³/s 入徐洪河；睢、宿县界至杨庄闸，由张福河和马化河分别分洪 50m³/s 和 140m³/s 入洪泽湖；杨庄以下规划整治中泓、处理险工、加固堤防，承泄滩地雨水及灌溉总渠渠北部分涝水，必要时还要分泄淮河及沂沭泗部分洪水。

7.2.7 航运规划

航运规划本着宜水则水、宜陆则陆的原则，凡能经济合理利用水运的，就尽可

能开发利用水运资源。航道布局以中心城市、交通枢纽、工矿基地为依托，以京杭运河和淮河干流为干线，以通往煤炭矿井、连接铁路干线、港口、城市的沙颍河、盐河等为支线，通过有计划、有步骤的建设、配套、延伸，使本流域形成有干有支，干支相应发展，江、淮、湖、海互济互通的现代化水运网。1991 年规划通航河流共 24条，总计航道长 4950km，新建船闸 76 处、港口 30 处。

规划通航 24 条河流中主要航道有京杭运河、淮河干流等。京杭运河在流域内梁山至扬州长 704km，其中扬州至徐州段长 404km，现已按二级航道建成，可通航 500t 以上驳船队；徐州至济宁段长 240km，先期按三级航道扩建，后期结合南水北调二期工程按二级航道扩建；其余按照交通部统一规划，安排实施。淮河干流自淮滨起，至淮安接京杭运河，航道全长 550km，其中淮滨至西淝河口段长 206km，规划结合临淮岗工程按五级航道改建；西淝河口至淮安段长 344km，规划按三级航道扩建。

7.2.8　水产规划

根据淮河流域的水域类型及渔业自然资源的分布特点，流域内水产发展划分为淮北平原池塘养殖区，南四湖增殖养殖区，沂沭泗水库养殖增殖区，豫西南、皖西山塘水库养殖增殖区，沿淮湖泊增殖养殖区和里下河河网养殖区共 6 个分区。

规划到 2000 年可养水域面积 1000 万亩，渔业养殖产量达到 90 万 t，天然捕捞产量达到 21 万 t，总计 111 万 t；水生经济植物 70 万 t。

7.2.9　水资源供需平衡

淮河流域年平均地表水资源为 621 亿 m^3，浅层地下水资源为 374 亿 m^3（山区 69亿 m^3，平原地区 313 亿 m^3，二者重复量 8 亿 m^3），扣除两者相互补给的重复部分，总水资源量为 854 亿 m^3。

淮河流域现状在不同保证率 50%、75%、95% 的年份，流域地表、地下水的供水量分别为 308 亿 m^3、349 亿 m^3 和 265 亿 m^3，只及需水量的 76%、71% 和 52%，由本流域水资源供水是远不能满足当时的用水要求。淮河流域缺水较严重的是苏、鲁两省的南四湖周边和沂沭河地区以及豫、皖两省的淮北平原和淮南丘陵地区。

淮河流域 2000 年农业需水量预测，保证率 50%、75%、95% 的年份分别为 416亿 m^3、534 亿 m^3 和 586 亿 m^3。2000 年工业总用水量预测 109 亿 m^3。2000 年城镇生活用水量预测 14 亿 m^3。2000 年的农村人畜用水量预测 52 亿 m^3。

淮河流域 2000 年的工业、农业、城镇生活和农村人畜等总需水量，在保证率50%、75%、95% 年份分别为 591 亿 m^3、709 亿 m^3 和 762 亿 m^3。

淮河流域 2000 年前，可通过对现有各项蓄、引、提等水源工程加强配套、管理等措施后，再抓紧兴建南水北调东线一期工程，筹建其他引江工程，并适当扩大引黄水量等措施后，2000 年总供水量在保证率 50%、75%、95% 年份分别为 564

亿 m³、664 亿 m³ 和 584 亿 m³，较 2000 年的需水量还分别缺水 27 亿 m³、46 亿 m³ 和 178 亿 m³，缺水率分别为 5%、6% 和 23%。

7.2.10 引江引黄工程规划

1. 南水北调东线工程

工程从江苏省扬州市江都站抽引江水，利用京杭运河及与之大体平行的淮河入江水道、三阳河、徐洪河、不牢河等分段输水，贯通洪泽湖、骆马湖、南四湖、东平湖，经 13 级泵站抽水到黄河南岸，再由穿黄洞输水，经位临运河、运河、南运河、马厂减河自流到天津，必要时再设泵站逐级抽水到北京。输水干线全长 1150km，其中黄河以南 650km，穿黄及黄河以北 500km。

近期（2020 年）调水规模：抽江 1000m³/s，进洪泽湖 1000m³/s、出洪泽湖 850m³/s，进骆马湖 750m³/s、出骆马湖 700m³/s，进微山湖 600m³/s、出微山湖 550m³/s，出上级湖 500m³/s、进东平湖 450m³/s、穿黄进卫运河 400m³/s。

第一期工程（2000 年）引水规模为抽江 600m³/s，入洪泽湖 525m³/s、出洪泽湖 450m³/s，入骆马湖 375m³/s、入下级湖 300m³/s、入上级湖 260m³/s、出上级湖 220m³/s，入东平湖、过黄河 200m³/s。

2. 南水北调中线工程

南水北调中线分近期引汉和远景引江，旨在为黄淮海平原中西部供水。中线供水范围分唐白河、淮河、海河三个区域。引汉总干渠经河南、河北、北京三省市、线路自陶岔渠首起，沿南阳盆地北部边缘，穿江淮分水岭方城缺口入淮河流域，再沿伏牛山东麓，经宝丰、新郑，在郑州西北牛口峪过黄河，沿太行山东麓、京广铁路西侧，经焦作、安阳、石家庄、唐县、房山，穿京广铁路，过永定河，到达北京玉渊潭，全长 1235km，其中黄河以南 466km，穿黄及黄河以北 769km。

近期引汉是在丹江口水库加高后引水，考虑远近结合，总干渠建设一次到位。渠首设计引水流量 800m³/s，过方城 630m³/s、穿黄 500m³/s。沿线利用已建、拟建的大型水库进行调节。

3. 泰州引江通榆河工程

为适应东线南水北调和江苏省东引灌区引江水的需要，拟利用现有的新通扬运河和规划的泰州引江河工程自流引江水 1150m³/s，其中新通扬运河 550m³/s，泰州引江河 600m³/s。泰州引江工程通过新通扬运河沟通三阳河、卤汀河、泰东河、通榆河等里下河地区的内部输水河道，送水到里下河腹部、垦区、滩涂及渠北地区。

通榆河南起南通，北达赣榆，全长 415km，是苏北东部沿海地区的一项水利水运骨干工程。第一期先完成中段海安至北六塘河长 245km，引水 100m³/s，输水到沿海垦区和灌溉总渠以北滨海、响水等地区。

4. 安徽引江济淮工程

工程规划从安徽省无为县长江北岸裕溪口、凤凰颈等处引水，经巢湖向北越江淮分水岭入淮河。长江到巢湖段，在长江高水位时，可自流引水经裕溪河入巢湖。长江水位较低时，则由凤凰颈和神塘河站提水 300m³/s，经西河、裕溪河入巢湖，再从巢湖西岸沿派河开渠建站向北送水 250m³/s 越大柏店江淮分水岭后，自流经东淝河、瓦埠湖，在寿县城南东淝河口入淮河。输水线路自裕溪口至淮河全长 269.4km，自凤凰颈至淮河全长 288.5km。

近期拟先从巢湖引水 100m³/s，经派河穿过肥西城北的合九铁路桥，再经三级泵站抽水入淠河总干渠，由东淝河、瓦埠湖自流入淮。

5. 引黄工程

河南省境内的花园口、杨桥等自流引黄闸 7 座、提水站多处，设计引水能力 1000m³/s，1985 年引黄水量约 10 亿 m³。规划 2000 年灌溉面积为 500 万亩，补水灌区 335 万亩，除利用当地径流外，规划引黄 33 亿～36 亿 m³，其中农业用水 20 亿～23 亿 m³。计划建总干渠 7 条，干渠 54 条，沉沙池 21 个，机电井 2 万眼。

山东省境内的阎潭、谢寨以及东平湖等闸站，设计引水能力 500m³/s，设计灌溉面积 360 万亩，年引黄河水 10 亿～20 亿 m³，1985 年实际引黄 10 亿 m³。规划 2000 年将灌溉面积发展到 1080 万亩，按 50% 平水年用水 31 亿 m³ 考虑，除利用当地地表、地下水 11 亿 m³ 以外，计划引黄 20 亿 m³。

7.2.11　水资源保护规划

根据河流水质污染状况，淮河流域首次提出了水资源保护规划的目标和要求。2000 年淮河流域水质规划目标为：淮河干流、南水北调东线输水河道、一二级支流河口、省界河段水质，争取达到《国家地面水质量标准》的二级；集中供水水源地要达到或好于二级；严重污染河段的水质达到三级。

规划采用有机污染的综合指标化学需氧量为防治水污染的控制指标。据全流域 180 座城镇预测，2000 年化学需氧量日排放量约为 6090t。按水质规划目标要求，规划城镇总的允许排放量为 165t/d，应消减 5926t/d，消减率 97.3%。

7.3　1991 年国务院治淮会议与治淮 19 项骨干工程

7.3.1　1991 年国务院治淮会议

1991 年，淮河和太湖两流域发生了严重的洪涝灾害，在党中央、国务院的领导下，党政军民团结奋战，取得了抗洪救灾的重大胜利。在抗洪斗争中，新中国成立以来建设的大量水利工程发挥了巨大作用，但也暴露出流域治理中的问题，主要有防洪除涝标准低；河湖围垦、人为设障严重，排水出路不足；流域统一管理比较薄弱；有些城镇、企业及交通等设施建在低洼地，防洪能力低。为进一步治理淮河和太湖，1991 年 8 月 17—20 日，国务院在北京召开治淮治太会议，作出了《关于进一步治理淮河和太湖的决定》，指出 1981 年和 1985 年国务院两次治淮会议确定的流域治理总体布局及建设方案，仍然是进一步治理淮河的基础，要坚持"蓄泄兼筹"的治理方针，近期以泄为主，用十年的时间，基本完成以下工程建设任务。

一是加强山丘区水利建设，进行小流域综合治理，搞好水土保持，完成病险水库除险加固，修建板桥、石漫滩等重点水库。二是扩大和整治淮河上中游干流的泄洪通道，"八五"期间，铲除经常行洪的行洪区堤防；退建濛洼、城西湖等行、蓄洪区堤防；加固淮北大堤等重要堤防及蚌埠、淮南等城市圈堤；加强行、蓄洪区建设；兴建怀洪新河；"九五"期间研究建设临淮岗控制工程。以上工程完成后，淮北大堤达到百年一遇的防洪标准。三是巩固和扩大淮河下游排洪出路，"八五"期间，疏通和加固入江水道，行洪能力达到 $12000\text{m}^3/\text{s}$；续建分淮入沂工程，行洪能力达到 $3000\text{m}^3/\text{s}$；加固洪泽湖大堤。"九五"期间建设入海水道，使洪泽湖大堤达到百年一遇的防洪标准。四是续建沂沭泗河洪水东调南下工程，"八五"期间达到 20 年一遇的防洪标准，"九五"期间达到 50 年一遇的防洪标准。五是治理包浍河、奎濉河、汾泉河、洪汝河、涡河、沙颍河等跨省骨干支流河道，并进行湖洼易涝地区配套工程建设，提高防洪除涝标准。同时成立国务院治淮领导小组，田纪云副总理任组长，豫、鲁、皖、苏四省及国家计委、财政部、水利部等有关部门领导参加组成。

7.3.2 治淮 19 项骨干工程

根据国务院治淮会议确定的建设任务和《淮河流域综合规划纲要（1991 年修订）》，流域防洪建设分解细化为治淮 19 项骨干工程。

1. 淮河干流上中游河道整治及堤防加固工程

淮河干流上中游河道整治及堤防加固工程涉及豫、皖、苏三省。治理标准为淮凤集至王家坝排洪能力由 $4000\text{m}^3/\text{s}$ 逐步提高到 $7000\text{m}^3/\text{s}$，防洪标准达到 10 年一遇；王家坝到正阳关恢复到 1956 年的实际水平，正阳关到洪泽湖基本恢复到 1955 年的设计水平；淮北大堤等确保堤能安全防御 1954 年洪水；低标准行蓄洪区人民生产、生活和安全条件都有明显的改变。主要建设内容包括清除阻水障碍，治理上游沿淮圩区，铲除童元等行洪区圩堤，退建或加固行蓄洪区堤防，完善蓄洪区控制工程，调整行洪区行洪方式，整治束水河段，加固淮北大堤，进行低标准行蓄洪区处理工程等。

2. 行蓄洪区安全建设工程

20 世纪 50 年代以来，淮河流域利用湖泊洼地建成一系列行蓄滞洪区，在淮河防洪中发挥了重要作用。1991 年大水，行蓄洪区百万群众撤退转移，暴露出就地避洪设施不足、撤退道路少、通信设施落后等问题。为此，对 22 个行蓄洪区进行安全建设。主要建设内容包括撤退道路、避洪楼（房）、庄台、保庄圩及通信报警设施。

3. 怀洪新河续建工程

怀洪新河自安徽省怀远县涡河何巷闸起，于江苏省泗洪县入洪泽湖溧河洼，长121km，其主要任务是与茨淮新河形成"接力"，分泄淮河中游洪水，扩大漴潼河水系的排水出路。1971 年规划确定在五河内外水分流的基础上开挖怀洪新河，1972 年开工。由于对规划方案存在争议，进度迟缓，至1986年列为停缓建工程，仅完成出口段双沟引河和老淮河疏浚等。怀洪新河设计分泄淮河洪水2000m³/s，排涝标准3年一遇。主要建设内容包括扩挖河道，修筑堤防，修建和加固水闸、桥梁和穿堤涵闸，处理沿线影响工程。

4. 入江水道巩固工程

淮河入江水道自洪泽湖三河闸至长江三江营，长约157km。1851年洪泽湖大堤决口后，入江水道逐渐成为淮河下游的主要泄洪通道。为了扩大淮河下游洪水出路，1956年、1969年、1974年多次整治入江水道。由于行洪断面不足、滩地阻水、清障不彻底、工程老化失修等，行洪能力下降，需按设计行洪能力12000m³/s进行加固。主要建设内容包括江苏段堤防加固，新民滩庄台河疏浚，太平闸、金湾闸等沿线病险建筑物加固及新民滩、邵伯湖清障，防汛道路、通信设施及安徽段高邮湖大堤险段加固等。

5. 分淮入沂续建工程

分淮入沂水道南起洪泽湖二河闸，北至新沂河入口，长约98km。分淮入沂水道是淮河下游出路之一，在淮沂洪水不遭遇的情况下，设计分洪3000m³/s。1957年提出并决定结合淮水北调建设分淮入沂工程，1980年基本建成时被列为停缓建工程。1991年大水，最大分泄淮河洪水1210m³/s，沿线出现多处险情，需按分洪3000m³/s标准进行续建加固。主要建设内容有堤防加固，滩地清障，六塘河船闸、淮阴闸、沭阳闸等沿线建筑物除险加固以及防汛道路、通信设施建设等。

6. 洪泽湖大堤加固工程

洪泽湖大堤北起淮阴区码头镇，南迄洪泽县蒋坝镇，全长67.3km。新中国成立后，虽经多次加固，但是仍存在不少安全隐患，部分堤段抗震稳定性较差，需加固处理。洪泽湖大堤加固设计水位为16.0m、校核水位为17.0m，按地震烈度7度设防。主要建设内容包括三河越闸预留段、菱角塘南堤段、侯儿门堤段、三河上游拦河坝堤段、蒋坝至三河闸堤段等险工险段加固、部分堤防加高培厚；三河闸、二河闸、高良涧闸、洪金洞等沿线建筑物加固；工程观测和管理设施、防汛通信设施等。

7. 防洪水库工程

防洪水库工程包括复建板桥、石漫滩水库和新建燕山、白莲崖水库。

板桥水库复建工程按100年一遇防洪标准设计，可能最大洪水校核，总库容6.57亿m³，防洪库容4.73亿m³。主要建设内容有混凝土坝、土坝、电站、灌溉工程及城市供水取水口等。混凝土坝溢流坝最大泄量15000m³/s。发电、灌溉共用引水工程，发电站装机4台共3200kW；设计灌溉面积45万亩。石漫滩水库复建工程按100年一遇设计、1000年一遇校核，设计总库容1.2亿m³，防洪库容0.23亿m³，年供水0.33亿m³。主要建设内容有混凝土坝、通信管理设施等。混凝土坝坝型为全断面碾压混凝土重力坝，溢流坝最大泄量3930m³/s。燕山水库按500年一遇洪水设计，5000 年一遇洪水校核，总库容 9.25 亿 m³。主要建设内容有拦河坝、溢洪道、输水洞、电站等。白莲崖水库按 100 年一遇洪水设计，5000 年一遇洪水校核，总库容 4.6 亿 m³。电站按 100 年一遇洪水设计，200 年一遇洪水校核。主要建设内容有拦河坝、泄洪中孔、放水底孔、发电站等。

8. 沂沭泗河洪水东调南下工程

沂沭泗河洪水东调南下工程规划的总体部署是：扩大沂、沭河洪水东调入海和南四湖洪水南下的出路，使沂沭河洪水尽量就近由新沭河东调入海，腾出骆马湖、新沂河部分蓄洪、排洪能力，接纳南四湖南下洪水。治理标准总体为 50 年一遇。

东调工程防洪标准除沂河东汶河—祊河口河段，沭河浔河口—汤河口河段为 20 年一遇，其余均为 50 年一遇。沂河东汶河口—蒙河口—祊河口—刘家道口—江风口及江风口—苗圩分别按行洪 9000m³/s、10000m³/s、16000m³/s、12000m³/s、8000m³/s 对堤防进行加高加固，局部疏通河槽；扩大分沂入沭水道，使其排洪能力达到 4000m³/s；扩大新沭河，使太平庄闸上、下河道行洪能力分别达到 6000m³/s 和 6400m³/s，兴建三洋港挡潮闸，设计流量 6400m³/s。沭河浔河口—高榆河口—汤河口—大官庄及大官庄—口头分别按 5000m³/s、5800m³/s、8150m³/s 和 2500m³/s 对堤防进行加高加固和除险加固。

南下工程防洪标准除南四湖湖西堤和湖东堤大型矿区和城镇段堤防为防御 1957 年洪水（约 90 年一遇），其余均为 50 年一遇。南四湖在南阳镇附近和二级坝上、下扩挖浅槽，加高加固湖西堤和湖东堤；韩庄运河按行洪 4600～5400m³/s 扩大，续建闸上喇叭口工程，扩建万年闸和台儿庄闸，按行洪 5600～6700m³/s 扩大中运河；按行洪 7500～7800m³/s 扩大新沂河。

9. 大型水库除险加固工程

对宿鸭湖、鲇鱼山、孤石滩、陡山、许家崖、田庄、岸堤、尼山、石梁河、小塔山、岩马、跋山、会宝岭、牟山、峡山、门楼、太河、白浪河、王屋、冶源等 20 座全国第一、二批重点病险水库进行除险加固。

10. 淮河入海水道近期工程

淮河入海水道近期工程，按照洪泽湖防洪标准达到 100 年一遇，设计排洪流量 2270m³/s，渠北地区除涝标准为 5 年一遇。主要建设内容包括加固南堤、新筑北堤、开挖南、北泓道，建设二河、淮安、滨海、海口枢纽及淮阜控制工程，修建跨河公路桥、沟口涵闸和穿堤建筑物，并实施渠北排灌处理工程等。

11. 临淮岗洪水控制工程

临淮岗洪水控制工程按正阳关发生 100 年一遇洪水时，以正阳关下泄流量 10000m³/s，水位 26.5m 为控制，确定临淮岗洪水控制工程规模，相应坝前设计洪水位 28.51m，滞洪库容 85.6 亿 m³，校核标准为 1000 年一遇，滞洪库容 121.3 亿 m³。主要建设内容包括主坝、南北副坝、新建 12 孔深孔闸、临淮岗船闸、姜唐湖进洪闸、开挖上下游引河、加固改建 49 孔浅孔闸；河南、安徽两省淹没影响处理工程；占地拆迁及移民安置工程。

12. 汾泉河初步治理工程

汾泉河初步治理工程的治理标准为防洪 20 年一遇，除涝近 3 年一遇，干流沿线建筑物、跨省支流及沿泉河洼地治理标准均为 5 年一遇。主要工程内容有堤防加高加固，按 5 年一遇除涝断面留足滩地进建或退建部分堤段；按 3 年一遇除涝设计流量的 90％扩挖河道；大田集等七处弯道裁弯取直；险工处理；新建、改建、加固跨河桥梁、涵闸等。

13. 包浍河初步治理工程

包浍河初步治理工程的治理标准为防洪 20 年一遇，除涝为 3 年一遇的 82％，拦河闸和支沟口涵闸按 5 年一遇排涝流量设计，20 年一遇防洪流量校核。主要建设内容有疏浚大槽沟口—九湾河道；修建祁县闸下—九湾段堤防；修建、加固节制闸、桥梁及沟口涵闸、排灌站工程等。

14. 涡河近期治理工程

涡河近期治理标准为防洪 20 年一遇，除涝 5 年一遇。拦河建筑物按 20 年一遇防洪标准设计，50 年一遇防洪标准校核；支流沟口防洪涵闸按 5 年一遇除涝流量设计，按 20 年一遇洪水确定外河挡洪水位。主要工程内容有干流河道疏浚；新建和加固堤防；拆除重建魏湾闸，加固玄武、付桥、蒙城、砖桥、东孙营等拦河闸及蒙城枢纽；扩建大寺、涡阳深孔闸及新建大寺船闸；新建、加固沟口防洪涵闸；险工险段护砌及桥梁工程等。

15. 奎濉河近期治理工程

奎濉河近期治理标准干流防洪 20 年一遇，除涝 3 年一遇；支流治理标准防洪 20 年一遇，除涝 5 年一遇；老汪湖近期启用机遇为 3 年一遇；拦河闸及沟口涵闸按 5 年一遇除涝标准设计，20 年一遇防洪校核。主要工程内容有疏浚拓宽干支流河道；退建部分堤防；新建干流拦河闸，扩建、重建干支流拦河闸；新建、改建沟口防洪涵闸；兴建抽排站；改建桥梁；治理老汪湖滞洪区。

16. 洪汝河近期治理工程

洪汝河近期治理包括修建小洪河杨庄滞洪区和治理洪汝河下游河道。杨庄滞洪区滞洪工程枢纽建筑物按 50 年一遇洪水设计，300 年一遇洪水校核。迁安工程按 20 年一遇洪水位加超高确定，迁安水位为 70.1m。主要建设内容包括大坝、泄洪闸、万泉河涵闸、移民迁安工程等。洪汝河下游河道治理包括治理大洪河和分洪道，近期治理标准除涝 3 年一遇、防洪 10 年一遇；班台闸按 10 年一遇洪水流量设计，20 年一遇洪水流量校核。工程建设内容主要包括扩挖大洪河河道，加固、新建堤防；扩挖分洪道河道，退建堤防等；建筑物工程包括复建班台闸，改建、新建涵闸、电灌站、排涝站及桥梁等。

17. 沙颍河近期治理工程

沙颍河近期治理标准为防洪 20 年一遇，相应周口下泄流量为 3250m³/s。工程建设内容主要包括加高培厚和新筑干流堤防；部分圩堤加固、退建及废除；新建、重建、加固沟口防洪排涝涵闸及排涝站；新建耿楼枢纽，加固干流周口、槐店、阜阳及颍上 4 座节制闸；泥河洼滞洪区治理等。

18. 湖洼及支流治理工程

根据 1991 年国务院《关于进一步治理淮河和太湖的决定》中明确的"进行湖洼易涝地区配套工程建设，提高防洪除涝标准"，自 1991 年开始分年度实施湖洼及支流治理工程。

淮河水系，治理史河、灌河、沙颍河、贾鲁河、小洪河、泉河、惠济河、北汝河、涡河、汲河、瓦埠湖、高塘湖、池河、白马湖、宝应湖、洪泽湖周边的局部洼地及里下河四港等，规划按 10～20 年一遇防洪、3～5 年一遇排涝标准进行治理。沂沭泗水系，治理苏鲁邳苍郯新地区排水河道，河道治理标准为除涝 5 年一遇、防洪 20 年一遇；南四湖周边包括泗河、梁济运河、东鱼河、洙赵新河及滨湖洼地等，规划按 20 年一遇防洪、3～5 年一遇排涝标准进行治理。滨湖洼地按 3 年一遇排涝标准更新、扩建现有排涝泵站。山东半岛，对独流入海河道实施初步治理。

19. 治淮其他工程

治淮其他工程包括防汛信息化系统、直管病险闸加固、边界水利、水土保持、基础设施建设等方面的内容。

7.4 1998—2007 年期间的规划工作

1998 年长江、松花江、嫩江大洪水后，根据大江大河的防洪形势，水利部依据《中华人民共和国防洪法》的有关规定，经商国家发展和改革委员会，组织开展各大江河流域防洪规划编制工作。2001 年，为进一步推动治淮 19 项骨干工程建设，不断巩固提升流域防洪减灾体系，水利部组织编制完成《关于加强淮河流域 2001—2010 年防洪建设的若干意见》。2003 年，淮河发生 1954 年以来的最大流域性洪水，在水利部指导下，淮委组织编制完成《加快治淮工程建设规划（2003—2007 年）》。

7.4.1 防洪建设若干意见

党中央和国务院十分重视淮河流域洪涝灾害严重的问题，1991 年淮河发生大洪水后，国务院作出了进一步治理淮河和太湖的决定，要求用 10 年左右时间基本完成 19 项治淮骨干工程。到 2000 年底已完成 4 项，有 13 项已开工建设，许多工程开始发挥效益，但总体上看流域防洪除涝标准仍然偏低。2001 年水利部组织淮委等有关单位，在对淮河流域防洪建设中问题进行调查研究和分析论证后完成了《关于加强淮河流域 2001—2010 年防洪建设若干意见》（国办发〔2002〕6 号）。该意见分析了淮河流域的防洪形势，确定了 2001—2010 年防洪建设的总体部署和目标，通过堤防建设和河道整治，临淮岗控制工程和重要水库建设，行蓄（滞）洪区建设，城市防洪建设，海堤建设，防治水土流失、改善生态环境和非工程措施建设等七个方面提出加强防洪建设的具体要求，以实现完善淮河流域防洪除涝体系、进一步提高防洪除涝能力的目标。

1. 总体部署和目标

总体部署。继续加固、兴建水库，实施水土保持；加固干支流堤防，扩大和整治淮河干流泄洪通道，抓紧行蓄（滞）洪区建设，修建洪水控制工程；巩固和扩大下游排洪能力；治理淮北跨省骨干河道和流域重要支流；续建沂沭泗河洪水东调南下工程；加强平原和湖泊洼地以及里下河地区除涝建设；加强非工程防洪措施，完善工程措施和非工程措施相结合的综合防洪除涝体系。

主要目标。淮河干流上游达到 10 年一遇、中游主要保护区达到 100 年一遇、下游达到 100 年一遇以上的防洪标准；沂沭泗河中下游达到 50 年一遇防洪标准；淮北跨省骨干河道和流域重要支流及平原、湖泊洼地防洪标准达到 10～20 年一遇，排涝标准达到 3～5 年一遇；里下河地区排涝标准达到 5～10 年一遇；保护蚌埠、淮南等重要城市的堤防和海堤达到 50～100 年一遇防洪标准。

2. 堤防建设和河道整治

淮河流域有各类堤防 5 万多 km，其中主要堤防 1.1 万 km。根据堤防的重要程度和国家有关规定，主要堤防的级别为：Ⅰ级堤防有淮北大堤、洪泽湖大堤、分淮入沂东堤、灌溉总渠右堤、里运河西堤（大汕子格堤以下）、入海水道右堤，南四湖湖西大堤、骆马湖南堤（二线）、新沂河大堤、新沭河太平庄闸以下右堤，国家重点防洪城市蚌埠、淮南的圈堤等，长约 1716km。Ⅱ级堤防有淮河干流堤防、沙颍河堤防、茨淮新河堤防、怀洪新河堤防、入江水道上段左堤、分淮入沂西堤、入海水道左堤、南四湖湖东堤部分堤段、韩庄运河堤防、中运河堤防、沂河河口以下堤防、沭河汤河口以下堤防、分沂入沭右堤、新沭河右堤等，长约 2143km。淮北跨省骨干河道和流域重要支流等堤防的级别，由水利部会同有关省按国家有关规定核定。重要城市的防洪堤防级别，在其防洪规划中确定。

淮河干流要继续扩大正阳关以下行洪通道，整治和疏浚凤台段和蚌埠以下河道，清除阻水障碍；加固淮北大堤，加高加固濛洼、城西湖蓄洪区等堤防。洪泽湖及淮河干流下游要加快入海水道建设，入江水道、分淮入沂和洪泽湖大堤等三项工程，应在初步加固的基础上，进一步采取措施，巩固设计泄洪或拦洪能力。沂沭泗河洪水东调南下工程，应在一期工程基本完成的基础上，抓紧实施二期工程。南四湖湖西大堤按防御 1957 年洪水进行加高加固，修建完善湖东堤。刘家道口闸等一、二期衔接工程应即行建设。要抓紧治理奎濉河、汾泉河、洪汝河、涡河、沙颍河等淮北跨省骨干河道，洪汝河下游河道治理工程要尽快开工建设。要加快流域重要支流及湖洼、里下河地区的防洪排涝设施的建设，改变 1991 年型暴雨造成淮河大面积涝灾的状况。湖洼治理要结合农业生产结构调整，因地制宜发展水产养殖和畜牧业。

通过堤防建设和河道整治，淮河干流上中游主要控制断面设计洪水位：淮滨

32.6m、王家坝 29.3m、正阳关 26.5m、蚌埠 22.6m、浮山 18.5m。在充分使用沿淮行蓄洪区条件下的泄洪流量：淮滨—王家坝 7000m³/s，王家坝—史河口 9000m³/s（含濛洼进洪 1600m³/s），史河口—正阳关 9400m³/s，正阳关以下 10000m³/s，涡河口以下 13000m³/s。入江水道的行洪能力达到 12000m³/s，分淮入沂达到 3000m³/s，入海水道行洪能力为 2270m³/s。沂沭泗河中下游各主要河段行洪流量：沂河临沂—刘家道口—江风口—骆马湖分别为 16000m³/s、12000m³/s、8000m³/s，沭河汤河口—大官庄—口头分别为 8150m³/s、2500m³/s，分沂入沭 4000m³/s，新沭河 6000～6400m³/s，江风口闸分洪 4000m³/s；韩庄运河 4600～5400m³/s，中运河 5600～6700m³/s，新沂河 7500～7800m³/s。

3. 临淮岗洪水控制工程及重要水库建设

临淮岗洪水控制工程按 100 年一遇洪水标准、坝前洪水位 28.51m、相应库容 85.6 亿 m³ 设计，主要任务是淮河遇大洪水时，配合现有水库、河道、堤防和行蓄洪区，按正阳关水位 26.50m、淮河干流下泄 10000m³/s 调控洪水，使淮河中游正阳关以下主要保护区的防洪标准提高到 100 年一遇，确保淮北平原及重要工矿、城市和铁路干线防洪安全。

燕山和白莲崖水库是国务院确定的治淮骨干工程，要抓紧两水库的前期工作，尽早立项，开工建设。淮河上游干流尚无控制工程，应按基本建设程序，加快出山店水库前期工作，争取尽早立项建设，建成后可使淮干上游防洪标准提高到 10 年一遇以上。淮河流域现有病险水库较多，要加快除险加固步伐。梅山、响洪甸等现由电力部门管理的水库，要按设计要求承担淮河干支流防洪任务，汛期应服从防汛部门的调度。

4. 行蓄（滞）洪区建设

要加大对淮河流域行蓄（滞）洪区建设的投入力度，加强防洪安全设施建设，改善运用条件，充分发挥其作用；同时，应根据淮河干支流治理建设的新情况，结合生态功能区建设，对原规划行蓄（滞）洪区的工程方案和安全建设措施，进行适当的修改补充，由淮河水利委员会会同有关省编制《淮河流域行蓄洪区安全建设实施方案》，报水利部审查批准。抓紧研究对现有部分行蓄洪区尤其是淮河干流行洪区的调整方案。

要重点加强行蓄（滞）洪区撤退道路、通信、安全区等安全设施建设，有条件的地方，应实行移民建镇或修建保庄圩。要做好行蓄（滞）洪区内排水、灌溉等治理工程规划，制定合理的中央、地方负担政策，增加投入，加快建设，改善区内的生产条件。对洪泽湖周边滞洪圩区的处理，要抓紧研究解决方案。地方各级政府要加强行蓄（滞）洪区的管理和对经济结构调整的指导，研究制定行蓄（滞）洪区防洪保险、控制人口增长、土地利用等政策和法规，报经省级以上人民政府或人大批准后实施。

5. 城市防洪建设

蚌埠和淮南两市是全国首批重点防洪城市，人口均超过 50 万人，现防洪圈堤的防洪标准不足 50 年一遇，内河的防洪、排涝标准更低。随着经济发展和人口增加，市区面积扩大，新区缺乏防洪设施。要按 50 年一遇防洪标准，抓紧加固和新建防洪圈堤，治理内河，加强排涝设施建设。临淮岗洪水控制工程建成后，防洪标准可提高到 100 年一遇。

淮河流域的扬州、漯河、信阳、阜阳、徐州、临沂等城市，地位都很重要，现有防洪能力均达不到国家规定的防洪标准要求，均需加快防洪建设。

6. 海堤建设

淮河流域现有海堤 791km，规划新建海堤 59km，总计 850km，保护区面积 2.12 万 km²，人口 1270 万人。根据海堤保护区范围和重要程度，参照有关规范确定：Ⅰ级海堤 6.5km，Ⅱ级海堤 839km，Ⅲ级以下海堤 4.5km。

除Ⅰ级海堤已达标外，现有大部分海堤存在堤身断面不足、防护工程标准低、病险涵闸多、防汛设施匮乏等问题。要重点对保护城市和重点地区的Ⅱ级海堤，采取加高、护坡、护岸和改建穿堤建筑物等措施加固除险。

7. 防治水土流失，改善生态环境

淮河流域水土流失治理目标是新增治理水土流失面积 1.73 万 km²，在重点水土流失区基本建立起预防监督体系和监测网络。主要措施有：加快淮河流域水土保持建设步伐，加大投入力度，防治水土流失，改善生态环境。依法公告水土流失重点防治区，严禁毁林开荒和陡坡开荒；依法加强监测和监督，防止造成新的水土流失。要以一级支流为主线、县为单位、小流域为单元，针对各地水土流失特点，因地制宜，实行工程措施、生物措施与农业耕作措施相结合，治坡与治沟相结合，山水林田路统一规划、综合治理。坚持治理保护与开发利用相结合的原则，在防治水土流失、改善生态环境的同时，发展丘陵山区草食性畜牧业，促进农民增收，把治理水土流失与发展经济结合起来，实现经济、社会、环境的协调发展。要加强农村"四荒"资源治理开发的管理，调动群众积极性，加快治理进度。

8. 非工程措施建设

非工程措施是防洪体系的重要组成部分，按照全国防汛指挥系统规划的要求，加强淮河流域防汛指挥系统建设，建立流域的防汛信息采集系统、通信系统、计算机网络系统和决策支持系统，开展流域管理数字化和信息化建设。各地区要加强水文基础设施建设，提高水文测预报水平。加大依法管水的力度，加强和改善执法装备和手段，提高水行政执法和管理水平。修订完善水库、河道、湖泊、行蓄（滞）洪区、闸坝等防洪工程设施的调度运用方案，研究超标准洪水调度预案。依法加强对河道、堤防、湖泊和行蓄（滞）洪区的管理，严禁以各种方式对河道、湖泊等进行围垦或侵占。强化流域机构的水行政主管职能，充分发挥其在流域水事活动中的管理、协调、监督和指导作用。成立淮河流域防汛指挥部，安徽省政府为指挥长单位，河南省、江苏省、山东省政府及淮河水利委员会等为指挥部成员单位，指挥部办公室设在淮河水利委员会。

7.4.2　加快治淮工程建设规划（2003—2007 年）

2003 年 6—7 月间，淮河流域发生了仅次于 1954 年的大洪水，造成 5700 余万亩耕地、3700 余万人受灾。2003 年 10 月国务院第 24 次常务会议讨论通过了国家发展和改革委员会、水利部、财政部《关于抓紧淮河流域灾后重建和加快治淮建设有关问题的请示》，要求抓紧淮河流域灾后重建和加快治淮工程建设。10 月底，国务院召开了治淮工作会议，进一步明确了淮河治理目标和任务，会议要求把治理淮河作为水利建设的重点，按照全面规划、统筹兼顾、标本兼治、综合治理、先急后缓、远近结合的原则，合理安排各项建设任务，力争在 2007 年前基本完成原定 2010 年前完成的 19 项治淮骨干工程建设任务。根据党中央、国务院关于淮河流域灾后重建和加快治淮工程建设的指示以及国务院治淮会议精神，在水利部指导下，依据流域防洪规划、防洪建设的若干意见等成果，在总结多年治淮经验教训的基础上，结合 2003 年大水暴露出的新情况和新问题，组织编制完成《加快治淮工程建设规划（2003—2007年）》，同年 11 月由水利部印发。

1. 规划目标

淮河干流上游基本达到 10 年一遇，中游淮北大堤在行蓄洪区充分运用并启用临淮岗洪水控制工程的情况下达到 100 年一遇，洪泽湖和下游防洪保护区达到 100 年一遇以上的防洪标准；基本解决好行蓄洪区内群众居住安全与行蓄洪水的矛盾问题，做到行蓄洪时基本上无需撤退转移群众；沂沭泗河中下游达到 50 年一遇防洪标准；淮北跨省骨干河道和流域部分重要支流防洪标准达到 10～20 年一遇，排涝标准达到 3～5 年一遇；沿淮洼地排涝标准达到 5 年一遇，里下河地区排涝标准达到 10 年一遇；基本建立与防洪工程体系相配套的防汛指挥调度体系。

2. 灾后重建

针对 2003 年淮河灾情和存在的问题，水利部商国家发展和改革委员会及时发出了《关于抓紧进行淮河流域灾后水利建设前期工作的紧急通知》，对抓紧实施灾后重建和加快治淮工程建设作出了部署，淮河水利委员会在流域有关省份工作的基础上，编制了《淮河流域 2003 年灾后重建实施方案》。灾后重建包括受灾群众移民迁建，灾后重建移民安置总人口为 39.94 万人；行洪区堵口复堤及口门建设，堵口复堤总长约14km、加固邱家湖行洪堤长 13km，口门建设包括荆山湖行洪区进退洪闸等 5 座控制工程；汛期出险的河南、安徽、江苏境内的重点堤防和病险水闸的除险加固以及行蓄洪区和茨淮新河、怀洪新河、淮沭河等骨干分洪河道因洪致涝处理工程等。

3. 流域治理工程措施

水利部印发的《加快治淮工程建设规划（2003—2007 年）》要求，在继续加快推进治淮 19 项骨干工程建设的基础上，需提前建设行蓄洪区调整、淮河流域堤防达标及河道治理、重点平原洼地排涝建设等 3 项工程。

（1）行蓄洪区调整。行蓄洪区调整的目标是通过调整达到洪水下泄通畅，行蓄洪区运用及时有效，群众安居乐业，促进当地经济社会稳定发展。根据上述思路拟定的初步方案是改造和完善濛洼、城西湖、城东湖、瓦埠湖 4 处蓄洪区和泥河洼、老王坡、杨庄、蛟停湖、老汪湖、黄墩湖 6 处滞洪区；废除上六坊堤、下六坊堤行洪区；将南润段、石姚段、洛河洼、方邱湖、临北段、香浮段 6 个行洪区退建后改为一般堤防保护区；将邱家湖改为蓄洪区，废弃何家圩；将姜家湖与唐垛湖合并改建为姜唐湖蓄（行）洪区；将汤渔湖、荆山湖、寿西湖、董峰湖、花园湖行洪区改为有闸控制的行洪区；潘村洼、鲍集圩结合开挖冯铁营分洪道进一步研究调整方案。

（2）淮河流域堤防达标及河道治理工程。淮河流域堤防达标及河道治理工程包括入江水道、分淮入沂以及洪泽湖大堤、淮河干流一般堤防达标建设及河道治理工程。

洪泽湖大堤除险加固。洪泽湖大堤位于洪泽湖东岸，北起淮阴区码头镇，南至盱眙张庄高地，总长 70.63km。洪泽湖大堤是淮河下游地区 3000 万亩耕地，2000 万人口的防洪屏障，虽进行过多次加固，但未进行过全面系统的整治。在 2003 年大水中暴露出渗漏严重、建筑物老化失修、消浪设施不足等问题。结合灾后重建，近期安排按防御 100 年一遇洪水标准加固洪泽湖大堤，主要措施是堤基及堤身防渗处理；堤后填塘固基；迎湖面护砌工程；水土保持；建筑物加固工程；大堤南、北端封闭工程；防浪林更新改造；水文观测设施等。

入江水道整治。入江水道设计泄洪流量 12000m³/s，设计防洪水位三河闸下14.25m，三江营 5.51m。入江水道存在的问题有：一是泄洪能力达不到设计标准，行洪水位普遍抬高；二是堤防标准不足，险工隐患没有根本治理；三是沿线建筑物病险仍然存在。针对存在的问题，主要工程措施是在清障的同时，疏浚上、中段河道，恢复原设计水位下的行洪能力。结合灾后重建，根据堤防加固设计标准，对未达标堤段堤防进行加固。同时加固宝应退水闸、石港抽水站、万福闸及部分穿堤建筑物。进行必要的防汛通信及管理设施建设等。

分淮入沂整治。分淮入沂工程是淮河下游防洪体系的一个重要组成部分，也是淮河与沂沭泗流域水资源相互调度、综合利用的一个多功能工程。设计泄洪流量3000m³/s，设计防洪水位二河闸下 15.21m、新沂河沭阳 11.21m。工程位于江苏省淮安、宿迁市境内，南起洪泽湖二河闸，北至新沂河交汇口，全长 97.5km，河道自南向北穿越废黄河、中运河、总六塘河、柴米河，两岸保护面积 8600km²，耕地 688万亩，人口约 538 万。堤防险工险段多、渗漏问题突出、建筑物老化失修、滩地障碍多、护坡不足等问题。为确保分淮入沂工程按设计行洪 3000m³/s 安全运行，需结合2003 年洪水暴露出的问题进行整治。近期安排的主要建设内容有：堤防护坡、堤身堤基进行防渗处理；干流及支流回水段穿堤建筑物加固或拆除重建；障碍清除等。

淮干一般堤防除险加固。淮河一般堤防总长度 608km，保护人口 241.1 万人，耕地 220 万亩。虽经历次加固，但受经费限制，仅对部分险工险段和险闸险涵进行了处理。存在的问题有：堤身断面参差不齐，堤顶高程不够，最大欠高约 1.5m；大部分迎流顶冲堤段未进行有效的护坡防护,难以抗御水流淘刷和风浪冲击;堤防加培时碾压不实,加上堤基表层土质大部分为轻粉质壤土夹砂壤土为主,在汛期堤内土塘洼地内渗水、管涌现象普遍;河道土质松软,抗冲刷能力差,主流靠岸河段,岸坡受水流冲刷形成崩岸;局部堤段堤防两侧房屋建筑较多,给防汛抢险和工程管理带来极大不便;大部分穿堤建筑物建于20世纪50—60年代,已年久失修,危及大堤安全。结合灾后重建,近期堤防除险加固工程重点安排近年来汛期出现较大险情的淮干一般堤防以及淮南、蚌埠、寿县等沿淮重点城市的沿淮堤防。

(3)重点平原洼地排涝工程。淮河流域众多沿河、滨湖洼地缺乏自排条件,抽排能力有限,面上积水无法及时排出,因洪致涝的现象十分严重。治理的基本措施是对沿湖周边洼地,实行退垦还湖,增加湖泊调蓄能力;对易涝地区,进行产业结构调整,发展湿地经济;实施高水高排,疏整沟渠,扩建涵闸,适当建站,增强外排能力。淮河流域平原洼地面积大,涉及范围广,治理任务重,应分轻重缓急,分步实施。近期重点建设沿淮低洼地区、里下河地区、南四湖沿湖地区等排涝工程,提高自排和抽排能力。

沿淮洼地治理。上游沿淮圩区近期按5年一遇排涝标准设计,需增扩建排涝站装机容量15000kW。中游沿淮洼地结合灾后重建,近期主要对洪涝灾害严重的淮河南岸的高塘湖、天河洼及蚌埠、淮南等城市低洼地,淮河北岸的焦岗湖、八里河、西淝河下游、架河等洼地进行治理,重点安排低洼地移民、排涝站及安全区堤防建设等,治理标准为防洪10～20年一遇、除涝5年一遇。溧河洼规划按流量614～2650m³/s开挖湖内浅槽,降低沿程水位,以满足奎濉河、新汴河、怀洪新河的排水要求。

里下河易涝区治理工程。近期排涝标准达到10年一遇,圩堤防洪20年一遇。结合灾后重建,近期安排的主要建设内容包括开辟入海第五大港、四港整治工程和滞涝圩区进退水口门工程等,另外适当安排河道局部卡口段处理、病险涵闸加固工程等。

南四湖片及沿运河平原涝洼区治理工程。南四湖承接3.14万km²的来水,韩庄运河、中运河是南四湖流域洪涝水的主要出路,并兼排韩庄以下区间来水。存在问题有丰水年份南四湖高水位持续时间长,湖水顶托,河水不能入湖,坡水不能入河,积水不能自排,致使滨湖地区涝灾严重。沿湖各入湖河道堤防低矮狭窄,标准很低,且河道淤积严重,严重影响了防洪排涝灌溉等功能。滨湖排灌站标准低,设施老化退化严重,机电不配套且超期服役。规划工程建设内容包括南四湖周边及沿运排涝泵站、涵、闸等建筑物加固改造等。

7.5 规划实施和治理成效

7.5.1 规划实施情况

在1986—1990年的"七五"期间,治淮委员会在水电部的领导下,会同有关省份共同推进项目建设。在扩大淮河中游排洪通道方面,完成了董峰湖、唐垛湖、姜家湖等行洪区退堤工程；在濛洼、邱家湖、姜家湖、唐垛湖、董峰湖、六坊堤、荆山湖等低标准行、蓄洪区的治理方面，完成了部分庄台工程、排灌工程、撤退道路和通信报警等安全设施建设；在淮北支流治理方面，完成了沙河南堤险工加固工程、泉河和洪河分洪道处理工程，基本完成黑茨河治理工程。

自 1991 年开始实施治淮 19 项工程以后，国务院先后在 1992 年、1994 年和 1997年召开治淮会议，研究部署治淮工作，特别是 1997 年国务院召开了治淮治太第四次工程会议和 1998 年起国家扩大内需政策的实施，治淮投入加大，建设进度加快，治淮骨干工程开工建设 16 项。但由于后续投入不足、协调工作困难、前期工作周期长等原因，临淮岗洪水控制工程、沂沭泗河洪水东调南下续建工程等未能开工，淮干正阳关以下河道整治进展缓慢。

2003 年淮河大水后，国务院治淮工作会议决定加大投入，治淮 19 项骨干工程建设步伐全面加快，国家要求 2007 年底前基本完成原定于 2010 年完成的治淮 19 项骨干工程建设任务。在国家的高度重视和大力协调下，通过采取有效措施、加大工作力度，一批关键性项目顺利开工建设；各地克服征地移民、地方配套资金不能及时足额到位等困难，加快项目建设进度，工程成效显著。至 2007 年底，怀洪新河续建、入江水道巩固、分淮入沂续建、洪泽湖大堤加固、包浍河初步治理、入海水道近期、临淮岗等 7 项工程通过竣工验收，大型病险水库除险加固、汾泉河初步治理、洪汝河近期治理、奎濉河近期治理、涡河近期治理、湖洼及支流治理等 6 项工程已完成或基本完成，淮干上中游河道整治、防洪水库等 6 项工程正在实施中，上述工程在 2007年大水中发挥了重要的作用。至 2010 年年底，治淮 19 项骨干工程已全面建设完成。期间，淮河流域还启动实施了灾后重建、行蓄洪区调整、堤防达标及河道治理、重点平原洼地排涝等工程建设。

7.5.2　规划实施成效

1. 流域防洪减灾体系格局初步形成

经过新中国成立以来数十年持续治理和 1991 年规划的实施、特别是治淮 19 项骨干工程的实施，淮河流域已初步建成由水库、河道、堤防、行蓄洪区、控制型湖泊、水土保持和防洪管理系统等组成的防洪减灾体系，流域总体防洪标准得到提高，在行蓄洪区充分运用的情况下，可以防御新中国成立以来淮河发生的最大流域性洪水。

淮河干流上中游排洪通道得到扩大，王家坝以上排洪能力由 $4000\text{m}^3/\text{s}$ 扩大到 $7000\text{m}^3/\text{s}$，沿淮圩区的防洪标准，由 2～5 年一遇提高到接近 10 年一遇标准。王家坝—正阳关排洪通道由 260～500m 拓宽到 1500～2000m，排洪能力达到 7400～$9400\text{m}^3/\text{s}$，濛洼、城西湖、城东湖蓄洪区的进洪机遇减少到 10～20 年一遇，行洪区的行洪机遇由 2～3 年一遇减少到 4～7 年一遇。淮北大堤进行全面加固，恢复其原有的设计防洪能力，使之安全防御 1954 年洪水；正阳关以下整治束水河段，建设行洪区口门控制工程，部分河段排洪能力可望恢复到 1955 年设计水平，行洪区充分运用后，河道泄洪能力基本达到 10000～13000m³/s；怀洪新河工程的完成，提高了分泄淮河干流洪水的能力 2000m³/s；特别是临淮岗洪水控制工程的兴建，大大提高了淮北平原的防洪安全保障程度，使得正阳关以下主要保护区的防洪标准，由 40～50 年一遇提高到 100 年一遇。

淮河下游入江水道巩固、分淮入沂续建工程竣工，使入江泄洪能力由 9000m³/s 提高到 12000m³/s，并能相机入海 3000m³/s；洪泽湖大堤通过加固，消除了险工隐患，防洪标准可达到 50～70 年一遇；修建入海水道近期工程，扩大淮河下游泄洪能力 2270m³/s，使洪泽湖防洪标准进一步提高到 100 年一遇，保护区内 3000 万亩耕地、2000 多万人的防洪安全有了保障。

山丘区水库兴建和一批大型病险水库的除险加固可有效增强上游拦蓄能力，新增控制面积 2927km²、总库容 22 亿 m³、防洪库容 11.2 亿 m³，提高了下游河道防洪标准，增强了水资源综合利用能力，为水库灌区和下游城市及工矿企业的生产生活提供了可靠水源。

沂沭泗河洪水东调南下续建工程的完成，使沂沭泗河中下游主要保护区的防洪标准可由 10 年一遇提高到 50 年一遇，南四湖湖西大堤和湖东堤的大型矿区段可达到防御 1957 年洪水的标准（约合 90 年一遇）。

淮北平原主要支流治理，防洪除涝标准普遍得到提高。洪汝河近期治理工程完成后，班台以下河道的防洪标准由 5 年一遇提高到 10 年一遇，滞洪区防洪标准由 10 年一遇提高到 50 年一遇，除涝标准由不足 3 年一遇提高到 3 年一遇。沙颍河近期治理工程完成后，其河道两岸保护区的防洪标准达到 20 年一遇，部分沿河洼地的除涝标准达到 3 年一遇，多年平均减淹面积 100 多万亩。汾泉河初步治理，防洪标准基本达到 20 年一遇，除涝标准提高到 3 年一遇的 90%，多年平均可减少洪灾面积 4 万亩，减免涝灾面积 70 万亩，改善灌溉面积 20 万亩。涡河近期治理工程完成后，防洪标准可达到 20 年一遇，除涝标准达到 5 年一遇，大大提高了涡河流域的防洪抗灾能力。包浍河通过初步治理，防洪标准基本达到 20 年一遇，除涝标准提高到 3 年一遇的 82%，多年平均可减免 20 万亩农田洪涝灾害，新增灌溉面积 30 多万亩。奎濉河近期治理工程的完成，使其防洪标准由 10 年一遇提高到 20 年一遇，除涝标准提高到 3 年一遇。

2. 典型年防洪减灾成效显著

1991 年规划和治淮 19 项骨干工程建设实施时间跨度较长，规划实施和工程建设期间流域遭遇了 2003 年和 2007 年两次大的洪水，淮河干流主要断面 30 天洪量重现期分别为 11～26 年、15～22 年，1991 年大水的重现期为 9～15 年，可见 2003 年、2007 年洪水的量级高于 1991 年。

在 2003 年、2007 年洪水中，已建工程发挥了较好的防洪减灾效益，同工程建设前的 1991 年洪水灾情比较，灾害损失明显减少。据《治淮汇刊年鉴（1991 年）》《治淮汇刊年鉴（2004 年）》以及 2007 年淮河防汛抗洪工作总结（淮河防汛总指挥部）等统计资料，淮河流域 1991 年、2003 年、2007 年洪涝灾害统计见表 7.5-1。

表 7.5－1   淮河流域 1991 年、2003 年、2007 年洪涝灾害统计表

年 份	受灾面积/万亩	成灾面积/万亩	受灾人口/万人	倒塌房屋/万间	转移人口/万人	直接经济损失/亿元
1991	8275	6024	5423	196	226.1	339.6
2003	5770	3887	3730	77	180.9	286
2007	3748	2380	2472	11.53	98.1	155.2
2003 年较 1991 年减小/%	30.3	35.5	31.2	60.7	20.0	15.8
2007 年较 1991 年减小/%	54.7	60.5	54.4	94.1	56.6	54.3
2007 年较 2003 年减小/%	35.0	38.8	33.7	85.0	45.8	45.7

注   表中成灾面积是洪灾与涝灾之和，其中涝灾面积占 2/3 以上，说明涝灾损失较重。

从表 7.5－1 统计成果可知，尽管 2003 年、2007 年洪水总量和经济总量都大于 1991 年，但所造成的灾害损失指标的绝对值却是大幅降低，2007 年比 2003 年又减少较多，这充分说明 19 项治淮骨干工程的效益十分显著。

复建的板桥和石漫滩两座水库 2003 年拦蓄洪水 1.22 亿 m^3，2007 年拦蓄洪水 0.94 亿 m^3，在建的燕山水库 2007 年拦洪 0.8 亿 m^3。行蓄洪区安全设施的建设，改善了区内居民的防洪保安和生产生活条件，减少了行蓄洪区运用的阻力，为流域洪水适时调度创造条件。2003 年、2007 年行蓄洪区启用数量、蓄洪量、淹没耕地和转移人口数量较 1991 年均大幅减少。通过淮河干流上中游河道整治及堤防加固工程，拓宽行洪通道，提高了淮河上中游河道的排洪能力，堤防险情显著减少。1991 年、2003 年、2007 年三年河道高水位持续时间相当，但淮河干流出险处分别为 609 处、391 处和 370 处，减轻了防汛压力和负担。淮河干流扩大行洪通道，减少了行蓄洪区启用机遇。2007 年洪水量级大于 1991 年，但是行蓄洪区启用数量明显减少，行蓄洪区转移人口从 1991 年的 100 万人，减少为 16 万人。

通过怀洪新河、分淮入沂和淮河入海水道建设，扩大了淮河洪水出路，有效减轻淮河中下游的防洪压力。2003 年怀洪新河最大分洪流量 1670m^3/s，共分洪 17.18 亿 m^3，降低淮河蚌埠段最高水位 0.45m；分淮入沂分洪流量 1500m^3/s，分洪 17.9 亿 m^3；入海水道初次运用，分洪 44 亿 m^3，降低洪泽湖水位 0.26m。2007 年怀洪新河分洪 2.3 亿 m^3，降低淮河蚌埠段水位约 0.35m、蚌埠以下河段 0.15～0.20m，并提前 2～4 天回落至警戒水位以下；分淮入沂分洪 5.4 亿 m^3、入海水道分洪 34 亿 m^3，降低洪泽湖洪峰水位 0.37m。跨省骨干支流治理对提高防洪标准，改善排涝条件，减少洪涝灾害损失作用巨大。以奎濉河为例，治理前 1996 年和治理后 2007 年相比，两年暴雨和行洪流量相当，但 2007 年行洪水位明显降低，洪水上滩减少 3～8 天，受灾面积由 1996 年 300 万亩减少到 158 万亩。淮河流域防汛调度指挥系统的建立，使气象水情信息的采集和传输条件有所改善，为防汛调度决策提供了有利条件，为科学防控洪水提供了技术支撑。

8

2013 年 规 划 *

2007 年 6 月，国务院办公厅转发水利部《关于开展流域综合规划修编工作的意见》，新一轮流域综合规划修编工作全面启动。到 2013 年 3 月，流域综合规划修编完成，国务院批复《淮河流域综合规划（2012—2030 年）》。在这一轮规划修编工作刚启动的 2007 年夏季，淮河发生了约 20 年一遇洪水。在这次洪水中，已建的防洪工程体系发挥了巨大的减灾效益，但是也暴露出行蓄洪区问题突出、平原洼地涝灾损失严重等问题。2009 年，国务院第 95 次常务会议专题研究淮河治理，要求继续把治淮作为水利建设重点，加大投入力度，进一步推进治淮工作；同年，国务院以国函〔2009〕37 号文批复《淮河流域防洪规划》。2010 年，国务院召开治淮工作会议，要求用 5～10 年时间完成进一步治理淮河 38 项工程。2011 年，国务院办公厅转发国家发展和改革委员会、水利部《关于切实做好进一步治理淮河工作的指导意见》（国办发〔2011〕15 号），明确了进一步治理淮河的目标和各项任务。2013 年，国家发展和改革委员会、水利部印发《进一步治理淮河实施方案》（发改办农经〔2013〕1416 号），用于指导进一步治理淮河前期工作和工程建设。

8.1 历史背景与工作过程

8.1.1 规划历史背景

新中国成立后，按照"蓄泄兼筹"的原则，先后编制了四轮流域综合规划。在流域规划的指导下，经过数十年的持续治理，淮河流域初步形成了防洪、除涝、灌溉、航运、供水、发电等水资源综合利用体系，减灾兴利能力得到显著提高，在保障防洪保护区防洪安全和粮食安全、促进能源开发利用、推进工业生产、提高人民生活质量等方面，充分显示出基础地位和"命脉"作用。进入新的历史时期，落实科学发展观以及流域经济社会快速发展对流域治理、开发和保护提出了新的更高要求。

---

* 除特别注明外，本章高程系均采用 1985 年国家高程基准。

1991 年规划已实施 20 年，流域水资源状况和工程设施条件已发生重大变化，流域治理与开发面临许多新情况、新挑战。流域水利发展中还存在一些突出问题：一是流域防洪安全要求不断提高，防洪能力相对不足；二是经济社会快速发展，水资源供需矛盾仍非常突出；三是水污染形势依然严峻，水资源保护任务艰巨；四是生态建设重视不够，水土流失威胁不可低估；五是农村水利基础设施薄弱，亟需加大投入加快发展；六是社会管理与公共服务要求不断提高，流域综合管理有待加强。为全面落实科学发展观，保障流域防洪安全、供水安全、粮食安全和生态安全，促进人与自然和谐相处，促进流域经济社会可持续发展，需要修订完善淮河流域综合规划，以更好地指导流域治理、开发与保护。

8.1.2 规划工作过程

为全面落实科学发展观，保障流域防洪安全、供水安全、粮食安全和生态安全，根据《国务院办公厅转发水利部关于开展流域综合规划修编工作意见的通知》（国办发〔2007〕44 号）和水利部的总体部署，淮河水利委员会组织流域内鄂、豫、皖、苏、鲁五省水利厅开展了淮河流域综合规划的修编工作。2007 年 1 月水利部召开全国流域综合规划修编工作会议后，淮委成立了淮河流域综合规划修编领导小组、工作组和技术咨询专家组，正式启动了淮河流域综合规划修编工作，为协调流域综合规划修编过程中重大问题、关键成果，还建立了淮河流域综合规划修编协商会议制度。相继编制了《淮河流域综合规划修编思路报告》《淮河流域综合规划修编任务书》。2007 年 8 月水利部以水规计〔2007〕327 号文批复了《淮河流域综合规划修编任务书》。

按照水利部批复的任务书要求，淮委组织有关单位全面开展流域综合规划修编的各项工作。经广泛调研、深入论证、反复讨论和协调，2009 年 4 月编制完成《淮河流域综合规划（初稿）》。之后，淮委组织多轮讨论修改，于 2009 年 8 月完成《淮河流域综合规划（咨询稿）》，并邀请淮河流域综合规划修编技术咨询专家组进行了咨询。根据专家组咨询意见，淮委再次组织对规划报告补充修改，于 2009 年 10 月提出《淮河流域综合规划（征求意见稿）》，随后征求了流域鄂、豫、皖、苏、鲁五省发展改革委、水利厅的意见。针对各省有关部门反馈的意见，淮委研究提出了对各省意见的处理说明，与各省做了进一步沟通和协调。2009 年 12 月，淮委组织召开淮河流域综合规划修编协商会议及领导小组会议，审议并基本同意规划报告，形成了会议纪要，根据会议精神，经修改完善后，向水利部报送了《淮河流域综合规划（送审稿）》。

2010 年 4 月，水利部组织对《淮河流域综合规划（送审稿）》进行了预审，淮委根据预审意见修改形成《淮河流域综合规划（送审稿修订）》，水利部于同年 9 月在北京组织对规划报告修订稿进行了审查。会后，淮委按水利部审查意见要求，组织对规划报告进行了修改，2011 年 1 月，水利部以办规计函〔2011〕21 号文将修改后的规划报告发送国务院有关部委和流域五省人民政府征求意见，根据反馈意见，淮委对规划报告又作了进一步修改，2011 年 12 月，淮河流域综合规划通过部际联席会议审议。根据审议意见，淮委修改完善了规划报告，形成《淮河流域综合规划（修订稿）》。2013 年 3 月，国务院以国函〔2013〕35 号文批复了《淮河流域综合规划（2012—2030 年）》。

8.2　主要规划成果

2013 年规划范围包括淮河水系和沂沭泗河水系，近期水平年 2020 年、远期水平年 2030 年。主要包括形势与问题、总体规划、防洪除涝规划、水资源配置与开发利用规划、水资源保护规划、水土保持与山洪灾害防治规划、农村水利规划、航运规划、水力发电规划、流域综合管理规划、重大工程、环境影响评价，实施安排与效果评价、保障措施等内容。以下重点介绍防洪除涝等专业领域规划成果。

8.2.1　规划目标

规划分析了淮河流域水利发展面临的形势和问题、淮河流域在国家经济社会发展中的地位和作用，认为淮河流域是国家承载人口和经济活动的重要区域，对保障国家粮食安全具有战略意义，也是国家能源安全的重要支撑和重要的交通枢纽区域，经济发展潜力巨大。基于对未来流域经济社会发展作用的认识和水利发展面临形势的分析，按照《中共中央、国务院关于加快水利改革发展的决定》（中发〔2011〕1 号）要求，提出规划总体目标是：建立适应流域经济社会发展的完善的水利体系，保障淮河流域防洪安全、供水安全、粮食安全和生态安全，协调人与自然的关系，实现人水和谐，支撑流域经济社会可持续发展。

1. 近期主要目标

建成较为完善的防洪除涝减灾体系。进一步控制山丘区洪水，完善中游蓄泄体系和功能，巩固和扩大下游泄洪能力，淮河干流中游淮北大堤、洪泽湖大堤和沂沭泗河中下游地区主要防洪保护区防洪标准达到国家规定的要求；防御 100 年一遇洪水时洪泽湖水位有效降低；行蓄洪区能够安全、及时、有效运用；重点平原洼地的除涝能力明显提高；重要支流得到进一步治理；重要城市、海堤防洪标准基本达到国家规定的要求。

基本形成水资源配置和综合利用体系。形成较为完善的流域水资源配置格局，水资源调配能力和节水水平大为提高，城乡供水条件进一步改善，防旱抗旱综合能力明显增强，农村饮水安全问题得到解决，农业生产的水利条件有较大改善，初步建成干支衔接、通江达海、布局合理的航运网络。

构建水资源和水生态保护体系。在实现限制排污总量意见要求的基础上，强化水资源合理调度，进一步提高水功能区水质达标率，集中式饮用水水源地水质全面达标，河湖水功能区主要污染物控制指标 COD 和 NH_3-N 达标率提高到 80%；重要河湖和湿地最小生态水量得到基本保障，水生态系统得到有效保护；农村水环境有较大改善。新增水蚀治理面积 2.0 万 km^2 和风蚀治理面积 0.5 万 km^2，流域内水土流失治理程度 60% 以上；25° 以上坡耕地退耕还林，适地适量实施坡改梯工程，山丘区人均基本农田增加 0.1 亩；桐柏大别山、伏牛山、沂蒙山三大山区林草覆盖率提高 5% 以上；山丘区正常年份减少土壤侵蚀量 0.6 亿 t 以上；人为水土流失得到基本遏制。

基本建立流域综合管理体系。流域管理和区域管理相结合的水资源管理体制与机制协调有效，涉水事务管理能力和水平显著提高。

2. 远期主要目标

建成适应流域经济社会可持续发展、维护良好水生态的整体协调的水利体系。建成完善的流域防洪除涝减灾体系，各类防洪保护区的防洪标准达到国家规定的要求，除涝能力进一步加强。建立合理开发、优化配置、全面节约、高效利用、有效保护、综合治理的水资源开发利用和保护体系，全面实现入河排污总量控制目标，基本实现河湖水功能区主要污染物控制指标达标，水土流失得到全面治理，水生态系统和生态功能恢复取得显著成效。流域水利基本实现现代化管理。

8.2.2 流域控制指标

淮河流域现状用水总量为 552.5 亿 m^3，万元工业增加值用水量为 $127m^3$，灌溉水有效利用系数为 0.5，流域地表水功能区 COD 和 $NH_3 - N$ 达标率为 56%，流域水功能区 COD 和 $NH_3 - N$ 入河排放量分别为 73.4 万 t/a 和 7.97 万 t/a，淮河干流蚌埠断面最小生态需水量满足程度为 92.7%，洪泽湖和南四湖最低生态水位满足程度分别为 94.0% 和 95.1%。为合理开发、高效利用和有效保护水资源，更好地贯彻实施最严格水资源管理制度，依据淮河流域水资源状况和经济社会可持续发展要求制定水资源开发利用和保护等控制指标。流域控制指标包括用水总量控制指标、用水效率控制指标、水资源与水生态保护控制指标。

1. 用水总量控制指标

淮河流域用水总量控制指标为国民经济各行业不同保证率供水量，淮河流域用水总量控制指标见表 8.2-1。

表 8.2-1　　　　　　　　　淮河流域用水总量控制指标表　　　　　　单位：亿 m^3

省别	水平年	50%	75%	95%	多年平均
湖北	2020	1.3	1.5	1.5	1.4
	2030	1.5	1.6	1.4	1.5
河南	2020	146.2	157.9	167.8	150.1
	2030	168.7	173	184.5	166.1
安徽	2020	129.5	144.9	150.1	134.2
	2030	142.6	143.8	161.3	141.7
江苏	2020	226.6	237.1	284.7	231.9
	2030	213.4	238.8	282	237.2
山东	2020	89.5	90	92.5	91.6
	2030	95.5	94.9	98.3	95
合计	2020	593.1	631.4	696.6	609.1
	2030	621.7	652.1	727.5	641.6

2. 用水效率控制指标

用水效率控制指标为淮河流域主要行业节约用水定额及程度指标，选用万元工业增加值用水量、灌溉水有效利用系数两项。淮河流域用水效率控制指标见表 8.2－2。

3. 水资源与水生态保护控制指标

水资源与水生态保护控制指标为水功能区水质达标率，主要污染物限制排污总量意见，重要河流控制断面最小生态流量、水质，重要湖泊最低生态水位、水质。

（1）水功能区水质达标率。淮河流域地表水资源保护以保护区、保留区、缓冲区和饮用水源区水质达标为重点，逐步提高功能区水质达标率。2020 年地表水功能区 COD 和 NH_3-N 水质达标率达到 80%；2030 年基本实现水功能区 COD 和 NH_3-N 达标。

（2）限制入河排污总量意见。综合考虑流域经济社会发展、水资源条件和水功能区水质要求，依据《中华人民共和国水法》，按照有关技术规程规范，在核定水功能区水域纳污能力基础上，确定到 2030 年淮河流域水功能区点源污染物指标 COD 和 NH_3-N 的限制排污总量意见，作为水资源保护和水污染防治工作的重要依据。

（3）重要河（湖）最小生态流量（水位）和水质控制指标。为保障重要河湖水资源质量和水生态系统安全，按照水功能区水质和河道内最小生态用水要求，参照《全国重要江河湖泊水功能区划》及《淮河流域生态用水调度研究》成果，淮河流域重要河流控制断面最小生态流量、重要湖泊最低生态水位和水质控制指标见表 8.2－3。

表 8.2－2　　　　　　　　　淮河流域用水效率控制指标表

指标名称	2020 年	2030 年
万元工业增加值用水量/（m³/万元）	57	35
灌溉水有效利用系数	0.57	0.61

表 8.2－3　　重要河（湖）最小生态流量（水位）和水质控制目标表

河流名称	断面	最小生态流量/（m³/s）	最低生态水位/m	水质管理目标
淮河	王家坝	10.9		Ⅲ
淮河	蚌埠	24.8		Ⅲ
淮河	小柳巷	28.5		Ⅲ
颍河	界首	5.5		Ⅲ
涡河	亳州	2.3		Ⅲ
沂河	临沂	2.33		Ⅲ
沭河	大官庄	1.14		Ⅲ
洪泽湖			10.81	Ⅲ
南四湖上级湖			32.34	Ⅲ
南四湖下级湖			30.84	Ⅲ

8.2.3 防洪除涝规划

8.2.3.1 防洪除涝标准

近期防洪除涝标准。基本建成较完善的流域防洪除涝减灾体系：淮河干流上游防洪标准近 20 年一遇，中游淮北大堤防洪保护区和沿淮重要工矿城市的防洪标准达 100 年一遇；洪泽湖防洪标准达 300 年一遇；沂沭泗河水系骨干河道中下游地区主要防洪保护区的防洪标准达到 50 年一遇。重要支流防洪标准总体达到 20 年一遇，洙赵新河等防洪标准达 50 年一遇。中小河流防洪标准 10～20 年一遇，除涝标准 3～5 年一遇。重要城市防洪标准达 50～100 年一遇；海堤防潮标准达到 20～100 年一遇。重点平原洼地除涝标准达到 5 年一遇，里下河腹部地区除涝标准达到 10 年一遇。

远期防洪除涝标准。建成较完善的现代化防洪除涝减灾体系，防洪减灾能力提高到与经济社会发展相适应的水平。淮河干流上游防洪标准达 20 年一遇，中游淮北大堤防洪保护区、沿淮重要城市和洪泽湖的防洪能力进一步加强；沂沭泗河水系南四湖、韩庄运河、中运河、骆马湖、新沂河的防洪标准逐步提高到 100 年一遇。重要支流防洪标准达到 20～50 年一遇；平原洼地按照近期治理标准，扩大治理范围，完善面上配套，进一步提高平原洼地的除涝能力。

8.2.3.2 水库

淮河流域规划修建大型水库共 10 座，规划总库容 62.22 亿 m^3，防洪库容 23.75 亿 m^3，兴利库容 21.81 亿 m^3。其中近期拟建出山店、前坪、张湾、江巷、庄里等 5 座大型水库，规划总库容 39.97 亿 m^3，防洪库容 16.97 亿 m^3，兴利库容 10.98 亿 m^3。远期拟建白雀园、袁湾、晏河、下汤、双侯等 5 座大型水库。流域干支流的上游，规划新建具有防洪任务的中型水库 31 座，主要解决中小河流的防洪问题兼顾水资源利用，总库容约 8 亿 m^3，其中近期新建 16 座，远期新建 15 座。根据防洪及水资源利用需要，适时对有条件的中型水库进行扩建。规划扩建中型水库共 19 座，其中河南 3 座、山东 16 座。

近期拟安排 47 座中型病险水库除险加固（其中：湖北 2 座、河南 22 座、安徽 15 座，山东 8 座）；远期根据水库安全鉴定情况及时安排病险水库除险加固。近期对 500 座大中型病险水闸进行除险加固，其中大型水闸 62 座（其中流域机构直管水闸 1 座，河南 13 座，安徽 6 座，江苏 4 座，山东 38 座），中型水闸 438 座。远期根据安全鉴定情况及时安排病险水闸除险加固。

8.2.3.3 河道整治

1. 淮河干流上中游河道治理

上游淮凤集—洪河口防洪标准为 20 年一遇，河道设计泄洪能力 7000 m^3/s。中游一般堤防防洪标准为 20 年一遇，正阳关以下淮北大堤保护区和沿淮重要工矿城市防洪标准达 100 年一遇。河道设计泄洪能力洪河口—史河口 7400 m^3/s，史河口—正阳关 9400 m^3/s，正阳关—涡河口 10000 m^3/s；涡河口以下 13000 m^3/s。淮河干流主要控制点设计防洪水位淮凤集 36.92m，淮滨 32.5m，王家坝 29.2m，正阳关 26.4m，涡河口 23.39m，吴家渡 22.48m，浮山 18.35m。王家坝设计洪水位远期结合淮河上中游干支流河道治理情况进一步研究。

近期结合淮河干流中游行洪区调整，采取疏浚河道、退建和加固堤防等措施整治淮河干流河道，进一步扩大行洪通道，巩固河道设计泄洪能力。对河南省境内的淮河干流上游堤防，安徽省境内的临王段、西淝河左堤、黄苏段、天河封闭堤、塌荆段等堤防进行达标建设。远期依据淮河干流中游河相关系和河床演变研究成果，进一步整治河道，完善防洪除涝工程体系。

2. 淮河干流下游河道治理

洪泽湖防洪标准达到 300 年一遇，汛限水位 12.31m，设计洪水位洪泽湖蒋坝 15.81m。淮河下游入江水道、入海水道、灌溉总渠（含废黄河）、分淮入沂水道总的设计泄洪能力达 20000～23000m³/s。入海水道二期工程设计流量 7000m³/s，设计洪水位海口 3.37m。入江水道设计泄洪流量 12000m³/s，设计洪水位三河闸下 14.24m，高邮湖 9.33m，三江营 5.50m。分淮入沂设计泄洪流量 3000m³/s，设计洪水位新沂河沭阳 11.21m。苏北灌溉总渠设计泄洪流量 800m³/s，设计洪水位高良涧闸下 11.26m、六垛南闸上 4.12m。另外，废黄河还可分泄洪泽湖洪水 200m³/s。

近期实施入海水道二期工程；按安全行洪 12000m³/s 的要求整治入江水道；按安全行洪 3000m³/s 要求整治分淮入沂。其中入海水道按照防御 100 年一遇洪水时洪泽湖水位有效降低的要求，进一步论证工程规模，暂按行洪 7000m³/s 设计。按泄洪 200m³/s 的要求，整治杨庄以下废黄河。远期规划在近期同步建设完成冯铁营引河和入海水道二期工程的基础上，按蒋坝水位 13.81m，三河闸和三河越闸总泄流达 12000m³/s，增建三河越闸。

3. 沂沭泗河骨干河道治理

沂河祊河口以上防洪标准为 20 年一遇，其中东汶河口—蒙河口—祊河口设计流量为 9000～10000m³/s；祊河口以下防洪标准为 50 年一遇，相应设计流量祊河口—刘家道口 16000m³/s，刘家道口—江风口 12000m³/s，江风口—苗圩 8000m³/s。沭河汤河口以上防洪标准为 20 年一遇，其中浔河口—高榆河口—汤河口设计流量为 5000～5800m³/s；汤河口以下防洪标准为 50 年一遇，汤河口—沭河裹头 8150m³/s，人民胜利堰—塔山闸 2500m³/s，塔山闸—口头 3000m³/s。分沂入沭水道设计流量 4000m³/s，大官庄枢纽闸前沭河与分沂入沭交汇段设计流量 8500m³/s。新沭河防洪标准为 50 年一遇。设计流量新沭河泄洪闸—大兴镇 6000～7590m³/s，石梁河闸下—太平庄闸 6000m³/s，太平庄闸下段 6400m³/s。邳苍分洪道设计流量：江风口—东泇河为 4000m³/s，东泇河—中运河为 5500m³/s。

南四湖湖西大堤、南四湖湖东堤石佛—泗河及二级坝—新薛河两段防洪标准为 100 年一遇；泗河—青山、埕斛—城漷河、城漷河—二级坝段及新薛河—郗山段按 50 年一遇防洪标准设防，其中泗河—青山、埕斛—城漷河及新薛河—郗山段为滞洪区。

根据南四湖治理要求，韩庄运河设计流量韩庄出口—省界为 5200～5600m³/s，中运河运河镇设计流量 7200m³/s。骆马湖防洪标准为 100 年一遇，新沂河沭阳设计流量 8600m³/s。沂沭泗河水系主要控制点设计防洪水位：新沂河河口 3.77m；新沭河河口 3.51m；沂河苗圩 25.20m；中运河苏鲁省界 29.20m，运河镇 26.33m，二湾 24.83m；南四湖上级湖（南阳）为 36.99m，下级湖（微山）为 36.49m；骆马湖 24.83m。

近期加固沂沭泗河上游堤防，完善南四湖防洪体系，进一步巩固和完善其他防洪湖泊和骨干河道防洪工程体系。远期按南四湖 100 年一遇设计水位上级湖（南阳）36.99m，下级湖（微山）36.49m 要求，通过疏浚河道或加固堤防扩大韩庄运河、中运河的排洪能力，中运河苏鲁省界行洪规模 5600m³/s、运河镇行洪规模 7200m³/s，南四湖堤防不再加高；按骆马湖 100 年一遇设计水位 24.83m 要求，通过疏浚河道或加固堤防扩大新沂河行洪能力，沭阳行洪规模 8600m³/s，骆马湖堤防不再加高。

4. 重要支流和中小河流治理

淮北主要支流。近期按除涝标准 5 年一遇，防洪标准 20 年一遇治理洪汝河班台以下河道，治理小洪河和汝河；远期按 50 年一遇防洪标准治理陈湾以下沙颍河干流，治理支流北汝河、贾鲁河、新蔡河、新运河、颍河、清潩河、清流河、澧河；远期按除涝标准 5 年一遇，防洪标准 20 年一遇治理汾泉河、汾河和泥河；近期按除涝 5 年一遇、防洪 20 年一遇标准治理黑茨河梁堤口至茨河口段河道；远期按除涝 5 年一遇、防洪 20 年一遇治理涡河白玉沟至魏湾闸、惠济河黄汴河至济渎池段河道；近期按除涝标准 5 年一遇，防洪标准为 20 年一遇治理包河金桥至临涣、浍河东沙沟口至九湾河道；远期按除涝标准为 5 年一遇，防洪标准 20 年一遇治理奎河袁桥—七里沟段河道；近期按除涝标准 5 年一遇，防洪标准 20 年一遇治理新汴河七岭子—付圩沟段河道；远期按除涝标准 5 年一遇治理怀洪新河何巷—双沟段河道；近期按除涝标准 5 年一遇治理茨淮新河；按奎濉河、新汴河、怀洪新河的近期排水要求治理溧河洼以扩大其排洪能力。

淮南重要支流。近期按照 10～20 年一遇的标准治理灌河无量寺至灌河口、史河金寨县城以下至入淮河口，按照 10～20 年一遇的标准治理淠河横排头以下至淠河口及东淠河霍山城区段，按照 20 年一遇的标准治理池河石角桥至磨山段。

沂沭泗河水系重要支流。近期按除涝 5 年一遇、防洪 50 年一遇治理洙赵新河；按除涝 5 年一遇、防洪 20 年一遇的标准治理南四湖入湖支流梁济运河、东鱼河、万福河、泗河、洸府河、白马河、城郭河、界河；按防洪 20 年一遇的标准治理绣针河。远期根据需要治理复新河、大沙河、祊河。

对流域面积在 3000km² 以下防洪除涝问题严重的河流，根据河流沿线保护区的重要程度，分轻重缓急，按照防洪标准 10～20 年一遇，除涝标准 3～5 年一遇逐步进行治理。主要治理措施包括河道疏浚、堤防加固、险工处理及重要配套建筑物等。山丘区河道，主要以河道护岸为主，防止河岸坍塌；平原区河道主要以扩挖河道结合堤防加固为主，局部新筑堤防。

8.2.3.4　行蓄洪区

1. 淮河干流行洪区调整

正阳关以上段，拓浚濛河分洪道，疏浚南照集至汪集段河道，南润段、邱家湖分别增建进（退）水闸改为蓄洪区；姜唐湖仍为有闸控制的行洪区。

正阳关至涡河口段，寿西湖新筑隔堤，董峰湖退建和加固行洪区堤防，疏浚张圩至董峰湖出口段河道，建设进洪和退水闸，将寿西湖、董峰湖改为有闸控制的行洪区；上六坊堤、下六坊堤行洪区废弃，铲除行洪堤，恢复为河滩地；石姚段、洛河洼退建行洪区堤防改为防洪保护区；汤渔湖、荆山湖退建和加固行洪区堤防，退建黄苏段堤防，疏浚汤渔湖退水闸至张家沟段河道，分别增建进洪闸和退水闸，汤渔湖、荆山湖改建成有闸控制的行洪区。

涡河口以下段，退建、加固行洪区堤防，疏浚临北段进口—冯铁营引河进口河道，将方邱湖、临北段、香浮段行洪区改为防洪保护区；花园湖增建进洪、退水闸，改为有闸控制的行洪区；开辟冯铁营引河，潘村洼改为防洪保护区，鲍集圩并入洪泽湖周边滞洪区。

2. 蓄滞洪区工程建设

新建加固城西湖蓄洪区堤防 27km，新建城西湖蓄洪控制设施 2 处，研究城西湖蓄洪区的分区运用；新建、加固支流杨庄、老王坡、蛟停湖、泥河洼和沂沭泗河水系的黄墩湖等蓄滞洪区堤防 110km，新建、加固杨庄、老王坡、蛟停湖、黄墩湖、南四湖湖东等蓄滞洪区蓄洪控制设施 10 处；加固洪泽湖周边滞洪区堤防 159km，建设蓄洪控制设施 8 处。调整黄墩湖的滞洪范围，徐洪河以西不再作为滞洪区；研究实施洪泽湖周边滞洪区的分区运用。远期新建大逍遥滞洪区，修筑堤防 45km，建设进退洪控制设施 3 处。

3. 蓄滞洪区安全建设

根据蓄滞洪区的类型、洪水风险程度，有针对性地选用安全建设模式。对居住在淹没水深较深区域的居民，以区内永久性安置（安全区、安全台）或区外移民安置为主；对居住在淹没历时短区域的居民，采取避洪楼安置为主；对居住在启用标准较高的蓄滞洪区和淹没水深较浅区域的居民，采用临时撤退为主。根据蓄滞洪区防汛救灾需求，建设和完善区内通信报警系统及管理设施。

8.2.3.5　除涝

淮河流域低洼易涝地区面积大、分布广，规划对沿淮、淮北平原、淮南支流、里下河、白宝湖、南四湖、邳苍郯新、沿运、分洪河道沿线和行蓄洪区等 10 大片区进行治理，总面积约 10 万 km²，耕地约 0.9 亿亩。近期治理约 0.55 亿亩，远期治理 0.35 亿亩。除涝标准一般为 5 年一遇，里下河腹部地区达到 10 年一遇。对经济条件较好或有特殊要求的区域，可适当提高标准。防洪标准为 10～20 年一遇。

针对各洼地治理区地形特点、涝灾成因、现状排涝分区、现有水利条件及社会经济状况，因地制宜，以治涝为主要目标，兼顾洪、旱、渍的防治。在合理进行洼地排涝分区的基础上，按照高水高排、低水低排、分片排水，相机自排等原则，合理确定抽排规模，因地制宜地采取蓄、排、截等工程措施。工程措施主要包括疏浚河沟，加固堤防，开挖截岗沟，增设和改造抽排泵站，增加流动泵站，建设控制闸，配套桥涵等。对有条件的沿湖周边洼地实行退垦还湖，增加湖泊调蓄能力，或调整农业结构改种耐水作物；建设洪涝灾情评估及减灾决策支持系统等。

8.2.3.6 城市防洪

1. 全国重要防洪城市

信阳市主要依托浉河上游的南湾水库及浉河堤防等防洪。存在的主要问题是：浉河堤防标准低，城区排水不畅；南岸湖东开发区南部为山岗区，没有截洪措施；河道断面狭小，淤积严重，阻水建筑物多，排涝设施缺乏。规划防洪标准主城区为100年一遇，湖东截岗沟20年一遇，除涝标准10～20年一遇。

蚌埠市主要依靠城市圈堤、淮北大堤、北淝河下游圩堤和怀洪新河右堤作为防洪屏障，现状存在的主要问题是：八里沟以西至天河周边片及河北片部分堤防低矮单薄，防洪标准不到20年一遇；方邱湖片汛期易受淮河外水位顶托而形成内涝，龙子湖以西片、八里沟至天河周边片和河北片排涝标准低。规划防洪标准为老圈堤片和西圈堤片为100年一遇，河北片和八里沟以西至天河周边片为20年一遇，排涝标准均为10～20年一遇。

淮南市主要依靠淮南圈堤作为防洪屏障，已进行防洪工程初步治理，将来随着城市经济的发展，根据城市总体规划进一步完善城市防洪体系。

阜阳市以沙颍河、汾泉河和茨淮新河堤防为城市防洪屏障。主要问题是：新城区无封闭圈堤，沙颍河右堤、汾泉河堤防及茨淮新河堤防城区段防洪标准偏低。城区河沟排涝标准低，排水系统紊乱，外排能力严重不足。规划防洪标准为50年一遇，排涝标准10～20年一遇。

徐州市主要依托南四湖、房亭河、郑集河、废黄河、奎河、京杭大运河等堤防作为防洪屏障，存在的主要问题有：堤防防洪标准低，山洪居高临下，市区骨干排水河道标准低。规划防洪标准为100年一遇，排涝标准为20年一遇。

扬州市主要依托长江堤防、京杭运河堤防和归江河道等河道堤防作为防洪屏障，存在的主要问题是：外围江淮堤防标准低，险工多；城区未形成独立的防洪工程系统，洪涝矛盾尖锐；山洪防御系统尚未形成，标准极低；丘陵区小流域的撇洪、挡洪工程不完善；城市内部排涝河道淤塞等。规划防洪标准为主城区100年一遇，其他发展区20～50年一遇，排涝标准主城区20年一遇，其他地区近期5～10年一遇，远期10～20年一遇。

2. 流域重要防洪城市

流域重要防洪城市主要有漯河市、周口市、亳州市、宿州市、六安市、淮北市、寿县、连云港市、淮安市、宿迁市、临沂市、日照市、济宁市、枣庄市和菏泽市等

15 座城市。上述流域重要防洪城市的规划防洪标准一般为 50～100 年一遇，排涝标准为 10～20 年一遇。

8.2.3.7 海堤

淮河流域海堤主要在山东日照市和江苏苏北沿海地区。根据保护区各类防护对象的规模和重要性，确定山东省日照市东港区涛雒镇主海堤设计防潮标准为 20 年一遇，其他段主海堤及入海河道傅疃河、龙王河、绣针河河口段设计防潮标准均为 50 年一遇；其他小型入海河道河口段设计防潮标准为 20 年一遇。江苏境内连云港市连云区、赣榆县城段主海堤设计防潮标准为 100 年一遇，其他段主海堤及灌河堤河口段设计防潮标准为 50 年一遇。

远期根据沿海经济发展的需要，进一步完善沿海防潮堤工程和风暴潮预警体系。

8.2.4 水资源配置与开发利用

1. 水资源及其开发利用状况

（1）水资源分区。按照《全国水资源分区》，淮河流域共划分 4 个水资源二级区、12 个三级区。二级区包括：淮河上游区（王家坝以上）、淮河中游区（王家坝至洪泽湖出口）、淮河下游区（洪泽湖出口以下）、沂沭泗河区。三级区包括：王家坝以上北岸、王家坝以上南岸、王蚌区间北岸、王蚌区间南岸、蚌洪区间北岸、蚌洪区间南岸、高天区、里下河区、南四湖区、中运河区、沂沭河区、日赣区。

（2）水资源量。多年平均水资源总量 794 亿 m^3，其中地表水资源量占水资源总量的 75%，地下水资源量占水资源总量的 25%。1956—2000 年地表水资源年均可利用量为 289.5 亿 m^3，可利用率为 48.7%。1980—2000 年地下水资源年均可开采量为 190.4 亿 m^3。年均水资源可利用总量为 445.4 亿 m^3。

（3）开发利用状况。新中国成立以来淮河流域修建了大量的水利工程，形成了约 606 亿 m^3 的年供水能力。

淮河流域现状年总供水量为 512.0 亿 m^3，其中地表水供水量 374.4 亿 m^3，占 73.1%；地下水供水量 136.5 亿 m^3，占 26.7%；海水淡化、污水处理回用、雨水集蓄利用等其他水源利用量 1.1 亿 m^3，仅占 0.2%。

淮河流域现状年总用水量为 512.0 亿 m^3，其中：农业用水量 368.6 亿 m^3，占总用水量的 72.0%，工业用水量 86.5 亿 m^3，占总用水量的 16.9%，生活用水量 52.7 亿 m^3，占总用水量的 10.3%，河道外生态和环境用水量 4.1 亿 m^3，占总用水量的 0.8%。1980—2006 年，用水量年均增长率 0.66%。

现状多年平均河道外缺水量 50.9 亿 m^3，挤占河道内生态环境用水量 23.7 亿 m^3，河道内外总缺水量 74.6 亿 m^3。现状当地地表水开发利用率为 44.4%，浅层地下水开发利用率为 58.4%。

2. 水资源供需分析

（1）需水量预测。以 2006 年为基准年对淮河流域不同水平年生活、生产和生态需水量进行预测。基准年多年平均总需水量为 603.4 亿 m³，预测 2020 年为 631.8 亿 m³，2030 年为 646.9 亿 m³。

（2）供水量预测。基准年多年平均供水量为 552.5 亿 m³。到 2020 年，多年平均供水量预计可达到 609.1 亿 m³。到 2030 年，多年平均供水量预计可达到 641.6 亿 m³。

（3）供需平衡分析。基准年多年平均需水总量 603.4 亿 m³，供水量 552.5 亿 m³，缺水量 50.9 亿 m³，缺水率 8.4%。当遭遇中等干旱年份时，用水需求 639.6 亿 m³，供水量 572.3 亿 m³，缺水量达到 67.3 亿 m³，缺水率 10.5%；当遭遇特枯干旱年份时，用水需求 746.8 亿 m³，供水量 587.2 亿 m³，缺水量达到 159.6 亿 m³，缺水率 21.4%。

规划到 2020 年多年平均缺水率由基准年的 8.4% 降低至 3.6%，中等干旱年缺水率降低至 4.9%，特枯干旱年缺水率降低至 6.6%。规划到 2030 年多年平均缺水率降至 0.8%，中等干旱年及特枯干旱年缺水率降至 1.1%～2.7%。

3. 水资源配置

（1）水资源配置原则。水资源配置主要按照总量控制，系统配置，优先生活，兼顾农业、工业、生态及航运用水，强化节水、鼓励其他水源开发利用以及综合协调等原则开展。

（2）水资源配置方案。到 2020 年，河道外配置总供水量 609.1 亿 m³ 中，其中地表水 485.4 亿 m³，地下水 112.0 亿 m³，其他水源 11.8 亿 m³。地表、地下和其他水源的配置比例由基准年的 78.3%、21.6% 和 0.04% 调整为 79.7%、18.4% 和 1.9%；到 2030 年，河道外配置总供水量 641.6 亿 m³ 中，其中地表水 517.8 亿 m³，地下水 111.9 亿 m³，其他水源 11.9 亿 m³。地表、地下和其他水源的配置比例调整为 80.7%、17.4% 和 1.9%。

到 2020 年，多年平均经济社会系统水资源总耗损量达 469 亿 m³，生态系统总用水量为 458.2 亿 m³。预计 2030 年多年平均经济社会系统水资源总耗损量达 499.6 亿 m³，生态系统总用水量为 452.8 亿 m³。与基准年相比，经济社会系统对水资源的总耗损量增加约 77.9 亿 m³。

2020 年配置生活用水量 88.5 亿 m³、工业用水量 102.8 亿 m³、农业用水量 411.1 亿 m³、河道外生态建设用水量 6.8 亿 m³。到 2030 年配置生活用水量 105.6 亿 m³、工业用水量 111.9 亿 m³、农业用水量 416.0 亿 m³、河道外生态建设用水量 8.1 亿 m³。

4. 供水工程

（1）地表水供水工程。规划新建的大型水库具有调蓄水资源的功能，对区域水资源配置具有重要作用。淮河流域规划新建大型水库 10 座，总库容 62.22 亿 m³，兴利库容 21.81 亿 m³。规划新建以灌溉、供水为主的中型水库共 17 座。规划总库容约 4 亿 m³。

（2）地下水供水工程。规划到 2020 年，较现状多年平均增供水量 15 亿 m³。到 2030 年，在 2020 年基础上多年平均增加供水量 10 亿 m³。

（3）跨流域调水工程。包括南水北调东、中线工程，引江济淮工程，苏北引江工程。

南水北调东线工程：东线工程在 2030 年以前分三期实施，第一期工程抽江规模 500m³/s，淮河流域多年平均增供水量 33 亿 m³（其中增供江水 25 亿 m³）；第二期工程抽江规模扩大到 600m³/s，2020 年淮河流域多年平均增供水量 35 亿 m³（其中增供江水 26 亿 m³）；第三期工程抽江规模扩大到 800m³/s，2030 年淮河流域多年平均增供水量 47 亿 m³（其中增供江水 34 亿 m³）。

南水北调中线工程：南水北调中线工程规划分两期实施，其中一期工程 2020 年调入淮河流域河南省的口门水量多年平均为 12.2 亿 m³，二期工程 2030 年调入水量多年平均为 21.4 亿 m³。

引江济淮工程：工程自长江引水至巢湖、北上过江淮分水岭入瓦埠湖，再入淮河，主要受水区为安徽省沿淮及淮北地区，并研究其相机向河南省商丘、开封和周口地区供水的能力。引江济淮工程初拟引江规模 200～300m³/s，具体规模在专项规划中研究确定。

苏北引江工程：现状多年平均引江水量达 42 亿 m³。规划充分利用现有自流引江供水工程，实施通榆河北延工程，完善或调整东引和沿江自引供水体系。研究开辟沿海引江水道。

（4）其他水源开发利用工程。其他水源利用工程包括临淮岗洪水控制工程综合利用、洪水资源利用工程、污水处理回用等。

8.2.5 水资源保护

1. 地表水资源保护

淮河流域水功能区划共划分一级水功能区 489 个，二级水功能区 712 个，区划河流长度 23068km，湖（库）面积 5731km²。淮河流域 COD 和 NH_3-N 纳污能力为 46.0 万 t/a 和 3.28 万 t/a。在近期保护区和饮用水源区水质全面达标、远期所有水功能区水质达标的前提下，淮河流域水功能区主要污染物入河限排总量意见见表 8.2-4。

表 8.2-4　　　　　　　　淮河流域限制排污总量目标表

水资源分区	纳污能力/（万 t/a）		2020 年限排意见/（万 t/a）		2030 年限排意见/（万 t/a）	
	COD	NH_3-N	COD	NH_3-N	COD	NH_3-N
淮河上游区	4.58	0.39	4.59	0.47	3.61	0.30
淮河中游区	24.3	1.76	23.07	1.66	20.6	1.52
淮河下游区	7.74	0.56	7.33	0.51	6.71	0.45
沂沭河区	9.36	0.57	8.44	0.44	7.36	0.39
淮河流域	46.0	3.28	43.4	3.08	38.2	2.66

淮河流域 2007 年城镇点源入河废水排放量为 44.5 亿 t，主要污染物质 COD、NH_3-N 入河排放量分别为 73.4 万 t/a 和 7.97 万 t/a，比照限制排污总量意见，分别超过 92% 和 199%。2007 年 351 个地表水质监测点中平均 Ⅰ～Ⅲ类、Ⅳ类、Ⅴ类和劣Ⅴ类水的测点比例分别为 40.2%、19.6%、9.4% 和 30.8%。303 个重点水功能区达标率仅为 39.9%，9644km 评价河长达标率为 44%，5067km² 湖泊评价面积达标率为 31.1%。

规划近期以实现保护区、保留区、缓冲区和饮用水源区水质达标为重点，河湖功能区主要控制指标 COD 和 NH_3-N 达标率提高到 80%，远期基本实现河湖功能区水质全面达标。主要措施包括落实排污总量控制要求；完善水功能区划监督管理制度；完善水污染联防机制；加强面源污染控制；加强航运污染控制；实施水资源保护工程。

2. 地下水资源保护

淮河流域地下水功能区划面积为 26.7 万 km²（不含洪泽湖），划分地下水功能区共 246 个。依据 420 个地下水监测点资料对淮河流域平原区浅层地下水进行评价结果，地下水化学类型以重碳酸型（HCO_3 型）为主，其次 HCO_3+Cl 型，分别占 48.9% 和 22.1%。淮河流域地下水质量 Ⅰ～Ⅲ类、Ⅳ类、Ⅴ类水面积分别占评价面积的 30.8%、41.6%、27.6%。淮河流域地下水无污染、轻污染和重污染面积分别占评价面积的 56.0%、37.4% 和 6.6%，主要污染指标是氨氮，其次是亚硝酸盐氮。

淮河流域部分地区地下水的实际开采量呈增加趋势，已形成商丘、许昌、阜阳、淮北、宿州、亳州、徐州、淮安、盐城等超采区。浅层地下水超采区面积为 6155km²，年超采量为 2.04 亿 m³；深层承压水超采区面积已扩展到 2.74 万 km²，超采量超过 3.7 亿 m³。

规划近期大部分地区达到采补平衡，超采区的地下水开采得到基本控制，遭受污染的地下水水质逐步改善，初步建立地下水监测监督体系和管理体系。远期地下水实现采补平衡，超采区的地下水开采得到有效控制与治理，地下水污染区水质基本改善，建立起较完善的地下水监测监督体系和管理体系。主要措施包括健全法规体系、完善地下水资源管理体制、加强地下水资源保护管理和开展地下水保护工程建设。

3. 城镇饮用水源地保护

淮河流域县级以上城镇饮用水源地 240 个，水质安全、基本安全和不安全的水源地数分别占 31.5%、46.3% 和 22.2%。

规划近期全面解决建制市和县级城镇的集中式饮用水水源地安全保障问题。集中式饮用水水源地得到全面保护，重要城市应急水源储备能力显著提高。主要保护对策包括划定饮用水源地保护范围、加强饮用水水源地监督管理、建立饮用水水源地应急保障机制和建设水源地保护工程。

4. 水生态系统保护与修复

对 71 个监测断面采用生物指数法评价，生态系统稳定、脆弱和不稳定的比例分别占 9%、73% 和 18%，总的来说淮河流域水生态系统脆弱，河湖生态系统大多遭受到了不同程度的破坏。

规划近期目标是水生态系统得到有效保护，淮河干流等重要跨省河流最小生态流量基本得到满足，洪泽湖和南四湖等重要湖泊最低生态水位基本得到保障；远期目标为水生态系统和生态功能恢复取得显著成效，流域内主要河湖最小生态需水得到保障。主要保护与修复对策包括建立水生态系统保护制度、优化水资源配置、保障河湖生态用水、开展生态用水调度、实施水生态监测和水生态保护与修复工程。

8.2.6 水土保持及山洪灾害防治

1. 水土流失现状

淮河流域的水土流失以水力侵蚀为主，在黄泛平原风沙区和滨海地区存在部分风力侵蚀和风水复合侵蚀，局部地区有少量重力侵蚀发生。淮河流域水土流失总面积为 4.24 万 km^2，其中水蚀 2.94 万 km^2，风蚀 8000km^2，以水力侵蚀为主的风水复合侵蚀 4800km^2，工程侵蚀 200km^2。

2. 水土保持分区

水土保持分区从管理、分类指导和水土流失类型方面分水土保持重点防治分区和水土流失类型分区。国家级重点预防保护区：桐柏大别山区，包括河南省桐柏县、新县、信阳市市辖区、罗山县、固始县、潢川县、商城县、光山县，安徽省岳西县、金寨县、六安市市辖区、霍山县，湖北省大悟县等。国家级重点治理区：沂蒙山区，包括山东省沂源县、蒙阴县、沂水县、平邑县、沂南县、莒县、枣庄市山亭区、邹城市、泗水县、滕州市等。

淮河流域在我国土壤侵蚀类型区划中涉及"水力侵蚀为主"和"风力侵蚀为主"的两个一级类型区，二级区划涉及水蚀为主的"北方土石山区"和风蚀为主的"沿河环湖滨海平原风沙区"。在全国水土流失类型区划分的基础上，结合淮河流域特点，将水土流失类型区划分为：桐柏大别山区、伏牛山区、沂蒙山区、江淮丘陵区、淮海丘岗区、黄淮平原区、黄泛风沙区等 7 个三级水土流失类型区和 19 个亚区。

3. 规划目标

到 2020 年，流域内水土流失治理程度 60% 以上，其中新增水蚀治理面积 2.0 万 km^2 和风蚀治理面积 0.5 万 km^2。全面实施坡耕地水土综合整治，25° 以上坡耕地退耕还林，稳定基本农田规模，适地适量实施坡改梯工程，山丘区人均基本农田增加 0.1 亩；桐柏大别、伏牛、沂蒙三大山区林草覆盖率提高 5% 以上，正常年份减少土壤侵蚀量 0.6 亿 t 以上，生态环境进入稳定发展阶段，农村居民人均纯收入明显提高；在山洪灾害重点防治区全面建成非工程措施与工程措施相结合的综合防灾减灾体系。

到 2030 年，水土流失治理度达到 90% 以上，流域上游水土保持防护体系基本建成，坡耕地全面改造完毕，水土资源得到有效保护和可持续利用；治理区内林草覆盖率达到 30％以上，生态环境进入良性发展轨道。

4. 水土保持工程

丘陵山地水蚀区。丘陵山地水土流失防治工程主要包括生态修复辅助工程和以坡耕地、坡林地水土综合整治为主的小流域综合治理工程。近期将桐柏大别山区、伏牛山区和沂蒙山区 10 片总面积 0.51 万 km² 的范围确定为主要生态修复区，生态修复辅助工程主要包括沼气池、谷坊、小型水源工程、围栏等。规划以小流域为单元综合治理水土流失 2.33 万 km²，其中近期完成小流域综合治理面积 1.47 万 km²；远期完成剩余的 0.86 万 km² 水土流失治理任务。同时结合新农村建设和水源地保护，在山丘区 15 个水库型水源地上游选取 104 条小流域开展清洁型小流域面源污染辅助控制工程建设，其中近期主要选择重要水源地上游 50 条小流域。小流域综合治理工程主要包括坡面整治、沟道防护、水土保持植物和清洁型小流域面源污染控制工程等。

黄泛平原风蚀区。规划综合治理以风蚀为主的侵蚀面积 0.80 万 km²，其中近期在河南豫东地区、山东菏泽地区治理 0.50 万 km²，远期治理 0.30 万 km²。主要工程包括水土保持植物、土地整治工程等。

平原沙土地风水复合侵蚀类型区。规划综合治理平原沙土区 4782km²，近期在江苏省徐州、淮安、宿迁、盐城等废黄河及滨海一带治理 2900km²，远期治理 1882km²。主要工程包括水土保持植物、水土综合整治工程等。

5. 山洪灾害防治

山洪灾害主要包括溪河洪水、滑坡、泥石流等。山洪灾害防治坚持以工程措施和非工程措施相结合，建设综合防灾减灾体系。工程措施主要是结合水土保持综合治理对山洪沟进行整治，主要采取排导、拦挡，沟道疏通和沟底防冲等治理措施。淮河流域规模以上的山洪沟约 980 条。近期完成 658 条山洪沟治理；远期完成伏牛山区其余的 322 条山洪沟治理。

8.2.7 农村水利

1. 农村饮水安全

淮河流域共有 6243 万人饮水不安全，占全流域农村总人口的 45％。到 2009 年，淮河流域已安排解决了 2083 万人的饮水不安全问题，规划到 2013 年基本解决农村的饮水安全问题。主要对策与措施包括加强农村饮水水源地的管理和建设；搞好农村饮水工程的管网和配套工程建设；强化农村饮用水特殊水质处理。

2. 灌溉与排水规划意见

按照建设高标准农田的要求，旱涝兼治，排灌并举，加大改造中低产田力度，加强农业灌溉，灌溉保证率进一步提高；农业节水水平普遍提高，灌溉水有效利用系数提高到 0.61，粮食核心区田间配套工程基本完善，全面提升粮食核心区防御水旱灾害的能力。淮河流域近期新增有效灌溉面积 495 万亩，改善灌溉面积 3512 万亩，新增节水灌溉面积 4900 多万亩。远期再新增有效灌溉面积 183 多万亩，改善灌溉总面积 781 万亩，新增节水灌溉面积 3600 多万亩。

分区规划。豫南豫西山丘区：总面积 2.82 万 km²，有效灌溉面积 836 万亩。规划重点是加强现有灌区工程配套和节水改造，充分发挥现有水库、塘坝等工程的供水能力，巩固、扩大灌溉面积；结合小流域综合治理，增修水库、塘坝，拦蓄径流，发展灌溉。安徽淮南山丘区：总面积 2.82 万 km²，有效灌溉面积 1093 万亩。规划要继续搞好淠史杭等灌区的工程配套和节水改造，搞好塘坝和中小型水库的维修与配套。豫东平原区：总面积 4.20 万 km²，有效灌溉面积 2613 万亩。规划重点加强现有排灌工程的维修更新，配套挖潜，加强水资源的管理与开发利用，推广节水技术，巩固和发展灌溉面积。沿黄平原区：总面积 2.39 万 km²，有效灌溉面积 1431 万亩。规划重点搞好引黄灌区的续建、配套、维修管理，积极发展节水灌溉。安徽淮北平原地区：总面积 3.87 万 km²，有效灌溉面积 1715 万亩。本区规划的重点是加强节水工程建设，充分发展节水灌溉面积，北部地区重点发展井灌面积。发展引江补源。鲁南沂沭泗区：总面积 3.76 万 km²，有效灌溉面积 1693 万亩。规划的重点是优先巩固改善现有灌区的水利基础设施，扩大灌溉面积，结合引黄和南水北调东线的供水，改善、扩大南四湖周边灌区，并加快节水改造，大力发展节水灌溉面积。苏北平原区：总面积 4.02 万 km²，有效灌溉面积 2720 万亩。规划的重点是加强现有排灌工程的更新改造、巩固提高，加强水资源的调配管理，推广节水型灌溉技术，巩固扩大旱涝保收稳产高产田面积。里下河水网区：总面积 2.14 万 km²，有效灌溉面积 1380 万亩。规划的重点是加强现有排灌工程的维修、更新、配套和挖潜，并继续扩大排蓄能力。

淮河流域现有设计灌溉面积在 30 万亩以上的大型灌区共 81 处，设计灌溉面积为 5928 万亩，有效灌溉面积 4636 万亩。近期规划完成淮河流域全部 81 个大型灌区续建配套与节水改造，改善灌溉面积 3296 万亩。淮河流域已建成大型排灌泵站 99 处 671 座、总装机 5688 台套 90.43 万 kW。大型排灌泵站总的设计排涝面积 1583 万亩，有效排涝面积 1403 万亩，设计灌溉面积 3212 万亩，有效灌溉面积 2370 万亩。近期规划对 79 处 492 座大型排灌泵站进行更新改造，改造装机台数 4226 台，改造装机容量 65.89 万 kW，改善排涝面积 1167 万亩，改善灌溉面积 2895 万亩。

3. 农村水环境整治

按照整治和管理维护相结合、工程措施和生物措施相结合的原则对农村水环境进行整治。主要对策措施包括沟通和疏浚沟塘水体，处理疏浚底泥；完善镇村内部排水设施。防治水土流失，做好绿化、美化，对道路路面进行硬化。做好污染企业排污管理和监督工作，加强集约化养殖废物处置、废水排放管理，做好农村居民生活垃圾处置。提高农村居民保护水环境意识。

8.2.8 航运

淮河流域内河航运具有较好的发展基础和条件。现状共有航道通航里程

17118km，其中三级及以上航道里程 1210.6km、四级航道 839.4km、五级航道 996.2km；有各类港口码头及装卸点近 2000 个，完成货物吞吐量约 2.67 亿 t；年内河货运量 1.9 亿 t、货物周转量 410 亿 t·km，内河航运在流域煤炭、矿建等大宗散货运输中发挥着重要的作用。

近期初步完成流域内的全国内河高等级航道建设任务，并建成一大批区域性重要航道；形成布局合理、功能完善、专业高效的港口体系。远期全面完成流域内的全国内河高等级航道和区域性重要航道建设任务，并根据地方经济发展需要重点建设一批五级以上的一般航道；在引江济淮工程的基础上相应建设通航设施；在淮河入海水道二期工程的基础上完成入海航道建设任务。

根据总体规划目标和要求，结合考虑运输需求和航道开发建设条件，重点发展全国内河高等级航道和区域性重要航道。淮河水系纳入全国内河高等级航道规划的有"两纵两横"共 7 条，规划里程 2609km，其中三级及以上航道 2054km，四级航道 555km。规划区域性重要航道共 22 条，规划里程 2036.8km，其中三级航道 754km，四级航道 1282.8km。淮河入海水道规划淮安枢纽—滨海枢纽段结合通航，规划通航里程 84.2km，航道等级为三级；滨海枢纽以下根据经济社会发展需要进一步研究通航的必要性。引江济淮，全长约 270km，航道等级暂定为三级，下一步通过技术经济比较论证后确定。

淮河干支流沿线港口：蚌埠港是全国内河主要港口，淮滨港、六安港、淮南港、漯河港、周口港和阜阳港、亳州港和商丘港为重要港口。鲁西南地区港口：济宁港是全国内河主要港口，枣庄港、菏泽港、泰安港为重要港口。苏北地区港口：徐州港为全国内河主要港口，淮安港、宿迁港、连云港（内河）港、盐城（内河）港为重要港口。

8.2.9　水力发电

淮河流域水力资源主要分布在上、中游山丘区，淮河流域理论蕴藏量 10MW 以上的河流 30 条；淮河流域水力资源理论蕴藏量为 1118.5MW；技术可发量为 656MW；经济可发量为 556.5MW。全流域已、正开发水力资源量：装机容量 310.3MW、年发电量 9.58 亿 kW·h。已、正开发量占全流域技术可开发量的 48%，占全流域经济可开发量的 57%，淮河流域的水力资源已得到较好的开发利用。

淮河干流水力资源理论蕴藏量为 198.6MW，技术可开发量为 46.1MW，经济可开发量为 9.4MW。淮河水系支流水力资源理论蕴藏量为 712.0MW，技术可开发量为 520.7MW，经济可开发量为 475.8MW。沂沭泗河水系水力资源理论蕴藏量为 207.9MW，技术可开发量为 64.4MW，经济可开发量 43.5MW。

规划新增水电装机 168.34MW。淮河干流规划结合出山店水库建设水电站 1 座，电站装机容量 1.6MW；淮河支流规划建设水电站 48 座，总装机容量 157.04MW；沂沭泗河水系规划建设水电站 9 座，总装机容量 9.7MW。

8.2.10 流域综合管理

推动流域管理法律法规的制定，进一步完善流域水法规体系。逐步理顺流域管理和区域管理相结合的管理体制和机制。

建立和完善流域水利规划、防洪抗旱、水资源开发利用与保护、水土保持、河湖岸线利用、水利工程等管理制度，强化管理；完善涉水事务的社会管理和公共服务体系，提高应对水利突发公共事件的能力。加强基层水管单位基础设施建设，提高管理水平。

建立由水文水资源监测站网、水利信息网络及信息资源管理体系、重点业务应用系统等组成的流域综合管理平台；强化流域综合管理基础设施、科研创新能力建设，开展流域治理重大问题研究，全面提升为流域水利事业可持续发展提供支撑的水平。

8.3 淮河流域防洪规划

1998 年长江大水之后，按照水利部统一部署，淮委组织流域内各省水行政主管部门共同开展淮河流域防洪规划的编制工作。2009 年 3 月，国务院以国函〔2009〕37 号文批复了《淮河流域防洪规划》，本次规划在历次规划的基础上，以科学发展观为指导，坚持以人为本、人与自然和谐相处的理念，采用了新的基本资料和新的技术与方法，对基础水文资料进行了延长、复核，分析了流域自然经济社会特点，总结了 20 世纪 90 年代以来治淮工作经验和教训，全面分析了 2003 年大水暴露出来的新问题，重点研究了防洪区划、防洪减灾体系的构成、行蓄洪区调整、平原低洼地区排水、防洪管理体系等，提出了淮河流域及山东半岛防洪建设近、远期目标和实施步骤。全面系统地部署了今后近 20 年淮河流域的防洪建设和管理，为 21 世纪初期淮河流域防洪建设和管理提供了基础和依据，对进一步完善淮河流域防洪体系，提高防洪能力，保障经济社会可持续发展具有重要意义。《淮河流域防洪规划》规划范围包括淮河流域及山东半岛，近远期水平年分别为 2015 年、2025 年，其中涉及淮河流域的主要成果已纳入《淮河流域综合规划（2012—2030 年）》中。以下主要介绍防洪区划、设计洪水及安排等内容。

8.3.1 防洪区划

淮河流域及山东半岛防洪区主要由防洪保护区、行蓄洪区、洪泛区组成，总面积 175850km^2，耕地 1016 万 hm^2，人口 13139 万人。

1. 防洪保护区

淮河流域防洪保护区面积为 157511km^2，人口 11983 万人，耕地 910.5 万 hm^2，国内生产总值 11211 亿元，粮食总产量 6239 万 t。山东半岛防洪保护区面积为

11995km²，人口 864 万人，耕地 68.4 万 hm²，国内生产总值 1876 亿元，粮食总产量 473 万 t。

2. 行蓄洪区

淮河流域共有行蓄洪区 28 处，面积 5438km²，耕地 30.9 万 hm²，人口 260.5 万人。

淮河水系共有行蓄洪区 27 处，面积 5083.2km²，耕地 29.2 万 hm²，人口 239.02 万人。其中蓄滞洪区 10 处，面积 3788.0km²，耕地 21.08 万 hm²，人口 179.7 万人；行洪区 17 处，面积 1295.22km²，耕地 8.11 万 hm²，人口 59.32 万人。

沂沭泗河水系共有滞洪区 1 处，面积 355.1km²，耕地 1.7 万 hm²，人口 21.5 万人。

3. 洪泛区

淮河流域洪泛区主要为淮干上游滩区及其河道内的生产圩区，面积 791.5km²，人口 22.3 万人，耕地 5.18 万 hm²。

8.3.2 设计洪水与洪水安排

1. 设计洪水

淮干设计洪水：淮干设计洪水采用 1996 年淮委规划设计研究院提出的《淮干正阳关、蚌埠、中渡三站洪水频率计算简要说明》和《临淮岗洪水控制工程水文分析报告》成果。100 年一遇正阳关最大 30 天洪量为 386 亿 m³，中渡最大 60 天洪量为 791 亿 m³。

沂沭泗河设计洪水：采用 1980 年淮委提出的《沂沭泗流域骆马湖以上设计洪水报告》成果。临沂、大官庄 50 年一遇设计洪峰流量分别为 22400m³/s、9450m³/s，南四湖及嶂山（骆马湖以上）50 年一遇最大 30 天洪量分别为 103 亿 m³、212 亿 m³。

淮沂设计洪水：淮沂设计洪水是指淮干中渡、沂沭泗河骆马湖以上总流域的设计洪水。采用淮委规划设计院 1985 年提出的《淮沂设计洪水》成果。100 年一遇淮沂最大 60 天洪量为 1002 亿 m³。

2. 设计标准洪水安排

（1）淮河水系标准洪水安排。淮河干流洪水主要控制站为正阳关和中渡，正阳关 100 年一遇 30 天设计洪量为 386 亿 m³，其洪量安排为：30 天末上游水库滞蓄洪量 15.5 亿 m³，行蓄洪区和其他洼地滞蓄洪量 63.0 亿 m³，临淮岗洪水控制工程滞蓄洪量 74.7 亿 m³，茨淮新河分洪 17.8 亿 m³，正阳关河道下泄 215 亿 m³。中渡站 100 年一遇 60 天理想洪量 791 亿 m³，60 天入湖洪水 679 亿 m³，其洪量安排为：60 天末洪泽湖滞蓄洪量为 17 亿 m³，入江水道下泄 485 亿 m³，入海水道下泄 73 亿 m³，灌溉总渠及废黄河下泄 49 亿 m³，分淮入沂分泄 55 亿 m³。

（2）沂沭泗河水系标准洪水安排。沂沭泗河水系设计洪水以骆马湖为控制，骆马湖以上 50 年一遇 30 天洪量为 212 亿 m³，其洪量安排分两种情况：①沂沭河与骆马湖同频率，南四湖与邳苍地区相应时，30 天末水库滞蓄洪量 0 亿 m^3，南四湖滞蓄洪量 14.3 亿 m^3，骆马湖滞蓄洪量 0.87 亿 m^3，通过新沭河、新沂河及中运河入海水量 196.91 亿 m^3。②南四湖与骆马湖同频率，沂沭河与邳苍地区相应时，30 天末水库滞蓄洪量 0 亿 m^3，南四湖滞蓄洪量 20.44 亿 m^3，骆马湖滞蓄洪量 0 亿 m^3，通过新沭河、新沂河及中运河入海水量 191.66 亿 m^3。

8.4 进一步治理淮河

2013 年规划编制工作刚启动的 2007 年夏季，淮河发生了约 20 年一遇洪水，在这次洪水中，已建的防洪工程体系发挥了巨大的减灾效益，但是也暴露出行蓄洪区问题突出、平原洼地涝灾损失严重等问题。2009 年国务院第 95 次常务会议专题研究淮河治理问题，要求继续把治淮作为水利建设重点，加大投入力度，进一步推进治淮工作。2010 年 6 月，国务院召开治淮工作会议，要求用 5～10 年时间完成进一步治理淮河 38 项工程。2011 年 3 月，国务院办公厅转发了国家发展和改革委员会、水利部《关于切实做好进一步治理淮河工作的指导意见》[（国办发〔2011〕15 号），以下简称《指导意见》]，明确了进一步治理淮河的目标和各项任务；2013 年 6 月，国家发展和改革委员会、水利部印发了《进一步治理淮河实施方案》[发改办农经〔2013〕1416 号，以下简称《实施方案》]，用于指导进一步治理淮河前期工作和工程建设。《指导意见》和《实施方案》均明确指出用 5～10 年的时间基本完成进一步治理淮河 38 项主要任务，继续巩固治淮建设成果，构建更为完善的流域防洪排涝减灾体系，统筹解决好防洪排涝和水资源利用与保护问题，为淮河流域经济社会可持续发展提供更加有力的支撑和保障。

主要建设内容有：一要实施行蓄洪区调整和建设。对淮河干流及重要支流行蓄洪区和沂沭泗河黄墩湖滞洪区进行调整，加强行蓄洪区堤防、进退水闸和安全设施建设，有效提高行蓄洪区启用标准，行蓄洪时基本不需要临时转移群众。二要加快重点平原洼地治理。重点对淹没历时长、涝灾损失重的沿淮 7 片平原洼地进行治理。加强农田水利重点工程建设，加大旱作节水农业推广力度。**三要推进堤防达标建设和河道治理。实施淮河下游入江水道整治、分淮入沂整治和洪泽湖大堤除险加固工程，加快入海水道二期工程建设**，加固淮河干流一般堤防和沂沭泗河上游堤防，完善南四湖防洪体系，逐步治理淮河重要支流。四要全面保障城乡饮水安全。实行最严格的水资源管理制度，严格控制入河湖排污总量，加强水资源保护和水质监测，提高供水及水污染突发事件应急处置能力。加强城市饮用水水源地保护和供水设施建设与改造，加快解决农村饮水安全问题，推进城乡一体化供水。五要充分考虑移民安置、水资源配置和生态环境保护等问题，适时开工兴建出山店、前坪等防洪水库，提高淮河上游拦蓄洪水能力。六要积极推进淮河行蓄洪区和淮河干流滩区居民迁建。按照政府主导、群众自愿、统一规划、分步实施的原则，用 10 年左右时间，逐步将居住在淮河行蓄洪区和淮河干流滩区设计洪水位以下，以及行蓄洪区庄台上超过安置容量的人口搬迁至安全地区。政府安排补助投资支持搬迁居民建房。七要加强水利管理。积极推行管养分离，因地制宜确定小型水利工程管理体制和运行机制，保障工程安全运行。强化对行蓄洪区的管理，加强流域管理能力建设。

进一步治理淮河 38 项工程见表 8.4-1。

表 8.4-1　　　　　　　　　　进一步治理淮河 38 项工程

序号	项 目 名 称	备　注
一	淮河行蓄洪区调整和建设	
1	淮河干流蚌埠—浮山段行洪区调整和建设	包含方邱湖、临北段、香浮段、花园湖行洪区调整和建设
2	淮河干流正阳关—峡山口段行洪区调整和建设	包括董峰湖、寿西湖行洪区调整和建设
3	淮河干流浮山以下段行洪区调整和建设	包括潘村洼、冯铁营引河、鲍集圩行洪区调整和建设
4	淮河干流王家坝至临淮岗段、凤台至涡河口段行洪区调整和建设	包括濛河分洪道、南润段、汤渔湖和上下六坊堤行洪区调整和建设
5	河南省蓄滞洪区调整和建设	包括泥河洼、老王坡、杨庄、蛟停湖滞洪区调整和建设
6	黄墩湖滞洪区调整和建设	
7	安徽省行蓄洪区建设	建设与管理规划中蓄滞洪区建设扣除上述淮河干流行洪区调整和建设安排的内容
8	江苏省洪泽湖周边滞洪区建设	
9	山东省南四湖湖东滞洪区建设	
二	重点平原洼地治理	主要为淮河流域重点平原洼地治理规划中近期治理项目
10	世行贷款重点平原洼地治理	
11	河南省重点平原洼地近期治理	主要是沿淮，洪汝河、沙颍河等淮北平原，行蓄洪区等洼地治理
12	安徽省重点平原洼地近期治理	主要是沿淮、部分淮北平原、行蓄洪区等洼地治理
13	江苏省重点平原洼地近期治理	主要是里下河、南四湖、行蓄洪区等洼地治理
14	山东省重点平原洼地近期治理	主要是南四湖滨湖和部分沿运及邳苍郯新等洼地治理
15	大型灌区续建配套和节水改造	
16	大型灌区排泵站更新改造	

续表

序号	项 目 名 称	备 注
17	田间灌溉工程	
三	堤防达标建设和河道治理	
18	入江水道整治	
19	洪泽湖大堤除险加固	
20	分淮入沂整治	
21	淮河入海水道二期	
22	河南省淮干一般堤防加固	淮河干流淮凤集至三河尖两岸的来龙等圩区堤防加固
23	安徽省淮干一般堤防加固	包括临王段、西淝河左岸、黄苏段、天河封闭堤、塌荆段等堤防加固
24	沂沭泗河上游堤防加固	包括沂河、沭河、泗河上游堤防加固
25	南泗湖防洪体系完善	
26	河南省重要支流治理	包括史灌河、洪汝河、贾鲁河、北汝河等
27	安徽省重要支流治理	包括史灌河、洪汝河、新汴河、漯河等
28	江苏省重要支流治理	包括新汴河等
29	山东省重要支流治理	包括洙赵新河、小清河、大沽河、梁济运河等
四	城乡饮水安全	
30	农村饮水安全	
31	城市饮用水源地保护和供水设施建设	蚌埠等重要城市饮用水源地保护和供水设施建设
32	水功能区检测和突发性水污染应急处置能力建设	
五	上游防洪水库	
33	出山店水库	
34	前坪水库	
六	淮河行蓄洪区和淮河干流滩区居民迁建	含保庄圩工程
35	河南省淮河行蓄洪区和淮河干流滩区居民迁建	
36	安徽省淮河行蓄洪区和淮河干流滩区居民迁建	
37	江苏省淮河行蓄洪区和淮河干流滩区居民迁建	
七	其他	
38	流域管理能力建设	

8.5   规划实施情况

2013 年规划是指导今后一个时期淮河流域开发、利用、节约、保护水资源的总体部署。到 2013 年底，淮河下游洪泽湖大堤加固、入江水道、分淮入沂整治等工程已基本完成，消除了工程存在的病险隐患，巩固和提高了河道行洪能力，使淮河流域防洪减灾体系得到进一步巩固完善。洪泽湖大堤加固工程的实施，处理了大堤渗流安全隐患，使洪泽湖大堤达到 100 年一遇防洪标准。在入江水道整治工程中，通过堤防加固、涵闸隐患处理和河道疏浚、切滩等措施，进一步巩固了入江水道设计行洪能力 12000m³/s，高邮湖大堤防洪能力达 50～100 年一遇，新白塔河堤防达 20 年一遇，铜龙河与秦栏河堤防达 10 年一遇。分淮入沂整治工程对淮沭河堤防进行了加固，对病险的穿堤建筑物进行了拆建、加固，对滩地进行了治理，使设计泄洪能力基本达到 3000m³/s。在建的上游前坪水库和出山店水库，将增加库容 18.6 亿 m³，其中防洪库容 8.7 亿 m³。

利用世行贷款实施重点平原洼地治理工程，通过疏浚河道和加固堤防，新建、重建、扩建、维修和加固穿堤和跨河闸、桥等建筑物，提高低洼地排涝能力，使治理区形成一个比较完整的防洪除涝体系，提高了治理区抗御洪涝灾害能力。通过河道疏浚、堤防加固、涵闸加固等工程措施，部分中小河流和重要支流已经达到设计的防洪能力。

通过引江济淮等水资源配置工程的实施，流域水资源保障能力进一步提升。农村人饮安全工程的实施，保证了千万农村居民的饮水安全。城市饮用水水源地保护和供水水源建设，保障了城市供水安全。部分地区居民迁建工作进展顺利，已完成居住在行蓄洪区及淮干滩区设计洪水位以下 2.81 万户防洪不安全居民的迁建工作，涉及人口 9.56 万人，占总迁建规模的 17％。

淮河行蓄洪区规划与建设

　　蓄滞洪区是江河防洪体系中的重要组成部分，是保障流域整体防洪安全、减轻洪涝灾害损失的有效措施和重要手段。淮河流域的蓄滞洪区分为行洪区、蓄洪区、滞洪区三类，统称为行蓄洪区。随着数十年来淮河治理，淮河行蓄洪区的数量与范围几经变动，根据 2009 年国务院批复的《全国蓄滞洪区建设与管理规划》，淮河流域共有行蓄洪区 29 处，其中淮河干流有行洪区 17 处，蓄洪区 4 处，滞洪区 1 处；淮北支流滞洪区 5 处，沂沭泗水系滞洪区 2 处。根据 1950—2015 年 60 多年资料统计，淮河流域行蓄洪区总共启用了 264 次，有计划地主动分蓄超额洪水，实现了舍弃一般保重点、牺牲局部保全局的防洪战略，以较小的代价保护了重要地区的防洪安全，为流域防洪减灾作出了巨大贡献。在今后相当长的时期内，行蓄洪区仍然是不可缺少的重要防洪减灾措施。行蓄洪区也是区内群众赖以生存和发展的家园，因此，既要分蓄洪水，也要发展生产。随着经济社会的发展、人口的增加，行蓄洪区存在无序开发、洪水调蓄能力逐渐降低、运用难度加大等问题。由于频繁地行蓄洪水，区内群众生产生活极不安定，生活水平低于周围其他地区，防洪安全与区内发展的矛盾日益突出。

9.1　行蓄洪区的设立与演变

　　历史上黄河长期夺淮，导致各支流入淮口淤塞，先后形成了一系列湖泊洼地，这些湖泊洼地平时可以耕种，汛期则成为洪水回旋滞蓄的天然场所。为便于耕种，远在清乾隆年间，就有地方政府和居民开始在沿淮湖泊洼地修筑堤防，保护农田，防御水灾。到了民国时期，这些湖泊洼地，都先后修筑了标准不一的矮小堤防，一般年份能保证麦收。据记载，清乾隆二十二年（1757 年），修筑了城西湖北河口至任家沟口的淮堤；1917 年，修筑淮堤 80km，并封堵龙窝口、新河口及其他支口，以防淮水倒灌，接着又修筑上格堤；1936 年沿任家沟北岸建成下格堤。至此，城西湖蓄洪区雏形形成。1930 年，导淮委员会审议《导淮工程计划》时，与会代表、专家认为：淮河上中游之治导应以浚深、筑堤及建设防洪池三者并重，同时须兼顾灌溉问题及实地情形，其中的防洪池，其作用应当就是临时滞蓄洪水，与当今行蓄洪区类似。

9.1.1   淮河干流行蓄洪区

中华人民共和国成立后，开始大规模治淮，政务院《关于治理淮河的决定》确定了"蓄泄兼筹"的治淮方针，中游堤防规划以保大利舍小利为原则。1950 年夏，淮河大水，其洪峰洪量较 1931 年小得多，但因当时沿淮堤防比 1931 年高，所以虽然沿淮堤防普遍溃决，但洪水位却仍比 1931 年高。汛后复堤时考虑到这些堤防的重要程度不同，为确保淮北平原及重要工矿城市、铁路干线的安全，除控制蓄洪区要专作规划以外，将沿淮堤防分为三个等级：沿淮主要堤防高于计划洪水位（即1950 年最高水位）1m 并予培厚，以期麦秋两收；颍河右堤及淮左庙垂段等堤防堤顶高于计划洪水位 0.5m，争取秋收；其余堤段只予堵口，堤顶低于计划洪水位1m，只保麦作期间不遭淮水侵入，普通洪水之年亦可收秋，如遇非常洪水则任其漫溢，以增大淮河泄量。自此以后，对这些堤顶高程低于计划洪水位 1m（即低于淮北大堤顶 2m）的地区称之为行洪区，其堤防称之为行洪堤。治淮初期在进行防洪规划时就按此部署核算河道排洪能力，当正阳关洪水位为 24.8m 时，淮河排洪能力为 6500m³/s。

1953 年 5 月，治淮委员会提交中央的《关于淮河蓄滞洪区情况的报告》中，提到蓄洪、滞洪、行洪的问题，至此，淮河干流正式有了行洪区的提法。1954 年淮河防汛工作报告中具体列出行洪区的堤段，河南有童元、黄郢、建湾 3 处，安徽正阳关以上有南润段、润赵段、赵庙段、任四段、唐垛湖 5 处；正阳关以下有便峡段、黑张段、六坊堤、石姚段、三芡缕堤、黄苏段、曹临段、晏小段、相浮段及浮苏段（潘村洼）等 10 处。1954 年洪水后，堤防标准按 1954 年洪水位普遍加高，但仍低于设计洪水位 0.5～1.0m。1960 年以后，行洪区堤防再次加高后堤顶一般超过规定值1～3m。

1951 年 4 月治淮委员会工程部所作《关于治淮方略的初步报告》中，已经有了利用湖泊洼地调节淮河洪水的提法，其中正阳关以上提到了城西湖、城东湖、濛河洼地、邱家湖、姜家湖等 8 处，正阳关以下提到了寿西湖、瓦埠湖、董峰湖等 9处。以后，这些洼地中有些被辟为行洪区，而正式建成蓄洪区的有濛洼、城西湖、城东湖、瓦埠湖 4 处，并一直沿用至今。濛洼蓄洪区兴建于 1951 年；城西湖在1951 年兴建润河集分水闸枢纽工程时辟为蓄洪区，后一度废弃，1962 年恢复，1972 年在王截流处建进洪闸；城东湖蓄洪区兴建于 1953 年 7 月；瓦埠湖蓄洪区兴建于 1952 年 7 月。

此后，行蓄洪区作了局部调整和增减。1955—1956 年，在淮河干流堤防加固工程中退建临北遥堤，将临北新老堤之间列为临北段行洪区；1956 年汛后，将黄苏段行洪区改为一般堤防保护区；1957 年汛前将寿西湖确立为行洪区；1958 年将原六坊堤辟为上、下六坊堤两处；1960年建成洛河洼行洪区；1965年唐垛湖复堤改滞洪区为行洪区；1969年增辟汤渔湖行洪区。

1983年以后，根据水电部批复《河南省淮河干流沿淮圩区、行洪区处理工程规划》（〔83〕水电水建字第75号）和《安徽省淮河干流河道整治及堤防加固工程规划》（〔83〕水电水建字第76号），在淮干上中游河道整治工程中，将河南省的童元、黄郢、建湾及安徽省的润赵段4处行洪区废弃（1995—1996年完成）。另外，根据《淮河流域综合规划纲要（1991年修订）》，将江苏省的鲍集圩列为行洪区。

1991年大水后，国务院作出《关于进一步治理淮河和太湖的决定》，确定实施治淮19项骨干工程，其中，结合临淮岗洪水控制工程，新建姜唐湖进洪闸，将姜家湖和唐垛湖联圩改为有闸控制的姜唐湖行洪区。

2003年大水后，结合灾后重建工程，新建荆山湖进、退洪闸工程，荆山湖改为有闸控制的行洪区。

2003年11月，水利部印发了《加快治淮工程建设规划（2003—2007年）》，规划废弃石姚段、洛河洼行洪区，退出一部分面积，增加河道过流断面，保留的部分改为防洪保护区。

洪泽湖周边滞洪区位于洪泽湖大堤以西，废黄河以南，泗洪县西南高地以东，以及盱眙县的沿湖、沿淮地区。《淮河流域综合规划纲要（1991年修订）》明确洪泽湖滨湖圩区1950km²，大水时需用以滞洪20亿～40亿m³，是洪泽湖防洪库容的重要组成部分。2009年国务院批复的《淮河流域防洪规划》中，已明确洪泽湖周边滞洪圩区为当时淮河流域已有的11处蓄（滞）洪区之一。在《全国蓄滞洪区建设与管理规划》（水利部，2009年8月）中，将洪泽湖周边滞洪区（含鲍集圩）纳入蓄滞洪区范围。2010年1月，水利部《关于公布国家蓄滞洪区调整名录的通知》（水汛〔2010〕14号），洪泽湖周边滞洪区纳入国家蓄滞洪区修订名录。

9.1.2 滞洪区

1. 老王坡滞洪区

老王坡滞洪区是1951年兴建的大型洼地滞洪区，位于河南省驻马店市西平县境内，淮河支流小洪河左岸与其支流淤泥河交汇口以上，控制流域面积1555km²。滞洪区淹没面积142km²，相应蓄水量2亿m³。1969年冬，为改善陈坡寨至五沟营段小洪河河道的泄水能力，对该段进行了裁弯取直，河道拓宽。此工程提高了小洪河泄洪能力，但缩小了老王坡蓄洪区范围，减少了蓄洪量，滞洪区淹没面积变为121.3km²，蓄洪量变为1.71亿m³。

2. 杨庄滞洪区

杨庄滞洪区位于河南省西平县城西22km的小洪河干流上，控制流域面积1026km²。下游13km处为老王坡滞洪区，两个滞洪区可联合调度。1959年曾在杨庄修建水库，1962年汛前扒坝废除，扒口口门宽60m，"75·8"大水将口门冲宽至 130m，仍能起自然滞洪作用，但滞洪能力减小，造成上游洪水失控，上下游蓄泄关系失调，加重了老王坡滞洪区的滞洪负担。河南省于 1986 年编制了《小洪河防洪除涝规划报告》，1988 年编制了《老王坡改善工程规划报告》，1989 年编制了《杨庄、老王坡滞洪工程近期联合运用可行性研究报告》，提出了复建杨庄滞洪区。1992 年杨庄滞洪区开工建设，于 1998 年建成运用。杨庄滞洪区上游为山丘区，下游为平原区，属"水库型"滞洪区，无进洪闸控制，仅设泄洪闸一座，设计标准为 50 年一遇，相应滞洪水位 71.54m，滞洪量 2.03 亿 m³。

3. 蛟停湖滞洪区

蛟停湖滞洪区位于河南省平舆、新蔡两县交界处，始建于 1951 年，设计滞洪水位 41.48m，滞洪量为 0.8 亿 m³。1969 年汝河治理工程时，对老汝河进行裁弯取直，一部分滞洪区被新汝河取直切除，在设计滞洪水位仍为 41.48m 时，滞洪量减少到 0.58 亿 m³，现滞洪区由老汝河左岸和新汝河右岸围合而成。

4. 泥河洼滞洪区

泥河洼滞洪区位于河南省舞阳县境内沙河与澧河之间，1955 年建成，设计滞洪水位 68.0m，滞洪量 2.36 亿 m³。

5. 老汪湖滞洪区

老汪湖滞洪区位于安徽省宿州市埇桥区和灵璧县境内，是淮北支流奎濉河左岸的一个滞洪区，建成于 20 世纪 50 年代初。设计滞洪水位 25.45m，滞洪库容 1.38 亿 m³。

6. 黄墩湖滞洪区

黄墩湖滞洪区属淮河流域沂沭泗水系，位于骆马湖西侧，中运河以西，废黄河以北，房亭河以南，邳睢公路以东，涉及江苏省徐州、宿迁两市的邳州、睢宁、宿豫三个县（市、区），最高洪水位 25.82m，相应滞洪库容 14.7 亿 m³。1958 年黄墩湖滞洪区确定为骆马湖非常洪水的滞洪区。

7. 南四湖湖东滞洪区

南四湖湖东滞洪区位于山东省南四湖湖东堤东侧，涉及济宁市的微山、邹城和枣庄市的滕州、薛城等四个县（市、区），2010 年列入国家蓄滞洪区名录。湖东滞洪区由泗河—青山段、界河—城郭河段和新薛河—郗山段等 3 部分组成，是为湖西大堤、湖东堤大型矿区和城镇段堤防达到防御 1957 年洪水（约相当 90 年一遇）的防洪标准而设置的，属于防御标准内洪水的蓄滞洪区，湖东滞洪区需滞蓄洪水 4 亿 m³，才能达到上述防洪标准。在东调南下续建工程完成前，湖东滞洪区进洪的启用水位为约 20 年一遇；东调南下续建工程完成后，滞洪区进洪的启用水位将达到 50 年一遇。设计滞洪水位上级湖为 36.99m、下级湖为 36.49m，滞洪库容上级湖为 3.01 亿 m³，下级湖为 0.67 亿 m³。

淮河流域行蓄洪区形成年代及设定时间见表 9.1-1。

表 9.1-1   淮河流域行蓄洪区形成年代及设定时间表

类别	序号	行蓄洪区	堤防形成年代	确定为行蓄洪区的年份
蓄洪区	1	濛洼	1918 年上游钤岗至下游南照集开始筑堤	1951
蓄洪区	2	城西湖	清乾隆二十二、二十三年（1757 年、1758 年）霍邱知县请帑浚深沟河三道，兴修湖区水利工程。民国 25 年（1936 年）安徽省建设厅开发垦区，兴建任家沟闸（又名万民闸）和新河口闸（又名万户闸）。上格堤系民国初年所筑	1951
蓄洪区	3	城东湖	1951 年，在距汲河入淮口以上 10km 的湖洼出口，筑堤 5.4km 以拦阻淮河水，并于堤上建城东湖闸	1951
蓄洪区	4	瓦埠湖	封闭堤由二里坝、寿县城墙和牛尾岗堤组成，二里坝和牛尾岗堤在治淮初期所建	1951
滞洪区	1	黄墩湖		1958
滞洪区	2	杨庄	是由废弃的杨庄水库改建而成，工程于 1992 年 11 月正式开工，1998 年建成	1998
滞洪区	3	老王坡		1951
滞洪区	4	蛟停湖		1951
滞洪区	5	泥河洼		1955
滞洪区	6	老汪湖		治淮初期
滞洪区	7	南四湖湖东	是由岗地、南四湖湖东堤及界河等部分支流回水段堤防构成	2010
滞洪区	8	洪泽湖周边	为安置蓄水移民及兴办周边挡洪堤等蓄洪垦殖工程，20 世纪 50 年代，进行了圈圩工程，圈圩的地面高程沿 12.5m 等高线筑堤	2010
行洪区	1	南润段	1913 年由南照集筑堤至十八亩地头，后被水毁。1920 年由南照集到润河口的圩堤筑成，1922 年筑起了北面王庄孜到润河口圩堤，均毁于 1924 年洪水。1931 年洪水后，1933 年再次筑堤，后经历年加宽培厚，1950 年大水未决口	治淮初期
行洪区	2	邱家湖	清道光三年（1823 年）始垦殖，四年（1824 年）筑堤	治淮初期
行洪区	3	姜唐湖	治淮 19 项工程之一"淮河干流上中游河道整治及堤防加固工程"中将姜家湖和唐垛湖联圩改为有闸控制的姜唐湖行洪区（姜家湖：1915 年修筑淮堤，1937 年兴建下格堤；唐垛湖：1823 年始筑圩堤）	2004（姜家湖：1951；唐垛湖：1965）

续表

类别	序号	行蓄洪区	堤防形成年代	确定为行蓄洪区的年份
行洪区	4	寿西湖	湖区始垦于明崇祯十三年（1640年）。1949年整修了原寿西淮堤。1950年汛后复堤	治淮初期
	5	董峰湖	便峡段沿淮堤防始建于民国初年	治淮初期
	6	上六坊堤	民国初年曾有堤，民国5年大水冲刷殆尽。1946年，皖淮复堤工程局二所，以工代赈，筑成围堤。1949年冬，凤台县出工培修	1953
	7	下六坊堤		
	8	石姚段	沿淮堤防始筑于1929年	治淮初期
	9	洛河洼	民国时曾筑过堤，经多次洪水冲击而毁。1957年，当地群众在淮南市郊区政府组织下再次圈圩，取名幸福堤。1960年，安徽省政府批准恢复圩堤	1960
	10	汤渔湖	沿淮堤防于民国21年（1932年）救灾会修筑。年久失修而溃不成堤。1948年淮域复堤工程局工赈修复	1972年3月
	11	荆山湖	沿淮堤防于民国21年（1932年）救灾会修筑。年久失修而溃不成堤。1948年淮域复堤工程局工赈修复。1949年人民政府领导整修	治淮初期
	12	方邱湖	沿淮筑堤始见于清乾隆四十六年（1781年）。1950年洪水溃决，治淮修复	治淮初期
	13	临北段	清嘉庆七年（1802年）沿淮始筑堤。1955年，建临北遥堤	1955
	14	花园湖	沿淮堤防于民国时所建，1950年溃决后，培修	1952年，治淮工程计划纲要中曾列为蓄洪区。实际实施中列为行洪区
	15	香浮段	堤防为民国时建	1953
	16	潘村洼	据1949年7月河道形势图，已有部分堤防	1952年，治淮确定了泊岗引河以北列为确保区，以南部分列为行洪区
	17	鲍集圩	治淮初期已有低矮堤防	1992

注 表中"治淮初期"指1950—1953年。

9.2　行蓄洪区基本情况

9.2.1　数量及其分布

根据《全国蓄滞洪区建设与管理规划》，淮河流域共有蓄滞洪区 29 处（含洪泽湖周边滞洪区、姜家湖和唐垛湖联圩后建成的姜唐湖行洪区及南四湖湖东滞洪区），总面积 5700.5km²，耕地 487.61 万亩，2004 年区内人口 284.59 万人，蓄滞洪总库容 183.86 亿 m³。其中，蓄洪区 4 处，即淮河干流的濛洼、城西湖、城东湖、瓦埠湖，总面积 1853.4km²，耕地 143.9 万亩，区内人口 75.1 万人，蓄滞洪总库容 63.1 亿 m³；滞洪区 8 处，即洪泽湖周边滞洪区、洪汝河的杨庄、老王坡、蛟停湖滞洪区，沙颍河的泥河洼，奎濉河的老汪湖以及沂沭泗河水系的黄墩湖、南四湖湖东滞洪区，面积 2552km²，耕地 222.11 万亩，区内人口 150.49 万人，蓄滞洪总库容 57.06 亿 m³；行洪区 17 处，即南润段、姜唐湖、邱家湖、寿西湖、董峰湖、上六坊堤、下六坊堤、石姚段、洛河洼、汤渔湖、荆山湖、方邱湖、临北段、花园湖、香浮段、潘村洼、鲍集圩，均分布在淮河干流中游两岸，面积 1295.1km²，耕地 121.5 万亩，区内人口 59.0 万人，蓄滞洪总库容 63.7 亿 m³。

淮河流域行蓄洪区基本情况见表 9.2－1。

表 9.2－1　　　　　　　　　淮河流域行蓄洪区基本情况表

类别	序号	蓄滞洪区名称	面积/km²	所在河流	容积/亿 m³	人口/万人	耕地面积/万亩
蓄洪区	1	濛洼	180.4	淮河	7.5	15.7	18
	2	城西湖	517.0	淮河	28.8	16.6	40.7
	3	城东湖	380.0	淮河	15.3	8.4	25
	4	瓦埠湖	776.0	淮河	11.5	34.4	60.2
	小　计		1853.4		63.1	75.1	143.9
滞洪区	1	黄墩湖	355.1	沂沭泗河	14.7	21.39	25.78
	2	杨庄	82.0	小洪河	2.56	5.4	8.2
	3	老王坡	121.3	小洪河	1.71	5.5	16.4
	4	蛟停湖	48.7	汝河	0.6	3.4	5.5
	5	泥河洼	103.0	沙河、澧河	2.36	4.5	13.1
	6	老汪湖	65.0	奎濉河	1.38	1.8	7.8
	7	南四湖湖东	262.3	沂沭泗河	3.68	25.8	24.03
	8	洪泽湖周边	1514.6	淮河	30.07	82.7	121.3
	小　计		2552.0		57.06	150.49	222.11

续表

类别	序号	蓄滞洪区名称	面积/km²	所在河流	容积/亿 m³	人口/万人	耕地面积/万亩
行洪区	1	邱家湖	37.0	淮河	1.67	2.7	3.7
	2	姜唐湖	145.8	淮河	7.6	10.2	11.7
	3	寿西湖	161.5	淮河	8.54	8	13.8
	4	董峰湖	40.1	淮河	2.26	1.6	4.9
	5	汤渔湖	72.7	淮河	3.98	5.3	7.5
	6	荆山湖	72.1	淮河	4.75	0.7	8.6
	7	花园湖	218.3	淮河	11.07	8.8	15.6
	8	南润段	10.7	淮河	0.64	0.98	1.16
	9	上六坊堤	8.8	淮河	0.46		1
	10	下六坊堤	19.2	淮河	1.1	0.16	2.1
	11	石姚段	21.3	淮河	1.16	0.7	2.68
	12	洛河洼	20.2	淮河	1.25		2.52
	13	方邱湖	77.2	淮河	3.29	5.78	8.4
	14	临北段	28.4	淮河	1.08	1.85	3
	15	香浮段	43.5	淮河	2.03	2.38	5.8
	16	潘村洼	164.9	淮河	6.87	5.51	17.1
	17	鲍集圩	153.4	淮河	5.95	4.4	12
小　计			1295.1		63.7	59.0	121.6
合　计			5700.5		183.86	284.59	487.61

淮河流域行蓄洪区启用标准普遍较低。蓄滞洪区中，泥河洼、老王坡约 2 年一遇，濛洼约 5 年一遇，城西湖、黄墩湖为 10～15 年一遇。行洪区一般越靠近上游，面积越小，行洪机遇越多。正阳关以上的南润段、邱家湖、姜家湖、唐垛湖行洪机遇约 3～4 年一遇，正阳关以下董峰湖、上六坊堤、下六坊堤、石姚段、洛河洼、荆山湖等约 5～7 年一遇，其余的寿西湖、汤渔湖、方邱湖、临北段、花园湖、香浮段、潘村洼、鲍集圩约 10～15 年一遇。

9.2.2　调度运用

在淮河历次防洪规划中，行蓄洪区的行蓄洪能力均作为防洪设计标准内的一部分，而不是当作超标准洪水的应急措施。因此，行蓄洪区安全、及时、有效启用对保障流域整体防洪安全至关重要，行蓄洪区的调度是淮河防洪极为重要的工作。

行洪区是淮河干流泄洪通道的一部分，其作用是在河道泄洪能力不足时启用，以扩大河道的过流断面，增加泄洪能力。在设计条件下如能充分运用，可分泄淮河干流相应河段河道设计流量的 20%～40%，其中王家坝—正阳关段占 26%～28%，正阳关—涡河口段占 28%～46%，涡河口以下段占 20%～40%。

蓄洪区的作用是蓄滞洪量，削减洪峰，减轻洪水对河道两岸堤防和下游的压力。淮干中游的濛洼、城西湖、城东湖、瓦埠湖 4 个蓄洪区蓄洪库容 63.1 亿 m³，约占正阳关 50 年一遇 30 天洪水总量的 20%，对淮河干流蓄洪削峰作用十分明显。

淮河行蓄洪区按其重要性分级设置调度权限。2016 年 7 月，国家防汛抗旱总指挥部批复的《淮河洪水调度方案》（国汛〔2016〕14 号）对淮河行蓄洪区的调度权限规定如下：濛洼、城西湖蓄洪区的运用由淮河防汛抗旱总指挥部商有关省提出意见，报国家防汛抗旱总指挥部决定。当年的再次运用由淮河防汛抗旱总指挥部决定，报国家防汛抗旱总指挥部备案；城东湖、瓦埠湖及其他行蓄洪区的运用由有关省商淮河防汛抗旱总指挥部决定，报国家防汛抗旱总指挥部备案；洪泽湖周边滞洪圩区的运用由淮河防汛抗旱总指挥部商有关省提出意见，报国家防汛抗旱总指挥部决定。

9.2.3 运用情况

1950—2007 年，58 年间淮河流域共有 37 个年份运用了行蓄洪区，共计启用了 264 处次。其中，老王坡、泥河洼滞洪区运用频率较高，老王坡有 25 个年份启用，累计滞洪 45 次；泥河洼有 18 个年份启用，累计滞洪 44 次；濛洼自 1952 年建成以来，有 12 年启用，累计蓄洪 15 次。行洪区在 1950 年、1956 年、1968 年、1975 年、1982 年、1991 年和 2007 年等较大洪水年份，每年都有 10 多处行洪区运用，遇大洪水年，如 1954 年，则全部被运用，见表 9.2 - 2。

表 9.2 - 2　　　　　　　　　淮河流域行蓄洪区实际年份运用情况

类别	序号	行蓄洪区名称	调度权限	运用年数	实际运用年份（1950—2007 年）
蓄洪区	1	濛洼	国家防总	12	1954、1956、1960、1968、1969、1971、1975、1982、1983、1991、2003、2007
	2	城西湖	国家防总	4	1950、1954、1968、1991
	3	城东湖	安徽省防指	7	1950、1954、1956、1968、1975、1991、2003
	4	瓦埠湖	安徽省防指	1	1954
滞洪区	1	黄墩湖	江苏省防指	1	1957
	2	杨庄	河南省防指	1	2000

类别	序号	行蓄洪区名称	调度权限	运用年数	实际运用年份（1950—2007 年）
滞洪区	3	老王坡	河南省防指	25	1954、1955、1956、1957、1958、1963、1964、1965、1967、1968、1969、1975、1979、1980、1982、1983、1984、1988、1989、1994、1998、2000、2001、2004、2007
	4	蛟停湖	河南省防指	3	1956、1965、1968
	5	泥河洼	河南省防指	18	1955、1956、1957、1958、1959、1961、1963、1964、1965、1968、1969、1972、1975、1979、1982、1998、2000、2004
	6	老汪湖	宿州市防指	7	1954、1955、1957、1963、1982、1996、1998
	7	南四湖湖东	山东省防指	0	
	8	洪泽湖周边	国家防总	0	
行洪区	1	南润段	安徽省防指	14	1954、1956、1960、1962、1963、1968、1969、1975、1977、1980、1982、1983、1991、2007
	2	邱家湖		16	1950、1954、1955、1956、1960、1963、1964、1968、1969、1975、1982、1983、1984、1991、2003、2007
	3	姜唐湖		28	姜家湖：1950、1952、1954、1955、1956、1960、1963、1964、1968、1969、1971、1975、1982、1983、1991；唐垛湖：1968、1969、1970、1971、1975、1977、1980、1982、1983、1984、1991、2003；姜唐湖：2007
	4	寿西湖		2	1950、1954
	5	董峰湖		9	1950、1954、1956、1968、1975、1982、1983、1991、1996
	6	上六坊堤		12	1950、1954、1956、1960、1963、1968、1969、1975、1982、1991、2003、2007
	7	下六坊堤		12	1950、1954、1956、1960、1963、1968、1975、1982、1983、1991、2003、2007

续表

类别	序号	行蓄洪区名称	调度权限	运用年数	实际运用年份（1950—2007年）
行洪区	8	石姚段	安徽省防指	9	1950、1954、1956、1963、1975、1982、1991、2003、2007
	9	洛河洼		9	1963、1964、1965、1968、1975、1982、1991、2003、2007
	10	汤渔湖		3	1950、1954、1991
	11	荆山湖		8	1950、1954、1956、1975、1982、1991、2003、2007
	12	方邱湖		3	1950、1954、1956
	13	临北段		0	
	14	花园湖		3	1950、1954、1956
	15	香浮段		3	1950、1954、1956
	16	潘村洼		1	1954
	17	鲍集圩	江苏省防指	10	1954、1956、1960、1968、1969、1971、1975、1982、1983、1991

9.3 行蓄洪区建设

行蓄洪区在防洪过程中既要承担分蓄洪水的任务，又要确保区内居民的生命财产安全。行蓄洪区建设的主要内容就是针对其自然特点、洪水风险特征以及经济社会发展与生态环境保护要求，开展工程建设、安全建设、居民迁建等工作。

9.3.1 工程建设

行蓄洪区工程建设目标包括以下几个方面：一是通过退建部分行蓄洪区堤防，或废弃部分行洪区，铲除老堤，恢复漫滩行洪，以拓宽河道行洪断面，达到淮干滩槽分段行洪能力要求。二是对行蓄洪区堤防进行除险加固，建设进、退洪闸，改善行蓄洪区运用条件，更有效地发挥行洪蓄洪作用。三是改建或新建排涝设施，提高行蓄洪区排涝能力。

1. 濛洼蓄洪区

濛洼蓄洪区尾部退建工程。濛洼蓄洪区尾部淮河河道弯曲，蓄洪大堤与对岸临王段大堤间堤距最窄处仅850m，束水严重。1997年元月经水利部淮委同意对濛洼尾部进行退建。退堤长3911m，筑新堤3301m，退出面积1.57km²，退建后新堤堤顶高程按设计洪水位加2m超高设计，为30.3m，新堤与对岸临王段的堤距增加到1500～

1800m。工程于1997年5月开工建设，2004年3月竣工。

濛洼蓄洪区堤防加固工程。濛洼蓄洪区圈堤总长94km，由于建成时间久，运行次数多，堤防普遍存在病险隐患。2003年汛后对濛洼蓄洪区堤防进行全面加固，加固堤长85.44km，主要工程内容有堤防加高培厚，堤身及堤基防渗处理，护坡、护岸工程，堤顶防汛道路，穿堤建筑物加固等。该工程于2003年12月开工，2008年10月竣工验收。

2002年和2008年，为改善濛洼蓄洪区对外交通条件，相继建设了钎岗至王家坝、中岗至曹集防汛交通桥。

王家坝闸除险加固工程。王家坝闸是濛洼蓄洪区的进洪闸，建于1953年元月，同年7月竣工。共13孔，每孔净宽8.0m。原设计进洪水位为27.94m，后将进洪水位调整为28.56m，相应最大进洪流量1626m^3/s。根据国汛〔1998〕第9号文，将王家坝闸启用水位调整为28.9m。由于启用水位的变更，已多次发生洪水漫闸门顶现象，水闸处于超标准运行状态，1998年经水利部淮委同意按闸上挡洪水位29.20m，闸下无水工况条件设计，全部更换了13扇钢闸门，当年汛前完成。

2003年汛期，濛洼蓄洪区两次启用。因王家坝闸运行年限已长，存在诸多不安全因素，经鉴定为三类病险闸。经水利部淮委批准，对王家坝闸进行整体拆除重建。新闸共13孔，每孔净宽8m，设计流量1626m^3/s，相应水位闸上29.20m，闸下27.70m，最大过流能力1799m^3/s。工程于2003年9月开工，2006年5月竣工验收。

曹台孜闸除险加固工程。曹台孜闸是濛洼蓄洪区的退水闸，建成于1975年，共28孔，2个深孔和26个浅孔，闸底板高程深孔为19m，浅孔为20m，设计流量2000m^3/s。经30多年运用，出现多处安全隐患，2003年淮河大水后，列为灾后重建项目进行除险加固。主要加固项目有地基抗震加固，上下游护砌的修复整理，公路桥、工作桥及检修便桥的拆除重建，闸门和启闭机更换，增设启闭机房和自动化控制装置等。工程2004年1月开工，2005年12月竣工验收。

排涝泵站。20世纪70年代以来，相继建成姑嫂庙站等6座排涝站，装机容量7550kW，排涝流量70.6m^3/s。

2. 城西湖蓄洪区

城西湖蓄洪区退堤工程。城西湖退堤工程包括蓄洪大堤退建，在新堤背水侧建庄台，在城西湖东北部围出15km^2用于外迁人口生产用地及安置区建设。堤防退建工程分上、中、下3段。上段从闸上村至陈郢孜，退老堤6000m，筑新堤5650m，最大退距700m，退出面积1.96km^2。中段从邹台孜起至陈咀孜西止，退堤长4770m，筑新堤3120m，最大退距1400m，退出面积1.95km^2。下段自陈咀子东至上河口，退堤长6000m，筑新堤长3620m，最大退距1400m，退出面积2.86km^2。3段退堤总长16.77km，筑新堤12.39km，共退出面积6.77km^2。退建后新堤堤顶高程按设计洪水位加2m超高确定，堤顶宽度均取8m。城西湖退堤工程于1993年8月开工建设，1999年底完工。

城西湖蓄洪大堤加固工程。堤防加固范围分为两段：王截流至新河口段，长17.66km，主要建设内容有堤身加高培厚、堤基防渗处理、堤后填塘、护坡护岸、防浪墙、堤顶防汛道路、穿堤建筑物重建、险工险段处理、移民庄台建设等。工程于2002年3月开工，2009年11月竣工验收。新河口至工农兵大站段，长3.64km，主要建设内容有堤防加固、护坡护岸、堤后填塘、堤顶防汛道路及移民安置庄台工程。工程于2003年4月开工，2008年10月竣工验收。

城西湖进洪闸。进洪闸于1972年建成，设36孔，每孔净宽10m，闸底板高程22.0m，设计进洪流量6000m³/s。1975年曾对闸下静水池末端的钢筋混凝土板桩工程、翼墙和上游护坦加固，东西导堤下防冲槽抛石，更换木板闸门为钢板闸门等。1990年，水利部批准对城西湖进洪闸进行加固，主要建设内容有：闸下斜坡段抗拔锚固桩及海漫首端加厚，闸底板加厚及黏土铺盖接长，更新闸门及启闭机，更新电气设备和动力线路，改善管理设施等。工程于1990年11月开工，1992年11月竣工验收。

2012年，安徽省发展和改革委批准对城西湖进洪闸再次进行除险加固，主要建设内容有加固闸室，拆除重建交通桥、检修桥及排架，增设启闭机房及桥头堡，加固上下游翼墙、护坡、导流墙，更新闸门启闭机，建设自动化控制系统，改善管理设施等。工程于2014年10月开工，2016年5月完工。

城西湖退洪闸及引河工程。退洪闸位于霍邱县临淮岗，设12孔，单孔净宽5m，底板高程14.90m，设计退洪流量2000m³/s，反向进洪流量1400m³/s，排涝流量900m³/s，灌溉引水流量100m³/s。工程于1999年2月开工，2004年3月竣工验收。引河分闸上、下游两段，上引河长2600m，岗地段底宽126m、湖内段底宽60m；下引河长390m，底宽90m。引河于2000年12月开工，2004年3月竣工。

排涝泵站。建成西湖站等6座排涝站，装机容量13559kW，排涝流量133.24m³/s。

3. 瓦埠湖蓄洪区

东淝闸加固与扩建工程。东淝闸是瓦埠湖蓄洪区进洪闸，除分泄淮河洪水入瓦埠湖外，兼有排洪、蓄水等综合利用功能。该闸于1952年7月建成，工程已运用50余年，存在安全隐患，需进行加固。为减轻沿湖地区的洪涝灾害，东淝闸也应扩大规模，增大过流能力。2003年灾后重建安排东淝闸加固扩建，工程包括5孔老闸闸墩以上结构拆除重建，上下游消能防冲设施加固，更换闸门、启闭机等；扩建工程在老闸西侧布置，新闸共5孔，每孔净宽5.0m，闸底板高程15.0m，流量500m³/s。加固扩建工程于2004年9月开工建设，2007年4月竣工。

排涝泵站。建成东津站等10处排涝（排灌）站，装机容量2005kW，排涝流量19.82m³/s。

4. 童元、黄郢、建湾3个行洪区废弃工程

童元、黄郢、建湾3个行洪区位于河南省固始县三河乡，淮河与史灌河汇流的行

洪通道内，总面积 18.9km²。3 个行洪区占淮干河段长度 17.1km，此段淮干堤距一般为 400～800m，最窄处仅 250m，加上史灌河漫滩行洪宽度，一般为 620～970m，最窄处仅 350m，阻水严重。铲除这 3 个行洪区堤防，恢复漫滩行洪，是扩大淮干上中游行洪通道的关键措施之一。1990 年 10 月水利部淮委批准该工程初步设计，主要建设内容有：铲除圩堤 29.2km、生产堤 7.38km；开挖河道 12.94km，开挖整修截岗沟 31.03km，建排涝闸 14 座，提排站 7 座；移民安置 1.52 万人，修建庄台 5 座，安置区防洪堤防 5 处，总长度 51.914km。工程于 1990 年 12 月开工，1995 年 6 月通过竣工验收，该段行洪通道拓宽至 1500m。

5. 润赵段行洪区废弃工程

润赵段行洪区位于正阳关以上安徽省颍上县润河集至赵集间，与城西湖蓄洪区相对，两岸堤距狭窄，排洪不畅，故行洪频繁。废弃范围为沿岗堤外高程在 25.9m 以下的面积，计 5.96km²。从王化集西岗坡起至李郢孜中隔堤止，铲除老行洪区堤防 7.25km，切岗 1.55km，铲除旧庄台 6 座。中隔堤以下堤段已在邱家湖行洪区堤防退建中铲除，中隔堤与上口门铲至与附近地面平。修筑保庄圩堤 7.598km，并建穿堤涵 7 座和排灌站 1 座。工程于 1993 年 8 月开工，1996 年 10 月通过验收。

6. 南润段行洪区

南润段退堤工程。南润段行洪区位于正阳关以上安徽省颍上县南照集至润河集之间，此段河道两岸堤距最窄处仅 370m，束水十分严重，因此规划退建南润段行洪区堤防。铲除老堤 11km，筑新堤 9.3km，堤顶高程控制在 27.6m，堤顶宽均为 6.0m。工程完成后，退出面积 7.36km²，新堤与对岸城西湖蓄洪大堤堤距拓宽为 1500～2100m。工程于 1995 年 3 月开工，1999 年底竣工验收。

南润段建设进退洪闸，改建为有闸控制的蓄洪区。南润段行洪区原采用口门行洪方式，2007 年汛期再次以人工扒口方式行洪，行洪效果不佳，汛后在原下口门附近建设进退洪闸，将行洪区改为蓄洪区。进退洪闸共 5 孔，单孔净宽 8m，底板高程 21.00 米，设计进洪流量 600m³/s，相应闸上（淮河侧）设计水位 27.92m；退洪流量 480m³/s，相应闸上（湖内侧）退洪水位 27.60m，工程于 2008 年 11 月开工，2010 年 12 月竣工验收。

排涝泵站。建成小河湾排涝站，装机容量 670kW，排涝流量 5m³/s。

7. 邱家湖行洪区建设

行洪堤退堤工程。邱家湖退堤上游从大洪庄接古城保庄圩开始，至双台孜接老行洪区堤防止，全长 6150m，最大退距 1650m，退出面积 5.3km²，退建后与对岸城西湖蓄洪区堤防之间堤距约 2000m。新堤上设置邱家湖行洪区的上口门，宽 1500m，口门高程 25.6m。邱家湖退堤工程于 1991 年 10 月开工，1996 年 10 月竣工验收。

邱家湖建设进退洪闸，改建为有闸控制的蓄洪区。2007 年汛后，在原上口门下游 2.5km 处建设进退洪闸，将行洪区改为蓄洪区，进退洪闸共 7 孔，单孔净宽 10m，底板高程 19.50m，设计进洪流量为 1000m³/s，退洪流量 300m³/s。工程于 2008 年

11 月开工，2010 年 12 月竣工验收。

排涝泵站。建成孔台孜排灌站。装机容量 1565kW，排涝流量 11.38m³/s。

8. 姜家湖、唐垛湖行洪区

姜家湖退堤工程。姜家湖退堤范围为万民闸至临淮岗浅孔闸左导堤，退老堤长 5.4km，最大退距 1km，退出面积 1.9km²，筑新堤长 2.6km。该工程于 1987 年 11 月开工，1990 年 4 月通过验收。

唐垛湖退堤工程。唐垛湖退堤自临淮岗下引河口的道郢孜至冯家行，退老堤长 22.3km，筑新堤长 16.17km，最大退距 2.5km，退出面积 16.9km²。工程于 1987 年 冬开工，至 1989 年汛前基本建成，1996 年 10 月通过验收。

姜唐湖堤防加固工程。姜家湖和唐垛湖原是淮河正阳关以上两个低标准的行洪区，临淮岗工程的建设给姜家湖、唐垛湖联圩创造了条件，联圩后改为有闸控制的姜唐湖行洪区。2004 年 4 月，淮委批准姜唐湖行洪区堤防加固工程初步设计，主要建设内容有：加固老堤 46.146km，新筑堤防 5.73km，老河口封闭并建排涝泵站 1 座，堤顶防汛道路 51.22km；锥探灌浆 35.59km，截渗墙 4.79km，填塘固基 10.63km；穿堤涵闸 26 座等。工程于 2004 年 9 月开工，2008 年 10 月竣工验收。

姜唐湖进、退洪闸工程。姜唐湖行洪区进洪闸位于临淮岗工程主坝上，设 14 孔，每孔净宽 12m，设计泄流能力 2400m³/s，相应闸上设计水位 26.90m，闸下水位 26.70m。工程于 2002 年开工，2007 年竣工验收。退洪闸主要用于姜唐湖行洪区启用后的行洪、退水，且当颍河、淠河来水流量较大、正阳关水位高时，退水闸可以反向进洪，降低正阳关水位。退洪闸共 16 孔，每孔净宽 10m，行洪流量 2400m³/s，反向进洪流量 1000m³/s。工程于 2004 年 7 月开工，2007 年 12 月竣工验收。

排涝泵站。建成管家沟站等 6 处排涝（排灌站），装机容量 7305kW，排涝流量 63.1m³/s。

9. 寿西湖行洪区

寿西湖行洪堤退建及涧沟口切岗工程。寿西湖位于安徽省寿县，该行洪区堤防与淮北大堤之间的堤距一般为 500～600m，最窄处 490m，河道主槽宽度仅 270m。退堤切岗工程的主要内容有：退建蒋家圩～项台孜段寿西淮堤，长 16.63km，筑新堤 15.85km，最大退距 800m，退出面积 6.95km²，退建后新堤与淮北大堤之间距离增加到 1050～1820m，新堤上设置行洪区上口门，宽 1500m，口门高程 25.8m。涧沟口岗地切至 21.9m，最大切长 1000m，切宽 780m，切岗面积 0.60km²。工程于 1998 年 12 月开工，2004 年 3 月竣工验收。

排涝泵站。主要是寿西湖农场排涝站，装机容量 10070kW，排涝流量 100.7m³/s。

10. 董峰湖行洪区

石湾段退建工程范围上自石湾村，下至峡山口，退老堤长 4750m，筑新堤 4250m，最大退距 400m，堤顶高程为 24.19m，石湾村 1800 人搬迁至河对岸东山坡定居。工程于 1983 年冬开始实施，1985 年 5 月竣工验收。

排涝泵站。建成董峰站等 5 处排涝（排灌站），装机容量 3255kW，排涝流量 32.1m³/s。

11. 石姚段、洛河洼行洪区

石姚段、洛河洼行洪区堤防退建与加固工程。两个行洪区分别位于淮南市田家庵区和大通区，存在防洪标准低，行洪机遇多，口门行洪效果差；行洪堤与淮北大堤之间堤距狭窄，束水严重等问题。在淮干整治补充工程中安排这两个行洪区退建与加固。

石姚段行洪区上口门以上实施堤防退建，铲老堤 9052m，筑新堤 8284m，最大退距 1000m，退出面积 5.6km²，并对未退建段堤防和撤洪沟堤防 3792m 按新堤标准加高培厚，对相关的建筑物进行处理。洛河洼行洪区铲除老堤 7392m，退筑新堤 7568m，最大退距 800m，退出面积 4.7km²，对未退建段堤防 4347m 按新堤标准加高培厚，并对王咀灌溉站、幸福进水涵移址重建。工程于 2008 年 12 月开工建设，2012 年 5 月竣工验收。工程完成后，共归还河道 10.3km²，石姚段、洛河洼改为一般堤防保护区，既拓宽了淮河洪水下泄通道，又为淮南腾出城市发展空间约 30km²。

12. 荆山湖行洪区

荆山湖进、退洪闸工程。荆山湖行洪区位于安徽省怀远县和蚌埠市禹会区，原为口门行洪，2003 年 7 月行洪时采取爆破炸口方式，组织实施困难，行洪效果欠佳，灾后堵口复堤工程量较大。经水利部淮委批准建设进洪闸和退洪闸，改为有闸控制的行洪区。进洪闸共 31 孔，单孔净宽为 10m，设计流量 3500m³/s；退洪闸 30 孔，单孔净宽 10m，设计行洪流量为 3500m³/s，反向进洪流量为 2000m³/s。进、退洪闸工程于 2004 年 2 月开工，2008 年 4 月通过竣工验收。

行洪堤退建加固工程。行洪区赵张段、大河湾等两段堤防退建，铲除老堤 15.5km，退筑新堤 14.3km，最大退距 600m，共退出面积 4.53km² 归还河道；对其他未退堤的三段实施加固，加固老堤长 12.6km；拆除重建王咀、大水瓢排涝站；疏浚常坟渡口～张家沟段河道长 3.71km。工程于 2009 年 10 月开工建设，2014 年竣工验收。

排涝泵站。建成赖歪嘴站等 5 处排涝站，装机容量 2805kW，排涝流量 28.2m³/s。

13. 蚌浮段行洪区

蚌埠—浮山段共有方邱湖、临北段、花园湖、香浮段 4 处行洪区，该河段存在的主要问题是：河道堤距偏窄，在 700～900m，局部河段仅 500m，行洪断面不足，达不到防御 1954 年型百年一遇洪水的要求；4 处行洪区内居住了约 20.3 万人口，但安全设施建设滞后，行洪时需临时转移大量人口，致使决策难度大，启用困难。

1991 年淮河洪水后，曾对此段河道进行局部疏浚和行洪堤退建。1991—1995 年，退建了临北缕堤梅家园段，铲除老堤 3.44km、退建新堤 2.7km，拓宽行洪通道 400m。2009 至 2014 年，退建了方邱湖行洪区姚湾段堤防，铲除老堤 4.1km，退建新堤 3.5km，最大退距 930m，退出面积 1.5km²。

根据《淮河流域防洪规划》和《全国蓄滞洪区建设与管理规划》安排，淮河干流现有 17 处行洪区拟分四段实施调整和建设，其中蚌埠—浮山段先期实施。通过整治疏浚淮干河道，退堤展宽行洪通道，扩大淮河干流行洪能力，使其达到防洪规划确定的行洪能力 13000m³/s，从而减少行洪区数量和使用频率；通过安全设施建设，为行洪区的正常启用创造条件，也将大大改善区内群众生产生活和城镇发展环境。蚌浮段工程除了按底宽 280~320m，底高程 7.5~5.0m，疏浚临北段进口—浮山段河道 73.86km 外，行洪区建设主要内容包括：

（1）方邱湖行洪区：退建余滩段、后赵家段堤防，铲除老堤 3.68km，退筑新堤 3.68km，退距 160~200m，退出面积为 0.30km²；加固堤防 11.53km，新建堤顶防汛道路 24.13km，拆除重建泵站 2 座，以及堤防防渗、护坡护岸等。工程完成后，方邱湖成为防洪保护区，排涝标准将达 10 年一遇。

（2）临北段行洪区：铲除老堤 11.65km，退筑新堤 10.52km，退距 670m，退出面积 4.52km²；加固堤防 7.84km，新建堤顶防汛道路 18.36km，拆除重建泵站 2 座，以及堤身灌浆、填塘固基等。工程完成后，临北段成为防洪保护区，排涝标准将达 5 年一遇。

（3）花园湖行洪区：退建黄湾段、巨湾段堤防，铲除老堤 14.52km，退筑新堤 11.98km，最大退距 690m，退出面积 5.23km²；加固堤防 15.76km，新建黄枣保庄圩圩堤 16.81km；新建堤顶防汛道路 44.55km，拆除重建泵站 3 座，加固维修 1 座，以及堤身灌浆、护坡护岸等。按设计流量 3500m³/s 新建进、退洪闸各一座。工程完成后，花园湖改成有闸控制的行洪区，排涝标准将达 5 年一遇。建成丁张站等 3 处排涝站，装机容量 2040kW，排涝流量 24.8m³/s。

（4）香浮段行洪区：铲除老堤 18.57km，退筑新堤 17.61km，最大退距 490m，退出面积为 5.96km²；加固堤防 14.36km，新建堤顶防汛道路 31.96km，拆除重建中型水闸 1 座、泵站 1 座，加固或重建桥梁 5 座，以及堤身护坡、灌浆，填塘固基等。工程完成后，香浮段成为防洪保护区，排涝标准将达 5 年一遇。

蚌浮段工程于 2014 年 11 月开工，到 2018 年底主体工程基本完工。

此外，淮河流域还有淮河干流洪泽湖周边，洪汝河老王坡、杨庄、蛟停湖，沙颍河泥河洼，奎濉河老汪湖以及沂沭泗水系黄墩湖、南四湖湖东等滞洪区。这些滞洪区中，杨庄滞洪区在 20 世纪 90 年代对洪汝河进行治理时，完成了大坝、泄洪闸、非常溢洪道、万泉河涵闸等工程建设。洪泽湖周边、南四湖湖东两蓄洪区是 2009 年国务院批复《淮河流域防洪规划》中才明确设立的滞洪区，其中南四湖湖东滞洪区从 2005 年起结合南四湖湖东堤工程的建设，完成了进退洪口门建设、部分蓄洪堤加固等建设任务，在洪泽湖周边各圩区已建成 96 处排涝（排灌）站，装机容量

31420kW，排涝流量 271m³/s。老王坡等滞洪区从 20 世纪 90 年代以来，也陆续实施了一些堤防加固等建设任务。在老王坡滞洪区，建成小洪河桂李节制闸，以保证老王坡滞洪区进洪需要，对滞洪区部分堤防进行了加固；2009 年又对桂李进洪闸进行重建。在泥河洼滞洪区，改造加固马湾进洪闸、马湾拦河闸，拆除重建罗湾进洪闸，维修加固纸房退水闸，对部分堤防和穿堤建筑物进行了加固。在老汪湖滞洪区，结合奎濉河治理，加固部分湖区大堤，对进、退水闸进行扩建加固。在黄墩湖滞洪区，1988 年建成了黄墩湖进洪闸，建成皂河站等 15 处排涝（抽水）站，装机容量22140kW，排涝流量 295.2m³/s。

9.3.2 安全建设

9.3.2.1 建设过程

淮河流域行蓄洪区安全建设大致分为四个阶段：即 20 世纪 50 年代起步，80 年代有所加强，90 年代全面展开，21 世纪加快建设。

1950 年大水后，"一九五一年度治淮工程计划纲要"中对庄台建设有所安排，在老王坡、泥河洼、濛洼、城西湖等蓄滞洪区和南润段、润赵段、姜家湖、董峰湖等行洪区兴建了一些低标准的围村堤和庄台（庄台顶高程仅高于计划洪水位）。1954 年"治淮工程计划纲要"中提出："在反对大拆迁，照顾群众生产，节省建筑费用和少挖压地亩等原则下，计划结合加培堤防重新选定庄台地点"。之后陆续建了一些低标准庄台，原淮委撤销后，行蓄洪区安全建设工作基本停止。

1971 年治淮规划中，对沿淮两岸的行蓄洪区按有弃有保的原则分别处理：面积小，需要经常行洪的行洪区，如黄郢、建湾、童元、南润段、润赵段、六坊堤等行洪区，计划定为一水一麦区，在粮食征购政策上，采取一季留足全年口粮的办法予以照顾；对面积大、在较大洪水时需要行洪的行洪区，修建和加高庄台，并增建必要的机电排灌设施。修建庄台的投资实行群众自办为主，国家补助为辅的政策。由于补助的标准太低，群众负担能力有限，影响了庄台修建。"75·8"大水进一步暴露出行蓄洪区安全设施少，使得行洪、蓄洪与区内群众生产、生活的矛盾突出。在 1981 年12 月国务院治淮会议纪要中，要求对行蓄洪区区分情况采取不同措施和制订相应政策：对行洪频繁的要迁移居民，平毁圩堤；对行洪次数较多的应修建庄台和避水台，免征免购夏粮和部分秋粮；对进洪次数少的行洪区，试办防洪保险。

1982 年后，国家将行蓄洪区安全建设项目列入"六五"治淮基建计划。1983 年5 月水电部批准《安徽省淮河干流低标准行蓄洪区庄台工程总体设计》，同意在濛洼、南润段、邱家湖、姜家湖、唐垛湖、董峰湖、下六坊堤、石姚段、幸福堤（洛河洼）、荆山湖等 12 处行蓄洪区修建庄台和保庄圩等设施。

截至 1990 年，国家相继安排了淮河流域行蓄洪区安全建设部分行蓄洪区内的庄台、保庄圩、避洪楼和撤退道路等相关建设内容，分年度批复投资计划。

1991 年大水后，国务院在《关于进一步治理淮河和太湖的决定》中，明确提出加强行蓄洪区安全建设，并将淮河流域行蓄洪区安全建设工程作为治淮 19 项骨干工程之一，列入国家治淮建设计划。淮委根据国务院批转水利部的《蓄滞洪区安全与建设指导纲要》的要求，组织流域四省编制完成了《淮河流域行蓄洪区安全建设规划》，1993 年经修订后提出《淮河流域行蓄洪区安全建设修订规划》，水利部于 1994年予以批复（水利部水规计〔1994〕302 号）。本修订规划对淮河流域 28 处（杨庄滞洪区尚未建成）行蓄洪区中的 24 个作出了安全建设安排，其余 4 个因上六坊堤内无常住人口，洛河洼已先期做了安全建设，润赵段结合淮干治理进行铲堤废弃，鲍集圩前期工作不足等原因不在规划范围内。规划目标为：1995 年正常行蓄洪时不死人或少死人，财产少损失；2000 年正常行蓄洪时，区内群众生命安全有保障，尽量减少财产损失。安全建设的标准为：庄台台顶高程超设计洪水位 1.5m，人均面积30m^2，现有庄台人均已达 21m^2 的，原则上暂不扩建；避洪楼安全层高程高于设计洪水位 1～1.5m，人均面积 1～3m^2；保庄圩堤顶高程超设计洪水位 1.5m，人均面积50～100m^2；避洪台台顶高程超设计洪水位 1.5m，人均 3m^2。撤退道路以砂石路为主，干道宽 6m，支道宽 3.5m。规划主要工程内容：撤退安置 93.74 万人，撤退道路962km；避洪楼及避水平顶房 79.4 万 m^2，安置 15.63 万人；避洪台台顶面积 30.92万 m^2，安置 13 万人；庄台台顶面积 41.16 万 m^2，安置 1.72 万人；保庄圩 82 个，安置 15.6 万人（合计安置 139.69 万人）。以及通信报警设施等，总投资 6.51 亿元，其中中央投资 3.5 亿元，地方及群众自筹 3.0 亿元。根据本规划，各行蓄洪区全面展开了以修建撤退道路为主的安全建设工程。

2003 年淮河发生流域性洪水，抗洪过程中行蓄洪区有数十万人紧急转移，进一步凸显了安全设施严重不足的问题。在当年十月国务院治淮工作会议上，国务院领导同志要求加大投入力度，加强各类安全设施建设，基本解决行蓄洪区群众防洪安全问题，使行蓄洪区能够科学的调度运用，群众生活生产条件得到改善。国家决定从 2003 年起加快行蓄洪区安全建设，为此淮河水利委员会会同有关省编制了《淮河流域行蓄洪区安全建设实施方案》，该《实施方案》确定的安全建设目标是：行蓄洪区行蓄洪时，群众生命安全有保障，财产少损失，启用低标准行蓄洪区时，区内群众基本上不需要大规模撤退转移。水利部于 2008 年批准该方案（水利部水规计 2008〔557〕号），列入该《实施方案》的有淮河干流濛洼、城西湖、城东湖 3 处蓄洪区和**汤渔湖、荆山湖、方邱湖** 3 处行洪区，支流杨庄、蛟停湖、泥河洼、黄墩湖 4 处滞洪区，共 10 处行蓄洪区，并要求将其作为近期加快实施的急办工程。总投资 21.38 亿元，其中 1991 年至 2007 年已批复工程投资为 12.74 亿元，剩余投资 8.64 亿元，中央承担 6.82 亿元。该《实施方案》工程完成后，加上历年已建的各种安全措施可解决 145.90 万人安全避洪和撤退转移，剩余尚有近 29 万人的安全避洪问题，待《全国蓄滞洪区建设与管理规划》批复后统筹安排解决。洪泽湖周边滞洪圩区安全建设问题，另列专题研究。

至 2007 年底，累计修建撤退道路 1949.59km（其中道路改建和扩建长度为

418.60km），建设和加固庄台 131 座、保庄圩 27 座，避洪楼（避水平顶房）13675 座等安全建设工程，安排区内人口 145.90 万人安全避洪，批复工程投资 12.72 亿元。

1991 年以来，淮河流域行蓄洪区安全建设工程由淮委逐年批复年度工程初步设计，由河南、安徽、江苏三省组织实施。至 2010 年底已安排河南老王坡、泥河洼、杨庄和蛟停湖，安徽省濛洼、城西湖、城东湖、瓦埠湖、姜唐湖、南润段、邱家湖、寿西湖、董峰湖、汤渔湖、荆山湖、方邱湖、临北段、花园湖、香浮段、潘村洼，江苏省鲍集圩、黄墩湖等共 22 个行蓄洪区安全建设工程，主要建设内容为修建撤退道路，避洪楼及避水平顶房，庄台加固，保庄圩，通信报警设施、蓄洪区人口外迁等。到 2010 年底，列入《淮河流域行蓄洪区安全建设实施方案》的行蓄洪区安全建设工程基本完成。

各单项工程完工后，大部分由当地水行政主管部门主持进行了竣工验收。2014年 12 月，安徽省淮河流域行蓄洪区安全建设工程通过了淮委会同安徽省水利厅主持的验收总结评审。2016 年 4 月，河南省淮河流域行蓄洪区安全建设工程通过了淮委会同河南省水利厅主持的验收总结评审。2016 年 12 月，江苏省淮河流域行蓄洪区安全建设工程通过了淮委会同江苏省水利厅主持的验收总结评审。

工程完成后，显著减轻了干流河道两岸重要堤防的防洪压力，保障了沿河两岸城市和工矿企业的安全，减少了行蓄洪区运用的经济损失，改善了区内群众的生产生活条件，解决了行蓄洪区 140 余万人安全避洪和撤退转移问题，为行蓄洪区人民尽快脱贫致富创造了有利条件。

9.3.2.2 安全建设主要内容与标准

1. 外迁安置

将行蓄洪区内居民外迁至防洪保护区进行安置，彻底解决居民防洪安全问题。安置区要与乡村规划相密切结合，统筹考虑迁移人口的生活与生产安排，以实现"搬得出、稳得住、可发展、能致富"的目标。在《淮河流域行蓄洪区安全建设实施方案》中，对濛洼蓄洪区外迁居民中央补助户均 2.04 万元。2011 年，根据国务院办公厅转发发展改革委、水利部《关于切实做好进一步治理淮河工作指导意见》的通知（国办发〔2011〕15 号），行蓄洪区居民迁建中央补助调整为户均 3.3 万元（建房补助 2.5 万元，安置区基础设施建设 0.8 万元），并要求省级投资不低于中央投资 40%。

2. 区内安全设施

主要是在行蓄洪区内建设庄台、保庄圩等设施，将原居住在不安全区域的居民搬迁到保庄圩或庄台上居住，行蓄洪区进洪时，群众不再需要紧急转移，生活能安定、安全有保障。庄台和保庄圩的位置布局要合理，应避开行洪通道，不能对行蓄洪区的行蓄洪功能有大的影响，同时也要考虑方便群众生产生活，尽量与小城镇建设相结合。

早期区内安置以庄台为主。20 世纪 80 年代在修建的庄台，按人均 $21m^2$ 的标准建设，庄台上群众居住拥挤，环境较差。1992 年，根据国家防汛总指挥部办公室印发的"蓄滞洪区防洪安全建设规划有关政策问题讨论会议纪要"（国汛办〔1992〕35 号）中规定，庄台建设标准调增为人均 30m²。2008 年，根据水利部批复的"淮河流域行蓄洪区安全建设实施方案"（水规计〔2008〕557 号）庄台人均面积再次调增到 50m²，台顶高程按设计蓄洪水位加超高不小于 1.5m 确定，并建设饮用水井等必要的基础设施。

庄台的优点是离耕地较近，便于居民从事耕作。缺点一是修筑工程量大，要有相对充足的填筑土源，往往占地也较多；二是受工程规模的制约，居民建房密集，居住拥挤，卫生条件不易改善；三是有的庄台在蓄洪时会成为孤岛，对外交通十分不便。

从 2003 年起，区内安置逐步转为以保庄圩为主。保庄圩是在行蓄洪区内以乡镇、自然中心村或较高岗地为基础，通过修筑围堤形成一个范围较大、相对安全的居住区域，使居民脱离洪水威胁。保庄圩围堤建设标准不低于行蓄洪区堤防标准，保庄圩总面积按规划安置人口人均 100m²，同时安排供电、排水、对外交通和学校、小型商业点、居民活动场所等公共设施。相对庄台而言，保庄圩的居住条件更好，人均所需土方工程量及投资较小。

对行蓄洪区内部分蓄滞洪水历时短、淹没水深较浅的区域，采取避洪楼的方式给居民提供安全避洪设施。结合群众自建房给予补助，利用房屋屋顶或二楼临时避洪。避洪楼避洪面积按人均不小于 3m² 建设。避洪楼的优点是占压耕地少，不改变群众的生产、生活环境，有利于自行管理和维护。但避洪楼属临时避洪设施，遇滞洪历时长时需二次撤离或救助，且不能在水深大、流速大的区域修建。

3. 撤退道路

在蓄滞洪水时组织居民临时撤退转移至安全区域是应用最广的临时性避洪方式。根据撤退转移居民的分布情况，修建撤退道路、桥梁等。撤退转移道路在蓄滞洪水时可满足居民及主要财产及时转移和防汛抢险的需要，平时可作为交通通道，为居民日常生产生活提供方便，群众比较欢迎，适合范围最为广泛，基本涉及淮河流域各行蓄洪区。撤退道路根据蓄滞洪区面积、区内人口密度，按照有关蓄滞洪区设计规范中路网密度标准确定，道路路面设计参照平原微丘三、四级公路的有关标准，考虑汛期路面常会因降雨而积水，因此路面应高出地面 50cm。早期的撤退道路干线路面宽为 6.0m、支线路面宽为 3.5m，以砂石路面为主。后期支线路面宽度增加到 4.5m，路面改为以混凝土、沥青为主。

4. 通信预警系统

通信预警设施是行蓄洪区安全建设的重要内容之一。建设行蓄洪区所在地县、乡（镇）、村三级通信预警系统，覆盖行蓄洪区的工程管理、防汛重点单位及社会相关部门。通信预警系统纳入防汛指挥系统，从而使行蓄洪区所在的市、县与省防汛指挥部门、流域防汛指挥机构和国家防总之间可直接通信联络。利用通信预警系统覆盖面广、信息传递快捷、准确的特点，可为行蓄洪区内群众及时撤退、安全避洪赢得时间，有助于行蓄洪区及时有效启用。

通信预警系统由预警反馈通信系统、计算机网络系统和警报信息发布系统构成。预警反馈通信系统。按照"公网专网结合，汛期互为并用"的原则，在公网覆盖不到的蓄洪区，建设以基地台为中心的无线移动通信系统，基地台向上与上级防汛指挥机构保持中转联系，向下辐射行蓄洪区内各乡镇，并在基层配备相应的固定台、手持台、车载移动终端机等无线通信设备。计算机网络系统。提高收集防汛信息（水情、工情、灾情等）的速度和质量，扩充信息种类，实现各级防汛部门信息共享，为防汛救灾提供更多的信息和决策依据。警报信息发布系统。在乡、村配备报警终端、警报接收器等，配合农村的有线广播，将行蓄洪区启用、撤退人员安排、安全救护、国家政策等重要事项及时通知到各家各户。

9.3.3　居民迁建

9.3.3.1　2003 年居民迁建

2003 年淮河流域发生了仅次于 1954 年的大洪水，尽管治淮工程发挥了巨大的防洪减灾效益，但也暴露了淮河流域防洪体系尚不完善，抗大洪水的能力不强等问题。尤其是在抗洪过程中，沿淮各地紧急转移行蓄洪区、滩区和低洼地区群众 207 万人，其中已运用的行蓄洪区转移 22.23 万人❶，不仅转移群众遭受财产损失，也给各级政府的组织转移、应急安置、救灾防疫、灾后重建等工作造成巨大压力，凸显了尽快解决行蓄洪区群众安全居住问题的重要性。为此，当年十月召开的国务院治淮工作会议要求实施行蓄洪区和淮河干流滩区移民迁建，将经常受到洪水威胁的人口迁移到安全地带居住，使群众彻底摆脱洪水威胁。并将当年启用的行蓄洪区和淮干滩区内倒房危房居民的迁建列为灾后重建的重点工作。

2003 年居民迁建工作目标是保证迁得出、稳得住、能发展、不返迁。新建安置区由当地政府提出意见，省水利部门根据防洪规划要求选取，主要以迁至高地或迁入堤防保护区为主，移民安置点防洪标准基本达 50 年一遇。安置后的群众一般生产半径 2km 左右，最大为 5km，满足了群众日常生产的要求。迁建安置区还建设了必要的供排水、道路、电力、通信、卫生、教育等基础设施。国家对移民迁建的补助，参照了 1998 年长江大洪水后移民建镇的做法，每户补助 1.7 万元，其中 1.5 万元补助灾民建房，0.2 万元用于公共基础设施建设。

2003 年灾后重建移民迁建共安排 10.94 万户，39.94 万人。具体范围为：河南省淮干上游滩区 1.26 万户，4.42 万人；其中 3.85 万人迁至岗地安置（10 年一遇洪水位以上），0.56 万人迁入附近圩区内安置。安徽省淮干濛洼、城东湖、荆山湖等 11 处行蓄洪区及滁河荒草二圩、荒草三圩兆河东大圩等蓄洪区计 23.95 万人，淮干滩区

---

❶　《中国水利》2003 年 11 期 A 刊，水利部《淮河 2003 年大洪水》。

5.94 万人，合计 7.97 万户，29.89 万人；其中 17.91 万人采取后靠（迁至设计洪水位 0.5m 以上）或外迁方式安置，11.98 万人采取保庄圩方式安置。江苏省鲍集圩行洪区及洪泽湖周边圩区共 5.63 万人；其中 1.77 万人外迁安置，3.69 万人建保庄圩安置，0.17 万人建避洪楼安置。

9.3.3.2　2007 年居民迁建

2007 年淮河再次发生较大洪水灾害，汛期启用了濛洼、荆山湖等 10 个行蓄洪区，但应急转移人口比 2003 年大幅度减少，沿淮三省共应急转移 80.9 万人[1]，其中已启用的 10 个行蓄洪区仅转移 1.03 万人[2]。2007 年洪水期之所以迁移人口较以往大幅度减少，主要是因为 2003 年后开展了移民迁建和加快实施安全建设，为 2007 年行蓄洪区的安全使用创造了有利条件。

2007 年移民迁建安排河南淮干滩区、安徽省行蓄洪区和淮干滩区的部分群众，江苏省洪泽湖周边圩区部分群众的移民迁建，共计 32763 户，113349 人。其中河南省 14518 户，人口 48816 人，安徽省 8698 户，人口 30399 人，江苏省 9547 户，人口 34134 人。2007 年移民迁建安置方式和补助标准与 2003 年相同。

9.3.3.3　进一步治淮中的居民迁建

在 2010 年国务院治淮工作会议上，国务院领导同志要求用 5 至 10 年时间着力解决五个方面的突出问题，其中第一点就是着力解决好行蓄洪区及滩区居民安全居住与行蓄洪水的矛盾问题。指出解决好人水争地问题，实现人水和谐，是进一步治理淮河的重点和难点。要按照"安全居住、方便调度"的目标，加快实施行蓄洪区和滩区居民迁建，做到常遇洪水行蓄洪时不需大量群众临时转移，人民生命财产安全有保障，群众能安稳致富，行蓄洪区按计划正常运用。并强调行蓄洪区及淮河干流滩区居民迁建不单纯是水利问题，更是重要的民生问题。为落实国务院治淮工作会议精神，国务院办公厅转发了国家发展和改革委员会与水利部《关于切实做好进一步治理淮河工作的指导意见》（国办发〔2011〕15 号），把积极推进淮河行蓄洪区和淮河干流滩区居民迁建作为进一步治淮的重要内容，要求按照"政府主导、群众自愿、统一规划、分步实施"的原则，用 10 年左右时间，逐步将居住在淮河行蓄洪区和淮河干流滩区设计洪水位以下以及行蓄洪区庄台上超过安置容量的人口搬迁至安全地区。并对制订居民迁建规划和年度实施方案，相关补助政策做出了安排，要求居民迁建工作由省级人民政府负总责，有关县级人民政府作为责任主体具体组织实施。

根据国家发展和改革委员会与水利部办公厅印发的《进一步治理淮河实施方案》（发改办农经〔2013〕1416 号），淮干行蓄洪区及滩区内仍居住着约 145 万人（淮干滩区 13 万人，行蓄洪区 132 万人），其中居住不安全人口约 93 万人（淮干滩区 13 万

---

[1]　《2007 年淮河防汛抗洪和进一步治淮的思路》，水利部副部长矫勇在 2007 年淮河抗洪工作座谈会上的讲话。

[2]　《安徽省防汛抗洪工作》，《治淮汇刊》2008。

人；行蓄洪区 80 万人，其中庄台不达标人口 8 万人）。这 93 万人中，对瓦埠湖、城西湖等行蓄洪区周边淹没水深较浅的 8 万人远期安排实施外，其余 85 万人（滩区 13 万人，行蓄洪区 72 万人）近期通过行蓄洪区调整和建设工程安置约 28 万人，居民迁建安置约 57 万人，其中河南省 5 万人，安徽省 47 万人，江苏省 5 万人。居民迁建要结合城镇化建设，统筹做好安置区规划。原则上要将居民迁出行蓄洪区和淮干滩区，迁入防洪保护区或者行蓄洪区内的保庄圩。居民迁建安置点防洪标准不低于相应区域的防洪标准，保庄圩圩堤防洪标准不低于 20 年一遇，排涝标准 10 年一遇。安置区要统一规划和建设水、电、路、公共卫生、教育等基础设施，为今后经济社会发展留有空间。

9.3.4 管理实践

9.3.4.1 工程管理

淮河流域行蓄洪区自建成以来，对行蓄洪区的堤防、进退洪闸、排涝闸站和通信预警设施等的管理比较重视，一般由工程所在地水行政主管部门组织管理，管理机构和管理制度等比较健全，维修养护工作和所需经费基本有保障，工程总体运行情况良好。但是对行蓄洪区已建的撤退道路、保庄圩、庄台及其护坡、饮用水井等安全设施的管理比较薄弱，基本上处于管理责任主体不明确，管理经费不落实的状态。庄台、保庄圩由所在行政村群众自管，避洪楼由居住户自管。撤退道路的干道有的行蓄洪区交给交通部门管理，大部分干道和支道处于无人管理的状态。撤退道路、庄台护坡等设施平时缺乏维护，尤其是行蓄洪区启用后，经长时间洪水浸泡冲刷，但是往往得不到及时的维修。

河南省境内有杨庄、老王坡、蛟停湖、泥河洼等 4 处行蓄洪区。老王坡滞洪区由西平县移民安置办公室管理，下设老王坡滞洪区桂李管理所、五沟营管理所和微波通讯站。蛟停湖滞洪区由于多年未启用，管理队伍不健全，管理经费不落实。泥河洼滞洪区 1955 年基本建成后，即成立泥河洼滞洪区管理所作为专门管理机构，负责滞洪区水闸、堤防等工程的养护维修、观测检查和控制运用。

安徽省境内现有濛洼、城西湖、城东湖、瓦埠湖、南润段、姜唐湖、邱家湖、寿西湖、董峰湖、上六坊堤、下六坊堤、石姚段、洛河洼、汤渔湖、荆山湖、方邱湖、临北段、花园湖、香浮段、潘村洼、老汪湖等 21 处行蓄洪区。行蓄洪区堤防及穿堤建筑物工程由所属地方水利（务）局下属的河道局、管理段（所）管理，进、退洪闸由专职管理所负责管理。

江苏省境内现有洪泽湖周边、鲍集圩、黄墩湖等 3 处行蓄洪区，行蓄洪区现状没有专门的管理机构，工程管理维持原工程的管理模式。

9.3.4.2 调度运行和应急管理

1. 调度运行管理

行蓄洪区的调度运用按照国家批准的防御洪水方案或者洪水调度方案执行，江河、湖泊水位或者流量达到国家规定的分洪标准时，由有调度权限的防汛指挥机构按照防御洪水方案中规定的启用条件和批准程序，作出启用决策，下达调度命令，相关地方人民政府和防汛指挥机构要严格执行调度命令。行蓄洪区所在地人民政府负责落实各项分蓄洪措施，提前做好运用前的各项准备工作，积极做好宣传预警预报工作，及时组织居民转移，进行妥善安置，确保区内居民的生命安全。蓄滞洪区运用时，任何单位和个人不得阻拦、拖延；遇到阻拦、拖延时，由有关县级及以上地方人民政府依法强制实施。

2. 应急管理

应急管理是对行蓄洪区运用过程中可能出现的紧急情况和意外情况所采取的应对措施。主要包括运用预案、指挥决策、工程抢险、居民避难、遇险人员救援、后勤保障、运用评估等。

（1）编制行蓄洪区运用预案。淮河流域行蓄洪区运用比较频繁，一旦启用行蓄洪区，地方政府的工作相当繁重，特别是组织区内群众的应急转移，人口众多、时间紧迫、责任重大。因此早期的预案主要是对人员转移作出事先安排，各地编制的运用预案内容也不尽一致。《防洪法》实施后，各级政府依法防洪的观念与措施得到加强，防洪应急管理体系逐步建立完善，国家防办 2005 年印发了《蓄滞洪区运用预案编制大纲（试行）》，经过五年的实践与总结，水利部于 2010 年发布了《蓄滞洪区运用预案编制导则》（SL 488—2010）作为行业标准实施。行蓄洪区所在地的县级以上地方人民政府防汛指挥机构每年汛前组织有关部门编制或修订蓄滞洪区运用预案，报同级人民政府批准，并报所在流域管理机构备案。2002 年以后，淮河流域每个行蓄洪区都有运用预案，并按照《大纲》及以后《导则》的要求不断规范，对行洪蓄洪区组织指挥、预警报警、工程运行、人员转移安置、抢险救灾、后勤保障和社会治安等方面作出具体安排，需要启用行蓄洪区时，即可根据预案紧张有序地展开各项工作。

（2）实施防汛应急预案。为做好防御洪水灾害的应急准备和处置工作，各级政府都制定了防汛应急预案，对汛前准备、监测预警、信息发布、应急响应、应急保障和后期处理等事项提出工作要求和责任分工。行蓄洪区所在地的地方人民政府和防汛指挥机构每年汛前应组织对蓄滞洪设施进行检查，确保行蓄洪区度汛责任和措施落实到位，各类防洪工程正常运行；宣传行蓄洪区有关的政策、法规，对蓄滞范围、撤退路线、运用预案等事项在本区域内予以公告，适时组织一定规模的防汛演习。洪水预警发布后，按照行蓄洪区运用预案做好运用的各项准备工作；依据不同应急响应级别，采取响应行动，必要时提前组织区内居民安全转移和安置；行蓄洪命令下达后，政府和防汛指挥机构负责同志亲临现场，确保执行命令。行蓄洪区运用期间，地方政府要切实做好人员安置工作，确保群众生命安全；组织抗洪抢险，保证行蓄洪区堤防闸坝和安全区围堤等防洪设施的安全；组织民政、卫生、公安、交通、电力、电信等部门，按照各自职责，做好物资供应、卫生防疫、安全保卫和交通、电力、通信保障等工作。行蓄洪区运用后，政府民政部门及时做好行蓄洪区居民、灾民生活救助和救灾物资发放工作。蓄滞洪区就地避险和转移人员享有与其他洪水灾区灾民同等的政府救助和社会捐助。有关部门要组织对行蓄洪区运用情况进行总结评估。

9.3.4.3 蓄滞洪区运用补偿

2000 年之前,行蓄洪区运用后没有补偿政策,政府一般通过民政救灾给予区内群众救济。2000 年 5 月,国务院第 286 号令发布了《蓄滞洪区运用补偿暂行办法》并自发布之日起施行。从此行蓄洪区运用后,对区内居民因蓄滞洪造成的损失可依法予以补偿。通过对 2003 年行蓄洪区运用补偿工作的总结,针对实际工作中存在的财产登记和核灾定损工作量大,农作物补偿种类过细、单价过多,种养殖结构变化增加补偿负担等问题,财政部于 2006 年 5 月颁布修订的《国家蓄滞洪区运用财政补偿资金管理规定》,水利部于 2007 年 3 月颁布修订的《蓄滞洪区运用补偿核查办法》和《修订蓄滞洪区居民财产登记核查补偿表》,减少了行蓄洪区居民财产登记种类和项目,由按农作物、养殖品种补偿改为实行亩均和分类定值补偿,大大减轻了基层工作强度,更加切合实际,有利于提高补偿工作效率。

该办法颁布以来,相继对在 2000 年、2003 年、2007 年汛期启用的淮河干支流行蓄洪区群众因蓄滞洪造成的损失进行了经济补偿。

(1) 2000 年。2000 年汛期,沙颍河泥河洼和洪汝河老王坡、杨庄等 3 处滞洪区相继启用,汛后根据补偿办法给予了补偿,补偿总额 9913 万元。

(2) 2003 年。2003 年洪水期间,先后启用了淮干濛洼、城东湖、邱家湖、唐垛湖、上六坊堤、下六坊堤、石姚段、洛河洼、荆山湖等 9 个行蓄洪区。这 9 处行蓄洪区涉及阜阳、六安、淮南、蚌埠 4 个市的 11 个县(区),60 余万人,社会关注度很高。安徽省委省政府高度重视行蓄洪区的补偿工作。7 月中旬,安徽省政府就成立了补偿工作领导小组及其办公室,以财政厅、水利厅为主,农业、林业、民政、监察、审计、统计、物价等有关厅局共同参加,各有关市、县也相应成立了补偿工作领导机构,建立补偿工作的组织体系和快速有效的工作机制。8 月中旬,省补偿工作领导小组对有关县(区)政府分管领导,财政局长、水利(水务)局长及有关人员共 230 多人进行培训,学习国务院、财政部、水利部和省政府关于行蓄洪区运用补偿工作的一系列政策法规,以提高认识,把握政策,明确要求。通过电视、广播、报刊各种媒体大力宣传和普及有关行蓄洪区运用补偿政策,把政策交给群众,让群众既感受到党和政府对灾区群众的关怀,又理解补偿与赔偿的区别。在补偿工作实施过程中,坚持公开、公平、公正原则,主要有三方面措施。一是实行"三榜公示":首先由乡(镇)政府组织以村民组为单位对各户居民财产损失进行核查,将核查损失实物量进行第一榜公示,有异议的,组织村委会干部和村民代表进行复查,公示期满且无异议后,上报县补偿领导机构。县补偿领导机构按规定对财产损失进行计价,提出补偿方案,并汇总上报到省;省里审核并经淮河水利委员会核查确认后上报国务院,同时将居民损失实物量和损失价值反馈到县、乡(镇)、村,进行第二榜公示。中央财政和省级配套补偿资金落实到位后,在县财政统一发放前将各户损失财产种类、数量和补偿金额进行第三榜公示。补偿金额由县补偿办公室指定专业银行代办发放，银行按照"三榜公示"的结果，为每个补偿居民办理储蓄银行卡，各银行网点进村到户公开发放，补偿居民携带个人身份证和补偿证就能方便快捷地领取到补偿金。二是加大督查力度：安徽省政府领导小组成员单位对各地补偿工作实行分阶段督查，发现问题及时进行纠正。三是严把计价审核关。省补偿工作领导小组办公室先期介入，在各县（区）上报汇总表前，组织财政、水利、农委、林业、统计和物价等部门对计价进行集中核查，对不合理的部分及时予以纠正。

淮河水利委员会根据《蓄滞洪区运用补偿核查办法》规定，派出核查组对地方政府补偿工作程序，补偿对象、范围的准确性，损失数据的真实性，计价指标的合理性和补偿标准的合理性等进行核查，向安徽省政府提出了核查意见。财政部、水利部在安徽省向国务院报送补偿方案后派工作组进行了核查，在国务院下达补偿资金后，两部再次派出工作组对补偿金发放工作进行督查。

2003年安徽省行蓄洪区运用补偿总额经国务院核定为 5.57 亿元，中央财政和安徽省财政分别承担 70% 和 30%。由于组织有力，准备充分；各层级各部门工作协调配合，扎实细致，全部补偿资金在年底前发放到受损居民手中。

（3）2007年。2007 年汛期安徽省启用了濛洼、荆山湖等 9 个行蓄洪区，对临北段、香浮段和花园湖 3 个行洪区下达了撤退转移命令，后因汛情变化，没有实施行洪。河南省启用了老王坡滞洪区。

7 月 13 日，正值淮河防汛的关键时刻，国务院总理温家宝在视察安徽行蓄洪区时对为分洪做出贡献的广大群众表达了党和政府的衷心感谢，并指示要按规定的最高标准给予补偿。

按照温家宝总理的指示，根据财政部、水利部修订后的有关补偿资金和补偿核查规定，基于 2003 年的补偿工作经验，安徽省迅速启动了行蓄洪区运用补偿工作。8 月 15 日，省行蓄洪区补偿工作领导小组印发《安徽省 2007 年蓄滞洪区运用补偿工作方案》，从指导思想和工作原则、补偿范围、对象和标准、财产申报和核查、资金发放和管理、时间安排、组织机构和职责分工、工作要求共七个方面对补偿工作进行了规范，有关市、县先后制定了本辖区的实施细则。9 月底向国务院上报安徽省蓄滞洪区居民财产损失资金补偿方案。国务院于 12 月初批复安徽省行蓄洪区运用补偿方案。

2007 年行蓄洪区运用补偿范围界定为已经运用的行蓄洪区和已下达撤退转移命令但未行洪的 3 个蓄滞洪区。对于已启用的蓄滞洪区受淹地区，农作物实行亩均定值补偿，安徽省按前三年沿淮行蓄洪区夏季农作物种植模式、亩均单产及相应价格核定损失，补偿标准按损失的 70% 确定，每亩 685 元；经济林补偿标准按损失的 50% 确定，每亩 712 元；水产养殖补偿标准按损失的 50% 确定，粗养鱼塘每亩补偿 727.5 元，精养鱼塘每亩补偿 1850 元；专业养殖实行分类定值补偿，补偿标准按损失的 50%，分猪、牛、羊、蛋禽、肉鸡、肉鸭、肉鹅等 7 类确定补偿标准。对已下达转移命令，但未行洪的行蓄洪区常住人口转移人员，按每人 420 元定额补偿。

经核定安徽省补偿总额为 3.57 亿元，河南省补偿总额为 0.59 亿元，中央财政和省级财政分别承担 70% 和 30%。安徽省于当年 12 月底前全面完成补偿资金发放任务，河南省于次年 1 月底前完成补偿资金发放。

淮河流域行蓄洪区多年来为全流域防洪安全牺牲局部利益，群众承担了巨大损失，做出了无私奉献。实行蓄滞洪区运用补偿政策，体现了党和政府对蓄滞洪区人民群众的关怀，体现了大局对小局利益的照顾，深受地方政府和行蓄洪区群众欢迎。淮河流域的行蓄洪区，大多位于国家级或省级贫困县，以往行蓄洪后有限的民政救济，只能解决基本的吃饭问题。补偿政策实施后，不但解决了吃饭问题，保障基本生活所需，还可以购买种子化肥，有利于灾后恢复生产。实行蓄滞洪区运用补偿，也消除了区内群众对分蓄洪的抵触情绪，干扰因素大为减少，领导层对行蓄洪区运用决策和执行的难度大大降低。

9.4　行蓄洪区调整与改造

9.4.1　行蓄洪区调整的决策过程

经过新中国成立以来数十年的治淮建设，特别是治淮 19 项骨干工程完成后，淮河流域防洪体系基本形成，淮河中游重要保护区达到了百年一遇的防洪标准，但前提是必须启用行蓄洪区。在流域防洪标准普遍得到提高的情况下，行蓄洪区启用频繁，安全建设滞后，每遇中小洪水动辄几十万人需撤退转移，区内群众生产、生活极不稳定，经济发展远远滞后等问题日益突出，对淮河行蓄洪区实施调整改造，成为党和政府以及社会各界关注的重点，从本世纪初逐步列入治淮的重要内容。2002 年 1 月国务院办公厅批转了水利部《关于加强淮河流域 2001—2010 年防洪建设的若干意见》要求：抓紧研究对现有部分行蓄洪区尤其是淮河干流行洪区的调整方案，由淮河水利委员会会同有关省作出规划，报水利部审查批准。淮委据此编制了"若干意见实施方案"，安排在 2010 年前，对涡河口以上的行洪区，分别采取废弃、由行洪区改为蓄（行）洪区或适当退建后改为一般堤防保护区等措施进行调整。2003 年 11 月水利部印发了《加快治淮工程建设规划（2003—2007 年）》，将行蓄洪区建设和调整作为重点工程之一，要求加快建设步伐。淮委组织进行了专题研究，编制了《淮河干流行蓄洪区调整规划》。2009 年 8 月，水利部、安徽省人民政府、江苏省人民政府联合发文，以水利部水规计（2009）352 号文批复了《淮河干流行蓄洪区调整规划》。2011 年，国务院办公厅转发国家发展和改革委员会与水利部《关于切实做好进一步治理淮河工作的指导意见》中，将行蓄洪区调整和建设列为进一步治淮的重要项目。2013 年 6 月，国家发改委办公厅和水利部办公厅印发的《进一步治淮实施方案》提出进一步治理淮河 38 项工程，淮河行蓄洪区调整和建设是其中的重要内容。

9.4.2 淮干行洪区调整与改造

淮干行蓄洪区调整和改造的目标是结合淮河干流河道整治，调整优化行洪区布局，减少行洪区数量，扩大河道滩槽泄洪能力，提高行蓄洪区的启用标准，减少进洪机遇；改善行蓄洪区的运用条件，建设进洪退水控制设施，妥善安置区内居民，建成布局合理、标准适当、功能完善、调度运用灵活可靠、人水关系较为和谐的行洪区，保证运用及时、安全、有效。以此进一步完善淮河流域防洪体系。

具体思路是结合淮河干流河道整治工程，通过退堤、切滩、疏浚等工程措施，将淮干中游滩槽行洪能力分段提高至洪河口—正阳关达到 7000m³/s、正阳关—涡河口达到 8000m³/s、涡河口以下达到 10500m³/s，对相应区域的行蓄洪区按有退有保、有平有留的方式进行调整。对面积较小、标准较低、居住人口较少的行洪区予以废弃，铲除行洪堤，恢复滩地行洪；对部分行洪区堤防进行退建，退出部分还给河道，保留部分改为防洪保护区或蓄洪区；对参与河道行洪作用较大的行洪区改建为有进、退洪闸控制的行洪区，并提高进洪标准。对保留的行蓄洪区，继续实施安全建设、移民迁建等工程，同时加强行蓄洪区管理，使区内群众安居乐业，以利当地社会经济的稳定和可持续发展。

为充分发挥行洪区的作用，根据淮河干流河道的实际情况和防洪体系的总体要求，从恢复和扩大河道滩槽基本泄洪断面、降低对行洪区行洪的依赖程度出发，有必要对行洪区的布局、功能和运用标准进行调整。

2004—2008 年，淮委组织对淮河干流行蓄洪区调整进行了专题研究，拟定了行洪区全部调整为保护区、全部退为滩地、有退有保等多种组合方案，从工程投资、迁移人口、工程占地、生产安置、行洪区蓄洪功能等方面进行了论证和比选，推荐采用以下的方案。

正阳关以上段，拓浚濛河分洪道，疏浚南照集至汪集段河道，南润段、邱家湖分别增建进（退）水闸改为蓄洪区；姜唐湖仍为有闸控制的行洪区。

正阳关至涡河口段，寿西湖新筑隔堤，董峰湖退建和加固行洪区堤防，疏浚张圩至董峰湖出口段河道，建设进洪和退水闸，将寿西湖、董峰湖改为有闸控制的行洪区；上六坊堤、下六坊堤行洪区废弃，铲除行洪堤，**恢复为河滩地；石姚段、洛河洼退建行洪区堤防改为防洪保护区；汤渔湖、荆山湖退建和加固行洪区堤防，退建黄苏段堤防**，疏浚汤渔湖退水闸至张家沟段河道，分别增建进洪闸和退水闸，汤渔湖、荆山湖改建成有闸控制的行洪区。

涡河口以下段，退建、加固行洪区堤防，疏浚临北段进口—冯铁营引河进口河道，建进、退水闸，将方邱湖、临北段行洪区改为防洪保护区，花园湖改为有闸控制的行洪区；香浮段行洪区改为防洪保护区；开辟冯铁营引河，潘村洼改为防洪保护区，鲍集圩并入洪泽湖周边滞洪区。

截至 2017 年年底，南润段、邱家湖行洪区已建成进（退）洪闸，调整为蓄洪区；石姚段、洛河洼行洪区已通过退建堤防调整为防洪保护区。淮干蚌埠—浮山段行洪区调整和建设工程也已大部分建设完成，方邱湖、临北段和香浮段行洪区通过堤防退堤、河道疏浚调整为防洪保护区；花园湖行洪区通过堤防退堤、河道疏浚、新建进（退）洪闸和保庄圩调整为有闸控制的行洪区。上述工程的实施，提高了行洪区的启用标准，扩大了河道过流能力，保证了洪水通道的顺畅。结合上、下游河段治理工程，淮干中游涡河口以下河道的过流能力将达到 13000m³/s，为巩固本河段范围内淮北大堤保护区和蚌埠市的防洪标准达到 100 年一遇提供了有效支撑。

9.4.3 蓄洪区和滞洪区的改造

拟进行改造的蓄洪区和滞洪区的范围包括淮河干流的城西湖蓄洪区、洪泽湖周边滞洪区，洪汝河的杨庄、老王坡、蛟停湖滞洪区，沙颍河的泥河洼滞洪区，沂沭泗河水系的黄墩湖、南四湖湖东滞洪区以及沙颍河规划新建的大道遥滞洪区。

1. 工程建设

针对蓄洪区和滞洪区现状和历年运行存在的问题，进行除险加固；通过兴建进、退洪闸等分蓄洪控制设施，完善蓄洪区和滞洪区的蓄泄功能；对于新增、调整和规划分区运用的蓄洪区和滞洪区，增建隔堤等工程。

结合城西湖蓄洪区地形特点，研究分区运用的可行性方案，合理新建蓄洪控制设施，并新建和加固堤防 27km。对杨庄滞洪区大坝北岗段灌浆 2.22km，加固万泉河闸。加固老王坡滞洪区东大堤 2.8km 和干河堤 11.4km，护砌 2.25km，拆除重建桂李进洪闸，加固南、北泄洪闸。加固蛟停湖滞洪区右堤 39.4km、防护 3.1km、灌浆 4km，疏浚进退洪闸上下游河道 3.8km，加固李营西进洪闸和徐湾退水闸。加固泥河洼滞洪区灰河右岸堤防 5km、防护高庄险工 0.5km，拆除重建沿河堤 4 座涵洞。调整黄墩湖的滞洪范围，徐洪河以西不再作为滞洪区，加固徐洪河东堤等 19.0km，新、改建穿堤涵闸 5 座。加固南四湖湖东滞洪区界河等支流回水段堤防 30.1km。研究洪泽湖周边滞洪区分区运用方案，复堤 146.9km，加固围堤 12km，迎湖堤段防护 47.4km，新建溧东、洪泽农场和三河农场进退洪闸 3 座，其他圩区通过建闸控制，设计总进洪流量 2000m³/s。新建大道遥滞洪区堤防 45km，新建西河进洪闸、黄桥进洪闸和冯桥退水闸。

2. 安全建设

根据蓄洪区和滞洪区的类型、洪水风险程度，对居住在淹没水深较深区域的居民，以区内永久性安置（安全区、安全台）或区外移民安置为主；对居住在淹没历时短区域的居民，采取避洪楼安置为主；对居住在启用标准较高的蓄滞洪区和淹没水深较浅区域的居民，以临时撤退为主。

新建安全区 10 处，面积 49km²，安置人口 16 万人；新建安全台 2 座，面积 42.4 万 m²，安置人口 0.8 万人；新建避洪楼 11.8 万 m²，安置人口 3.9 万人；规划外迁安置人口 5.6 万人；对现有安全设施进行加固，安置人口 14.6 万人（其中安全区 9.5 万人，安全台 1.1 万人，避洪楼 4.0 万人）。新建、改扩建撤退道路 1084km，分洪临时转移人口 134 万人（主要分布在标准较高或淹没水深较浅的洪泽湖周边、南四湖湖东、黄墩湖滞洪区）。建设和完善区内通信报警系统及管理设施。

9.4.4 行蓄洪区调整与改造的预期效果

1. 扩大淮河干流行洪通道，排洪更加通畅

淮干行蓄洪区调整，通过废弃和退堤共退还河道面积 99km²，淮河干流正阳关以下河段基本整理出宽 1.0～1.5km 的排洪通道，正阳关—涡河口段河道滩槽流量由现状的 5000m³/s 提高到 8000m³/s，涡河口—洪山头段滩槽流量由现状的 7200m³/s 提高到 10500m³/s，遭遇中小洪水时，淮干行蓄洪区的启用次数将大为减少。

2. 行蓄洪区数量减少，启用标准提高

淮河流域行蓄洪区经过调整改造改造后，数量由原有 29 处减少 21 处，其中淮干行洪区原有 17 处，减少至 6 处，蓄洪区由原来的 4 处增加至 6 处，洪泽湖周边滞洪区范围增加鲍集圩，淮北支流和沂沭泗水系滞洪区数量维持不变，仍为 7 处。具体见表 9.4-1。调整后行蓄洪区的启用标准将由现状的 4～18 年一遇提高到 10～50 年一遇，还有 6 处行洪区改为防洪保护区，在淮河干流设计泄洪标准内可不启用。

3. 防汛调度更加灵活，行蓄洪效果好

现状行洪区由于没有进退洪控制工程，多以自然溃堤和人工爆破方式进行分洪，口门大小、进洪量和进退洪时机很难控制。通过在行蓄洪区建设进、退水闸，在防汛调度时可以做到进洪及时、调度灵活。此外，通过将行蓄洪区范围内的人口进行迁移安置，行蓄洪范围的房屋、附属设施和其他阻水设施将大为减少，蓄洪、行洪的效果能得到有效的保障。

表 9.4-1　　　　　　　　　　淮河流域现状及规划行蓄洪区情况表

河流水系	类型	现状		调整后		备注
		名　称	数量	名　称	数量	
淮河干流	行洪区	南润段、邱家湖、姜唐湖、寿西湖、董峰湖、上六坊堤、下六坊堤、石姚段、洛河洼、汤渔湖、荆山湖、方邱湖、临北段、花园湖、香浮段、潘村洼、鲍集圩	17	姜唐湖、寿西湖、董峰湖、荆山湖、汤渔湖、花园湖	6	
	蓄洪区	濛洼、城西湖、城东湖、瓦埠湖	4	濛洼、城西湖、城东湖、瓦埠湖、邱家湖、南润段	6	
	滞洪区	洪泽湖周边	1	洪泽湖周边（含鲍集圩）	1	

河流水系	类型	现状		调整后		备　注
		名　　称	数量	名　　称	数量	
洪汝河	滞洪区	杨庄、老王坡、蛟停湖	3	杨庄、老王坡、蛟停湖	3	
沙颍河	滞洪区	泥河洼	1	泥河洼、大逍遥	2	
奎濉河	滞洪区	老汪湖	1	老汪湖	1	
沂沭泗河水系	滞洪区	黄墩湖、南四湖湖东	2	黄墩湖、南四湖湖东	2	黄墩湖滞洪区调整范围
合计			29		21	

4. 增加保护范围，社会效益显著

行蓄洪区矛盾的焦点是人与水争地，通过调整，将一部分行洪区改为防洪保护区和区内建保庄圩，增加了安全区的范围，共计增加保护面积 480km²，增加保护人口 96 万人（包括工程移民）。遇一般常遇洪水，在启用行蓄洪区时，将不再需要临时转移大量人口，多年平均减少淹没面积 51km²，不仅能有效及时地蓄洪、行洪，而且能大量减少灾民，减轻社会救助工作的难度和负担，经济效益和社会效益显著。

10

洪泽湖的洪水出路与治理

　　黄河北徙后，针对淮河下游的出路问题，从清末开始民间人士和政府提出了不少主张，但因种种原因，大都未能正式实施。中华人民共和国成立以来，淮河下游治理也随着治淮工作全面推进而加快实施，取得了显著成效。因不同时期人们对淮河客观情况认识的差异和设计洪水大小的不同，洪泽湖和淮河下游的规划与治理几经变动，淮河下游和洪泽湖洪水出路及规模、洪泽湖大堤防洪标准在不同时期也有较大差异；入海水道排洪方式由漫滩行洪改为河道行洪，入海水道工程的决策经历了肯定—否定—再肯定的漫长过程。洪泽湖和淮河下游的规划与治理既有成功的经验，也有深刻的教训。

10.1　清末民国时期淮河下游治理思路概述

　　1855 年黄河北徙，结束了数百年的夺淮历史，淮河下游地区虽然没有了黄河洪水的直接侵扰，但留给淮河的也只是出海无路、入江不畅的格局。淮河水系紊乱、尾闾不畅，洪涝旱灾害频发的局面并未随着黄河北徙而有所改观。清末以来，围绕淮河下游出路问题，政府和一些有识之士先后提出一系列的"复淮""导淮"的主张和计划。在本书第一章较详细介绍了这些主张，为使有关淮河下游出路方面规划思路变迁更加系统，以下再做简要梳理。

　　总体来说，清末及民国期间针对淮河下游出路问题提出的诸多方案，可归纳为全部入海、全部入江和江海分疏三类。

　　1. 全部入海方案

　　主张全部入海方案的有丁显、杨惠人、费礼门等人。其中丁显、杨惠人等的计划中入海线路主要是恢复淮水故道。1866 年，丁显发表"黄河北徙应复淮水故道有利无害论"，提出堵三河、辟清口、浚淮渠、开云梯关尾闾等工程。次年，裴荫森提出复淮水故道。1870 年，两江总督马新贻疏浚张福河和杨庄以下废黄河，但由于工程过大，中途停工。1881 年，江苏总督刘坤一提倡"导淮"，主张淮河由废黄河入海。杨惠人在其《导淮刍言》中提出淮水宜由旧道独流入海，但必须疏浚淮河上游及各支流河道，堵塞洪泽湖坝河入江之路，深浚河身。

费礼门则主张另开辟新河，在民国9年（1920年）所著的《治淮计划书》中计划另辟新河，使淮河在海州湾的临洪口、套子口、灌河口全部入海。新河路线由洪泽湖东北行，接纳沂沭河及运河来水，将淮水全部及沂、沭、泗河水的一部分，导入新河。

2. 全部入江方案

主张全部入江只有美国红十字会，主要工程措施是在龟山对面的淮河左岸筑大堤，直达蒋坝，截断淮河湖口，导淮全部由三河南行，经宝应、高邮两湖，至镇江附近入扬子江，最大计划泄量为5663m³/s。

3. 江海分疏方案

主张江淮分疏的则比较多，有詹美生、柏文蔚、张謇、孙中山及安徽省水利局、全国水利局、导淮委员会等。

1912年，詹美生提出淮河疏导方案，首次提出淮河洪水江海分流，即主张淮河洪水由淮阴以下黄河故道和三河以下入江水道入海入江。

柏文蔚主张淮河入江、入海的分流比例为4∶6。他提出的入海路线自张福河至西坝老堤头，挖新河20里下接盐河，再直伸30里至响水口，与灌河会合入海。

1913年张謇在《导淮计划宣告书》《治淮规划之纲要》中提出淮河三分入江，七分入海和沂、沭河分治的原则。入江路线由蒋坝三河，沿入江水道至三江营入江；入海路线由废黄河六套折经灌河口入海。以后又改由废黄河线入海，即淮阴西坝至云梯关段，以废黄河北堤为南堤，另筑新北堤、云梯关以下沿用废黄河河道。1919年，张謇在《江淮水利施工计划书》中对江海分疏方案作了较大修正，将江海分流的比例改为七分入江，三分入海，并兼治运河及沂沭河。入江路线由三河、高邮及邵伯湖、里运河，经归江各坝入江；入海路线，自洪泽湖仁和集开始，在湖内筑堤直达张福河口，形成新的淮河，出张福河口，经废黄河北面入海，即以废黄河北堤为南堤，涟水以西借用盐河，涟水以东，于北堤外另筑新北堤，甸湖以下复淮故道。淮河入江、入海的分流比按1916年淮河最大流量12500m³/s分配，其中入江7000m³/s、入海3000m³/s，洪泽湖调蓄2500m³/s。

安徽省水利局在《导淮水利计划书》中主张淮河洪水江海分流，计划淮河入洪泽湖最大流量12200m³/s，其中8490m³/s由三河经高宝湖至三江营入江；1981m³/s由高良涧，经浔河、白马湖、射阳河入海；余水由洪泽湖调蓄，建闸控制，以利防洪灌溉。

孙中山在《建国方略》中提出导治淮河计划设想，同意通海通江南北分流的意见。北支经张福河、废黄河、盐河、于燕尾港入海。南支自三河起沿入江水道至三江营入江。两支水深不少于20英尺，以利南北直航。

1925年，全国水利局《治淮计划》同意张謇的意见，淮河洪水分由废黄河入海和三江营入江。

1930 年，导淮委员会在《导淮工程计划》中提出导淮泄量应以入江为主，入海为辅，排洪入江应不令江受害为原则。淮河下游导治重点是整治入江水道，适当开辟入海水道。并在入江水道进口建长 600m 的三河活动坝，以便视长江水位高低而灵活施泄。此外，还要加固完善洪泽湖周边围堤，以利充分用以调洪蓄水，确保安全。1931 年，导淮委员会补编《入海水道计划》，论证前人对入海水道的 8 条线路方案，最后导淮委员会讨论确定采用由张福河经废黄河至套子口为导淮入海之线路。1931年，相继完成了张福河疏浚工程、入海水道初步工程等。1937 年正当导淮工程全面向前推进之时，适逢日军大举侵华，导淮工程被迫全面停工。

总之，在清末和民国时期，围绕淮河下游治理问题，有关各方和中外人士提出不少意见和建议，洪泽湖的洪水出路也经历了入海为主、入江为主、江海分疏等争议，直至民国时期导淮委员会提出入江为主、入海为辅的方案。

10.2　20世纪50年代的治理

1. 治淮初期规划

据治淮委员会工程部《淮河入海水道查勘报告》（1950 年 11 月），该查勘报告提出，入海水道分南北两槽，总流量 8000m³/s，南槽为主，北槽为辅，分别在淮阴县高良涧的南北出洪泽湖，南槽在洪泽水位 14.0m 时排泄 3000m³/s 的最大流量，北槽在洪泽湖水位 14.5m 时开始使用，最大泄量为 5000m³/s。

1950 年大水之后，政务院在《关于治理淮河的决定》中明确"下游开辟入海水道，以利宣泄，同时巩固运河堤防以策安。洪泽湖仍作为中下游调节水量之用。"确定了 1951 年应先行举办的工程，其中"下游即进行开辟入海水道，加强运河堤防及建筑三河活动工程。入海水道工程浩大，一九五一年先完成第一期工程，一九五二年汛期放水。在入海水道辟成放水前，仍暂以入江水道为泄水尾闾，洪泽湖入江最高泄量暂以八千五百秒公方为度。万一如遇江淮并涨，水位过高，仍开归海坝，以保运堤安全。运河入江水道及里下河入海港道部分疏浚工程，亦应配合举办。"

1951 年 4 月，淮委召开第二次全体委员会议，做出了会议决议。决议认为"为使淮河洪水畅泄入江，低水位时有一定的河槽，便利航运，并使洪泽湖成为有控制的水库，增加蓄洪效能，兼备苏北蓄水灌溉之用，及免除五河至浮山段淮河干流遭受湖水顶托之害，必须采取洪泽湖与淮河分开的办法"。会后由曾山主任率汪胡桢、钱正英到北京向周恩来总理汇报。周总理认为"治淮方略"原则上可行。因土方量多达数十亿立方米，非短期可以完成，并向中央报送了《关于治淮方案的补充报告》，供中央决策。

1951 年 7 月，按照当时的洪水计算成果，决定于 1952 年、1953 年，先按灌溉输水要求开辟苏北灌溉总渠，兼顾排洪 700m³/s，入海水道暂缓开辟，入江水道按7800m³/s 考虑。该决定的实施，基本确定了"江海分流以江为主"的排洪格局。

按以上规划要求，1950 年冬，实施里运河复堤、洪泽湖大堤修培、加固三河堤防、入江水道毛塘港切滩、疏浚淮阴以下废黄河等工程。

1951 年 11 月开挖苏北灌溉总渠——一条横贯苏北淮安、盐城两市，灌溉结合排洪的人工河道，西起洪泽湖，东至扁担港口，长达 168km——为淮河新添一条入海尾闾，同时，在靠总渠北堤外平行开挖排水渠一条，用于排除渠北部地区内涝积水。同年，建成高良涧进水闸、淮安运东分水闸、六垛南北闸、里运河淮安节制闸、三河闸等 10 多座大中型涵闸，并疏浚张福河，修复杨庄活动坝。总渠设计引水流量 500m³/s，计划灌溉里下河和渠北地区 360 余万亩农田。汛期排洪流量 800m³/s，当渠北地区内涝加重时，则利用总渠和排水渠之间的渠北、东沙港两排水闸，调度涝水经总渠排泄入海，以减轻渠北排水渠的排水负担。

2. 1956 年、1957 年规划

1954 年，淮河发生洪水，洪泽湖最高水位 15.23m，三河闸最大泄量 10700m³/s，入江水道高邮湖最高水位 9.38m。中华人民共和国成立初期修建的治淮工程发挥了关键作用，经十几万民工奋斗抢险，淮河下游主要防洪大堤没有溃决，但也暴露了对洪水估计不足的问题，洪泽湖的入湖来量、最高水位和入江水道泄量都超过原来估计。1956 年，根据 1954 年大水暴露出的问题，淮委组织编制了《淮河流域规划报告（初稿）》，调整了洪泽湖设计水位和下游出路的规模。规划洪泽湖按巨型水库的安全要求，采用 1000 年一遇设计，10000 年一遇洪水校核，湖内设计洪水位为 16.0m，校核水位 17.0m。设计水位时需泄洪 16600m³/s，其中灌溉总渠、废黄河排洪 800m³/s 和 300m³/s，其余 15500m³/s 拟由入江水道排泄 11000m³/s，入海水道排泄 4500m³/s，洪泽湖 10000 年一遇泄量 17800m³/s，将由入江水道和入海水道强迫分洪。

（1）入江水道。根据 1954 年水情，按"江海分流，入江为主，入海为辅"的原则，确定入江流量 11000m³/s，主要措施包括加固完善中渡至柏家岗的三河南北堤防；按堤距 3000m 筑柏家岗至闵家桥的堤防，清除障碍，实行束水漫滩行洪；自闵家桥起沿高邮湖北部筑格堤至邵家沟接里运河西堤，再自邵伯湖口起至昭关镇筑东堤，并清除障碍，实行漫滩行洪；昭关镇至六闸加固运河西堤，疏浚偏泓；六闸以下至三江营，疏浚拓宽各归江河道的束水段；古运河以下加固两岸堤防。在六闸或归江引河上兴建节制闸壅高水位，以利通扬运河及沿运地区引水灌溉，发展水运交通。

（2）入海水道。规划对入海水道的开挖线路、排洪方式、排洪设计流量等进行了综合比较，其中比选的线路有废黄河，灌溉总渠与废黄河之间和灌溉总渠以南的北、中、南三条线路。中线介于废黄河与灌溉总渠之间的东西狭长地带，有废黄河南堤及灌溉总渠北堤为其屏障，影响范围小，地面西高东低，自然流势顺畅，现有土地利用率低，产量小，尤其是东部滨海地区，荒地多、人烟少、工程拆迁任务较小，最宜开辟入海水道。最终确定采用灌溉总渠以北的中线，筑堤束水漫滩行洪和高水位排洪 4500m³/s 的方案。

新辟入海水道排洪 4500m³/s，入海水道规划采用灌溉总渠以北的中线，筑堤束水漫滩行洪，自洪泽湖东侧二河闸起，沿灌溉总渠北侧，东至淮安县城穿运河，下经涟水、阜宁至滨海县境，全长 160 余 km。运河西段河长 27km，拟以开挖中泓为主，辅以必要的行洪滩地；运河以东河长 130 多 km，结合渠北排涝开挖深泓，按排洪需要拟定行洪滩地宽 1000m 左右。沿河拟修建二河进洪闸，淮安运东节制闸和海口防潮闸；新修道北大堤，培修加固灌溉总渠北堤。

1955—1956 年间，进行了洪泽湖蓄洪垦殖工程，沿洪泽湖周边 12.5m 等高线修筑防洪堤，并逐步形成了洪泽湖周边滞洪区，成为防洪工程系统中的一个重要组成部分；1957 年冬，江苏省在水利部的指导下，为了结合淮水北调解决苏北北部地区工农业用水需要，提出开辟淮沭新河、利用新沂河相机分泄淮河洪水 3000m³/s 的分淮入沂工程规划，代替入海水道的部分排洪作用，将洪泽湖的防洪标准提高到 100 年一遇，此项工程自 50 年代后期开始，已按规划要求基本建成；同时，进一步整治入江水道工程；1959 年兴建万福闸，成为邵伯湖入江控制工程。

50 年代的大规模治淮，为淮河下游防洪工程体系的形成打下了基础。

10.3 20 世纪 60—70 年代的治理

1. 分淮入沂的提出、实施

1956 年，江苏淮北地区大涝，受灾面积 1000 万亩，粮食减产 5.5 亿 kg。江苏省委省政府根据江苏具体情况作出了"改制除涝"的战略决策，提出"洼地必须除涝、治碱，改旱作物为水稻"的治理思路。江苏省水利部门根据淮河、沂沭泗洪水特性，特别是 1954 年淮河大水防汛十分紧张之时，新沂河仅排泄洪水 282m³/s 这一现实，在多方面研究的基础上，提出了打通淮北淮南治水界线，跨流域从洪泽湖调水至淮北地区的设想，定名为"淮水北调，分淮入沂，综合利用"规划。1957 年 3 月，水利部钱正英副部长来江苏实地查勘，提出"淮河流域规划应与沂沭泗流域规划结合考虑，并应通盘研究发挥现有工程及水资源的潜力"等指导性意见，在此基础上调整了工程规划，计划开挖淮沭新河、从洪泽湖引淮水 750m³/s 至淮北，灌溉面积扩大到 1000 万亩，其中"旱改水"500 万亩，相机分泄淮河洪水 3000m³/s 借道新沂河入海。工程分为二河、淮沭河、沭新河三段总长 170 余 km，其中二河和淮沭河两段也称为"分淮入沂"，总长 97.6km。1957 年 12 月，江苏省向国家计委、水利部报送了《分淮入沂、综合利用工程规划》。

分淮入沂自 1957 年陆续开始建设，开挖了淮沭河东、西偏泓部分河段，兴建了二河闸、淮阴闸、六塘河地涵、沭阳闸等主要建筑物。1971 年，水电部批准了江苏省水利厅编制的《分淮入沂续办工程总体设计》，部分工程开始实施。1980 年，国民经济调整时在建工程停缓建，其间主要完成了淮沭河挖偏泓结合复堤、偏泓生产桥、穿堤建筑物，"分淮入沂"工程逐步具备了分泄淮河洪水入新沂河的条件。1991 年，淮河流域发生了大洪水，为加速降低洪泽湖水位，腾出库容，承泄淮河上中游的洪水，启用了"分淮入沂"，泄洪 59 天，分泄淮河洪水 8.78 亿 m³。在发挥工程防洪效益的同时，也暴露了工程存在的问题，堤防防洪标准低，沿线穿堤涵闸年久失修，危及堤防安全。当年国务院《关于进一步治理淮河和太湖的决定》中确定了治淮建设骨干工程，"分淮入沂"续建工程列入其中。1992 年，水利部批准工程投资 7500 万元，从 1992—1995 年组织实施完成的主要内容包括：①堤防险工段修复加固；②堤防砌石防护工程 90km；③加固建筑物 11 座；④淮沭河清障；⑤淮沭河堤防修建泥碎石路面防汛道路 125km；⑥新建 10 座偏泓生产桥。

"分淮入沂"续建工程实施后，工程防洪能力有所提高，但没有能够全面系统整治。2003 年，淮河流域发生了 1954 年以来的最大洪水。其间，启用"分淮入沂"泄洪 46 天，最大分洪流量达 1720m³/s，共分泄淮河洪水 18 亿 m³。但在行洪过程中，也暴露出工程存在的突出问题：二河东堤和淮沭河东、西堤背水坡多处渗水，土体坍塌，部分跨河及穿堤建筑物由于闸门、启闭机设备老化失修，启闭卡阻，有的还出现了翼墙倾斜、洞身裂缝等，危及安全运行。汛后实施了灾后应急工程，根据 2003 年、2007 年淮河下游暴露的问题，江苏省编报了《分淮入沂整治工程可行性研究报告》，2011 年国家发展和改革委员会以发改农经〔2011〕2876 号文予以批复。工程主要内容是：①干河堤防防渗处理 107km；②护坡工程共 106.7km，其中新建护坡 48.9km，护坡面积 59.94 万 m²；接高护坡 57.8km，护坡面积 21.86 万 m²；③防汛道路共 137.03km，其中堤顶道路 126.53km，上堤道路长 10.5km；④新建偏泓生产桥 6 座、拆除重建 11 座；⑤拆建、加固建筑物工程共 24 座，其中干河上 13 座，六塘河回水段 11 座；⑥部分滩地工程和清障工程。工程总投资 6.58 亿元，2018 年通过竣工验收。

分淮入沂是以淮水北调为初衷，又根据淮河和沂沭泗洪水不同特性，建成一个集防洪、调水和发电为一体的综合利用工程，每年向江苏淮北地区输送水资源 80 亿 m³，既可为淮河分泄洪水，还可以将沂沭泗水调入洪泽湖，规划思路很值得借鉴。

2. 入江入海治理与规划

1969 年冬，江苏省根据水电部批准意见，按排洪 12000m³/s、高邮湖水位 9.5m 初步完成了入江水道全线整治工程，相继兴建了三河拦河坝和大汕子隔堤，完成 18km 长的金沟改道段，改变了淮河洪水迂回白马湖、宝应湖地区而后进入高邮湖的历史；整修沿湖防洪堤，整治新民滩，建成高邮湖控制线；完成凤凰河切滩、里运河西堤加固、芒稻河裁弯取直，兴建太平闸、金湾闸等，使入江水道口门得到全面控制，废除归江十坝，结束了堵拆归江坝的历史。完成分淮入沂工程，并投入使用。1966—1969 年间，全面加固了洪泽湖大堤，在蒋坝至洪泽之间拆除了石工墙，在墙前抢筑 50m 宽的防浪林台，1976 年后，在堤后设置两级平台。至此，淮河下游入江入海的排洪能力已达到了 13000~16000m³/s，但按 1974 年淮办组织豫、皖、苏三省水利厅共同进行的淮河干流洪水分析成果（中渡 50 年一遇最大 30 天洪量 528 亿 m³、

100年一遇最大30天洪量637亿m³）核算，洪泽湖的防洪标准仍低于100年一遇，淮河下游的排洪出路还没有根本解决。

1969年国务院成立的治淮规划小组，于1971年提出规划报告，规划入江水道由排洪流量12000m³/s扩大到15000m³/s。淮沭河计划在新沂河允许的情况下，相机分泄洪泽湖洪水3000m³/s，经新沂河入海。灌溉总渠以维持现状分洪泽湖1000m³/s。此外，计划结合解决灌溉总渠以北地区的排水，从二河闸起沿灌溉总渠北侧到海口开辟一条排洪3000m³/s的入海水道，长165km。这样，淮河下游入江、入海的排洪能力将由13000m³/s扩大到22000m³/s，可以确保洪泽湖大堤和里运河东堤的安全。截至1980年，业已按规划完成的淮河下游工程包括淮沭河续建工程和入江水道整治工程（设计排洪流量12000m³/s，主要工程包括金沟段改道、上凤凰河切滩浚深等）等。

1976年6月，水利电力部在治淮规划预备会议上，总结了1975年8月河南省洪汝河、沙颍河地区遭遇特大暴雨洪水灾害的经验教训，再次提出结合渠北排涝要求，开辟入海水道，扩大淮河下游排涝能力，并适当加大入江水道的泄量。要求洪泽湖按1000年一遇最大30天理想流量1010亿m³设计（洪泽湖相应设计湖水位为16.0m，校核水位17.0m），在苏北灌溉总渠以北增辟排洪10000m³/s以上的淮河入海水道，使洪泽湖的排洪出路从当时的13000～16000m³/s扩大到28000m³/s。

为此，江苏省自1976年下半年开始，进行淮河入海水道规划设计工作，先后多次提交规划设计文件。水电部，淮委曾先后两次组织现场审查。1980年7月，水利部曾以水规字第60号文批复江苏省《关于淮河入海水道工程规划设计的意见》，肯定了开辟入海水道的必要性，批准了工程的线路临近灌溉总渠北侧，提出了按分洪3000m³/s的规模先做急需工程的分期实施意见。江苏省当即按批文精神，责成省水利厅进行了河线初步放样工作，明确了入海水道工程建设范围。

1985年，江苏省又按水利电力部〔1984〕水规字第35号文批复入海水道应急工程的要求，编报了《淮河入海水道近期工程设计任务书》和《淮河入海水道近期工程初步设计》。但是这些文件对入海水道的远景排洪泄量未作必要的论证，因而难以做出全面的决策。

1986年7月17日，国务院在批转水利电力部关于"七五"期间治淮问题报告的通知中，再次同意"七五"期间按排洪3000m³/s的规模修建入海水道，先按简易通水的要求，修建必要的工程。并要求抓紧实施入江水道和洪泽湖大堤加固工程。

在20世纪50年代基础上，60—70年代全面治理淮河下游，形成淮河下游防洪体系的基本格局。

就淮河下游的地形和现有工程情况看，扩大泄量的主要途径不外乎扩大现有的入江水道、灌溉总渠、淮沭新河或新辟入海水道。扩大入江水道，泄量规模受地形等自然条件限制，沿程水位较高，不利于里运河堤防安全；如遇江淮洪水并涨，将会增加长江下游防汛负担。扩大灌溉总渠，不但要做大量的无效搬堤土方，还要破坏、修复两岸现有排灌工程系统。扩大淮沭新河，当淮沂洪水遭遇时，工程就难以充分发挥预期的排洪作用。只有开辟入海水道比较经济合理，现实可行。

10.4　1991 年规划及入海水道规模的论证

1. 1991 年规划安排

中华人民共和国成立以来，淮河干流设计洪水曾做过三次分析计算，第一次为 1955—1956 年治淮委员会根据 1915—1937 年、1947—1948 年、1950—1954 年实测资料进行淮干设计洪水计算；第二次是 1969—1970 年水电部会同豫、皖、苏三省进行了分析计算，重点复核了 1954 年、1931 年洪水，将资料系列延长于 1973 年；第三次设计洪水分析计算研究淮沭河相机分泄淮河洪水对入海水道工程规划的影响，按照淮河与沂沭泗河洪水资料系列同步的原则，重新推算了淮干 1951—1974 年理想洪水系列，并加入 1974 年分析的 1931 年洪水，进行频率计算。

20 世纪 80 年代，结合入海水道工程建设和淮河流域综合规划的编制，1986—1987 年，淮委规划设计院在以往工作的基础上，重点分析比选了入海水道远景工程规模，远景工程规模为 8000m³/s。研究推荐了近期工程，于 1987 年 2 月完成了《淮河下游入海水道可行性研究报告》，经论证，工程线路、堤距、行洪方式与江苏省所提出的方案基本一致。

《淮河流域综合规划纲要（1991 年修订）》中，考虑洪泽湖的库容、防洪保护区面积和供水的重要性，认为洪泽湖应属 I 等工程，洪泽湖大堤应为 1 级水工建筑物，设计防洪标准调整为 300 年一遇，校核防洪标准为 2000 年一遇。据此，在历次规划的基础上，按 1974 年分析的淮河设计洪水成果，对淮河下游地区和洪泽湖的防洪规划重新进行了研究，重点研究了入海水道的规模等问题，入江水道、分淮入沂等仍维持已有的规模。具体是：在灌溉总渠北侧开辟入海水道，使洪泽湖正常运用标准达到 300 年一遇，非常运用标准达 2000 年一遇，行洪规模 8000m³/s，其中近期按 3000m³/s 建设；入江水道、分淮入沂、灌溉总渠设计行洪规模分别为 12000m³/s、3000m³/s、1000m³/s，并对洪泽湖大堤进行除险加固。对洪泽湖周边滞洪圩区，鉴于滞洪机遇很小，进洪可预报期较长，区内群众安全措施应以撤退为主，辅以必要的保庄圩等安全设施。

有关入海水道线路、实施等问题，规划拟定自洪泽湖东侧二河起，沿灌溉总渠北侧，向东经淮安、涟水、阜宁至滨海县入海，全长 165km。为节省工程量和投资，规划的原则是按筑堤束水、漫滩行洪设计断面，结合渠北地区排水和筑堤用土需要，酌情开挖部分南北偏泓。入海水道的外堤距，为减少淮安县城拆迁任务，大运河以西 27.5km 河段，地面比降较陡，采用 1300m；运河以东至南湾庄长 11.5km 河段采用 1400m；南湾庄以东长 126km，地势平缓，采用 2500m。为使洪泽湖的设计标准能达到 300 年一遇，经研究建议入海水道远景设计排洪流量采用 8000m³/s，在洪泽湖蒋坝水位达到 14.5m 时启用。为满足渠北地区正常排水需要,南北偏泓的底宽,南湾庄以西各为 100m,以东各为 60m,泓深一律为 6m。二河闸以下至入海水道二河进口段与分淮入沂采用合流方式。入海水道沿线需修建二河进洪闸、淮安节制闸(维持大运河航运水位)、滨海枢纽、海口防潮闸和必要的公路桥等。此外,为加大入海水道排洪能力,并节约工程量和投资,远景将淮安的设计洪水位,由大运河现状的 10.8m 提高到 12.5～13.0m,需在入海水道与大运河交叉处,修建运河南北节制闸,防止洪水向运河倒灌;为使洪泽湖的校核洪水标准达到 2000 年一遇,还得利用入江、入海水道等部分堤防超高强迫宣泄部分超标准洪水,必要时还得向入海水道和废黄河之间的狭长地带分泄部分洪水。

考虑到入海水道工程量大,投资较多,在实施步骤上,可以先通后畅,先小后大。近期可按排洪 3000m³/s 左右,开挖部分南、北偏泓,新筑北堤,加高加固南堤(即现灌溉总渠北堤),修建进洪闸、淮安节制闸和滨海枢纽,使洪泽湖正常运用的防洪标准达到 100 年一遇,在利用入江、入海和分淮入沂、新沂河等堤防超高多泄部分洪水的情况下,非常运用标准可达 300 年一遇,相应洪泽湖最高洪水位可控制在 17.0m。下游广大平原地区的防洪标准可以相应提高,渠北地区的排涝条件也可得以改善。

2.1991 年淮河大水后入海水道规模的论证

(1) 1991 年开展的淮河中下游扩大行洪通道预可行性研究。1991 年淮河中下游地区发生了特大的洪涝灾害。最大 30 天洪量不到 20 年一遇,但由于暴雨集中在沿淮、淮南地区,造成沿淮上下一同涨水,水位长期居高不下,中游两侧洼地大片积涝,遍地漫溢,连续数月滴水难排。大灾之后,引起各界反思。许多专家认为,淮河行洪区漫堤行洪效果很差,中等洪水通道不畅,扩大淮河中上游排洪出路,是减少淮河洪涝灾害、改善淮河面貌的重要措施。全国政协副主席钱正英在视察淮河时也指出,要进一步研究整治淮河,使之有个中等洪水的正常通道,希望通过整治,达到尽可能取消行洪区,减少蓄洪区的蓄洪机遇,保证淮河及时通畅行洪,实现较快退水,缩短高水位持续时间。如果淮河中游有个中等洪水的通畅出路,那么下游入海水道的行洪方式,就需要调整,变"分泄稀遇洪水"为"经常排洪",变"漫滩行洪"为"河道行洪",尽量降低洪泽湖的洪水位。淮委对扩大淮河中游排洪通道和入海水道河道排洪方案,进行了初步的、方向性的研究,为了适应经济社会发展需要,减少工程占地影响范围,对入海水道工程线路、断面型式展开了大讨论,广泛听取地方政府和专家意见,主要提出有三个方案。一是扩挖入江水道;二是扩挖分淮入沂和新沂河;三是改变入海水道漫滩行洪为苏北灌溉总渠式河道行洪方式,以增加土方工程量来减少工程占地范围。前两个方案因为只能增加 3000m³/s 左右的规模,不能满足入海水道最终规模的需要,于 1992 年提出了《淮河中下游扩大行洪通道预可行性研究报告》。报告研究了入海水道半挖和全挖深槽方案,其线路同"修订规划纲要",即与灌溉总渠平行成二河三堤,并与分淮入沂合用二河,全长 165km,变原规划太平门性质的束水漫滩行洪为常年和河道行洪，以降低洪泽湖水位。考虑与运河平交或立交的工程措施，共研究了五个方案，具体见表 10.4-1。其中方案 1、方案 2和方案 4 可使洪泽湖达到 300 年一遇设计标准。方案 3、方案 5 可使洪泽湖达到 100年一遇设计标准。洪泽湖以下的其他河道和洪泽湖圩区的运用方式与现状相同。

表 10.4-1　　　　　　　　　入海水道各方案要素表　　　　　　　　单位：m

方案编号		与运河平交方案			与运河立交方案	
		1	2	3	4	5
设计控制条件		平槽流量 3000m³/s（全地下行水）	蒋坝水位 16.0米时，入海水道泄量 8000m³/s（半地下行水）	蒋坝水位 14.0米时，入海水道泄量 3000m³/s	同 2，但与运河立交	同 3，但与运河立交
河槽深	运西	7.0～6.5	7.0～6.5	7.0～6.5	7.0～6.5	7.0～6.5
	运东	6.0～5.5	6.0～5.5	6.0～5.5	6.0～5.5	6.0～5.5
河槽底宽	运西	280	290	115	340	125
	运东	550	440	185	390/550	130/180
两滩总宽	运西	100	100	275	100	315
	运东	100	100	405	100	360/470

注　方案 4、5 栏中"/"的斜杠符上数字为大运河立交涵以下至通榆河立交涵上段设计值，斜杠符下数字为通榆河立交涵下至海口段设计值。

经各方案过流能力、工程量、投资和效益分析比较，入海水道深槽方案可在蒋坝 12.5m 时开始分洪，对降低洪泽湖水位很有利。深槽方案河道内没有居民和耕地，泄洪时无后顾之忧，是长治久安的方案。建议入海水道采用这种方案，其规模根据国家经济情况而定。方案 2 或方案 4 在有临淮岗工程和使用洪泽湖周边圩区滞洪的情况下，可满足洪泽湖 300 年一遇的防洪标准。如近期财力有限，也可选按方案 3 或方案 5 实施，投资约为方案 2、方案 4 一半。

（2）1994 年开展的淮河入海水道工程可行性研究。根据 1991 年《国务院关于进一步治理淮河和太湖的决定》以及 1993 年底水利部和江苏省《关于江苏省治淮治太工程有关问题的会商纪要》的精神，淮委规划设计研究院和江苏省水利勘测设计研究院于 1994 年 12 月完成了以开挖深槽、缩小堤距、迁出居民、降低启用水位、经常排洪的河道排洪方式为重点的《淮河入海水道工程可行性研究报告（修订）》，并报请水利部和国家计委审批。

报告中有关入海水道工程河道排洪方案的线路、沿途建筑物的总体布置、采用设计洪水成果、远近期防洪设计和校核标准等，和前述的漫滩行洪方案大体相同。不同的是远景规模的 300 年一遇的排洪流量稍小，为 7000m³/s，相应淮安设计洪水位由现状的 10.8m 提高到 13.49m，南北堤防中心距由原漫滩行洪方式的 1300～2500m 缩小为 750m，河槽底宽运西为 222m，运东为 210～320m，平均开挖深度为

6.0m 左右。近期工程在远景堤距范围内，按高低分排、承泄渠北地区 5 年一遇（自排加抽排）排涝流量控制，运东开挖南北泓道。入海水道启用水位，近期为 13.5～14.0m，洪涝水相遭遇时 14.0m 启用，不遭遇时 13.5m 启用。远景启用水位应不低于 13.5m，如上游已发生或预报将发生较大洪水时，还应提前到 13.0m 启用。

入海水道配合入江水道、分淮入沂、灌溉总渠和废黄河等工程，在洪泽湖周边滞洪区滞洪的条件下使洪泽湖防洪标准由 50 年一遇提高至 100 年一遇。但洪泽湖作为一个巨型平原水库，现状标准尚达不到 300 年一遇的设计洪水标准，如遇 100 年一遇以上洪水，则采取非常措施分洪；洪泽湖洪水出路规模偏小，特别是中低水位泄洪能力不足；洪泽湖周边滞洪区面积 1884km²，人口 106 万人，滞洪圩区 389 个，滞洪区建设滞后，存在难以及时启用、滞洪效果差等问题。

3. 实施情况

1991 年规划中确定淮河下游入江水道整治、分淮入沂整治、洪泽湖大堤加固以及入海水道工程等建设内容，纳入到治淮 19 项骨干工程范围，相继开工建设，到 1997 年，入江水道整治、分淮入沂整治、洪泽湖大堤加固三项全部完成并通过竣工验收。入海水道工程按近期按行洪流量 2270m³/s 规模，于 1998 年开工建设，2006 年通过竣工验收。其中 2003 年工程刚完成通水阶段验收不久，就在当年淮河洪水中投入使用，发挥作用。

淮河下游防洪体系在各泄洪通道达到设计标准的基础上，入海水道一期工程建设，使洪泽湖防洪标准从 50 年一遇提高到 100 年一遇。

10.5　2000 年以来相关规划工作

10.5.1　淮河与洪泽湖关系研究相关成果

2004 年，淮委科学技术委员会组织开展了淮河与洪泽湖关系研究工作，2009 年提出《淮河中游洪涝问题与对策研究报告》。报告针对淮河中游的洪涝问题，对淮河与洪泽湖分离、扩大洪泽湖洪水出路规模的措施和可能的效果进行了研究，主要成果如下：

1. 洪泽湖内开挖一头两尾河道方案

一头两尾河道方案拟由淮河干流入湖口老子山附近，分别对着二河闸、三河闸开挖新河，在洪泽湖内筑堤，使淮河形成一头两尾的河道，一支经入海水道下泄，一支经入江水道下泄，实现河湖分离。新建二河深水闸接入海水道二期、新建三河深水闸。

针对拟订的方案，用恒定流、非恒定流两种方法对淮干中游的影响进行了分析，恒定流计算结果表明，该方案对降低淮河干流浮山以下沿程水位作用较为明显，对降低淮河干流吴家渡附近水位作用较小；当流量大于 3000m³/s 时，吴家渡水位都高于面上排涝要求的水位，对解决面上排涝基本没有作用。非恒定流计算结果表明，在 1991 年、2003 年洪水条件下，该方案对吴家渡附近洼地"关门淹"历时基本无影响。

2. 盱眙新河方案

盱眙新河方案拟在淮河干流盱眙县城下游四山湖入口处，开挖一条新河，在三河闸下 1km 处与入江水道连通，实现河湖分离。淮河干流盱眙处建闸控制，中等以下洪水不入洪泽湖，直接由盱眙新河进入三河闸下入江水道；大洪水时，超过盱眙新河设计规模部分的流量仍进入洪泽湖。

恒定流计算结果表明，该方案对降低淮河干流浮山以下沿程水位作用较为明显，对降低淮河干流吴家渡附近水位作用较小；当流量大于 3000m³/s 时，吴家渡水位都高于面上排涝要求的水位，对解决面上排涝基本没有作用。非恒定流计算结果表明，该方案对吴家渡附近洼地"关门淹"历时基本无影响。

3. 洪泽湖扩大洪水出路规模研究

洪泽湖扩大洪水出路规模主要包括三部分：一是拟通过兴建入海水道二期工程，将入海水道泄流能力由 2270m³/s 提高到 7000m³/s；二是拟通过兴建三河越闸工程，进一步降低洪泽湖水位，在低水位时，增加泄量；三是拟根据洪泽湖周边滞洪圩区人口、地形、重要设施的分布特点等，进行滞洪区分区，遇大洪水时，可分区滞洪。

入海水道二期工程。入海水道二期工程拟在一期工程的基础上，通过扩挖河道，扩建二河、淮安、滨海、海口四座枢纽工程等，在洪泽湖蒋坝水位 16.0m 时，入海泄流能力达到 7000m³/s。

三河越闸工程。三河越闸工程拟从洪泽湖大堤蒋坝镇以北（现越闸预留段）建深水闸，沿蒋坝引河至小金庄新挖一条入江泄洪道，在洪泽湖蒋坝水位 14.2m 时，入江总泄流可达 12000m³/s。

洪泽湖周边滞洪圩区分区运用。根据洪泽湖周边滞洪圩区地形及人口分布情况进行分区。迎湖地势低洼、滞洪效果明显的为滞洪一区；离湖较远，人口、集镇、重要设施多的为滞洪二区；12.5m 蓄洪垦殖堤圈线外涉及规划还湖圩区的仍作为规划还湖区，此外还有泗洪县城等作为安全区。

洪泽湖周边滞洪圩区分区情况见表 10.5 - 1。

表 10.5 - 1　　　　　洪泽湖周边滞洪圩区分区情况表

分区	面积/km²	耕地/万亩	人口/万人	滞洪库容/亿 m³
一区	504	45.7	9.5	14.5
二区	937	71.8	70.3	7.7
安全区	369	37.5	26.2	
规划还湖区	74			
合计	1884	155	106	22.2

注　表中滞洪库容为 14.5m 水位以下。

按上述方案实施后，根据现有防洪调度预案，蒋坝水位 13.5m 时启用入海水道，遇 300 年一遇洪水，洪泽湖最高水位 15.52m，比现状 17.0m 降低 1.48m；洪泽湖周边滞洪圩区可减少滞洪面积约 215km²、可减少影响人口约 15 万人；渠北地区不需要分洪。遇 100 年一遇洪水，若控制洪泽湖最高水位不超过 14.5m，经调洪演算，仍有 8 亿 m³ 洪水需要圩区滞洪，按分区滞洪的安排，只要安排一区即可满足要求。因此，遇 100 年一遇洪水，滞洪一区 9.5 万人口仍需进行安置。遇 1954 年洪水，洪泽湖最高水位 13.78m，比现状 14.5m 降低 0.72m；洪泽湖周边滞洪圩区不需要滞洪。遇 1991 年洪水，洪泽湖最高水位 13.42m，比现状 13.64m 降低 0.22m。遇 2003 年洪水，洪泽湖最高水位 13.61m，比现状 13.95m 降低 0.34m。

建设入海水道二期（7000m³/s）和三河越闸工程后，洪泽湖遇 100 年一遇洪水，周边滞洪圩区仍需滞洪，滞洪量约 8.0 亿 m³。为提高洪泽湖周边滞洪圩区的防洪标准，使周边滞洪圩区遇 100 年一遇洪水不滞洪，需进一步扩大洪泽湖洪水出路。经分析，通过增加入海水道二期泄流能力，可以进一步扩大洪泽湖洪水出路规模。经调洪演算，遇 100 年一遇洪水，在洪泽湖水位 16m 时将入海水道二期泄流能力扩大至 8000m³/s 左右（入海水道启用水位为 13.5m），需在规划的入海水道二期规模的基础上挖深 1.5m，拓宽 30~80m，新增土方约 1.0 亿 m³，可以增加泄量 8.0 亿 m³，可避免洪泽湖周边滞洪圩区滞洪。

10.5.2 淮河流域综合规划的相关内容

《淮河流域综合规划（2012—2030）》中，确定洪泽湖防洪标准为 300 年一遇，设计洪水位为 16.00m。为此，需在 2030 年前，继续巩固和扩大淮河下游入江入海泄洪能力。具体而言，就是整治入江水道和分淮入沂，加固洪泽湖大堤，建设入海水道二期工程，使洪泽湖防洪标准达到 300 年一遇，设计洪水位洪泽湖蒋坝 16.00m；淮河下游入江水道、入海水道、灌溉总渠（含废黄河）、分淮入沂水道总的设计泄洪能力达 20000~23000m³/s。另外，洪泽湖周边滞洪区，规划提出加固滞洪区堤防、建设蓄洪控制设施、开展安全建设、研究分区运用等。工程分近、远期分期实施。

近期（2020 年）实施入海水道二期工程，扩大洪泽湖洪水出路，使洪泽湖防洪标准达到 300 年一遇，按照防御 100 年一遇洪水时洪泽湖水位有效降低的要求，进一步论证二期工程规模，暂按行洪 7000m³/s 设计。根据 2003 年、2007 年淮河洪水中暴露出的问题，整治入江水道、分淮入沂，巩固已有的排洪能力，加固洪泽湖大堤。远期（2030 年），为控制 100 年一遇洪水洪泽湖最高水位不超过 14.50m，提出在近期工程完成的基础上，增建三河越闸等工程，进一步增加洪泽湖中低水位时的泄流能力。在蒋坝水位 14.0m 时，三河闸和三河越闸总泄流达 12000m³/s。

入海水道二期工程是在已有一期工程基础上，扩挖河道、扩建二河、淮安、滨海、海口四座枢纽工程，并进行沿线建筑物配套建设等。

入江水道整治按安全行洪 $12000\text{m}^3/\text{s}$ 的要求进行整治，主要工程措施包括观音滩、大墩岭、新民滩、邵伯湖滩群切滩工程，改道段东西偏泓、金湾河拓浚工程，归江河道护岸整治工程等河道治理；运河西堤、三河段堤防、高邮湖大堤、湖西大堤、归江河道及京杭大运河堤防等除险加固；万福闸、宝应湖退水闸、改道段东西偏泓闸、高邮湖控制线及沿线堤防上的中小涵闸除险加固；影响工程等。

分淮入沂整治工程主要是针对堤身渗漏问题突出、堤防隐患多、滩地障碍多、行洪时因洪致涝矛盾突出等问题，仍按分泄洪泽湖洪水流量 $3000\text{m}^3/\text{s}$ 设计能力进行整治。主要工程措施包括堤防护坡和防渗处理，干河和支流回水段穿堤建筑物加固或拆建，新建大涧河临时排涝机口，清障等。

洪泽湖大堤虽进行过多次加固，但仅限于对已暴露出的险情进行处理，未实施过全面系统的加固。在 2003 年、2007 年淮河大水中，洪泽湖大堤暴露出渗漏严重、险工隐患多、建筑物老化失修等问题。主要工程措施包括堤基及堤身防渗处理，堤后填塘固基，迎湖面护砌工程，水土保持，建筑物加固工程，大堤南、北端封闭工程，水文观测设施等。按泄洪 $200\text{m}^3/\text{s}$ 的要求，加固杨庄以下废黄河。

开辟冯铁营引河，潘村洼改为防洪保护区，鲍集圩并入洪泽湖周边滞洪区。加固洪泽湖周边滞洪区堤防，建设蓄洪控制设施，研究实施洪泽湖周边滞洪区的分区运用。

上述规划确定的建设内容完成后，洪泽湖出路主要为入江水道、入海水道、分淮入沂、苏北灌溉总渠和废黄河（图 10.5-1）。其中入江水道自洪泽湖三河闸至三江营入长江，全长 157km，设计泄洪流量 $12000\text{m}^3/\text{s}$，设计洪水位三河闸下 14.24m，高邮湖 9.33m，三江营 5.50m；入海水道西起二河闸东至扁担港，长 162.3km，设计流量 $7000\text{m}^3/\text{s}$，二河闸闸下设计水位 15.18m，淮安枢纽下 12.73m，海口 3.60m；分淮入沂自洪泽湖二河闸至沭阳入新沂河，全长约 97km，设计泄洪流量 $3000\text{m}^3/\text{s}$（相机分洪），设计洪水位新沂河沭阳 11.40m；苏北灌溉总渠自洪泽湖高良涧闸至扁担港入黄海，全长 168km，设计泄洪流量 $800\text{m}^3/\text{s}$，设计洪水位高良涧闸下 11.45m、六垛南闸上 4.31m；另外，废黄河可分泄洪泽湖洪水 $200\text{m}^3/\text{s}$。

前述规划确定的近期工程中，入江水道和分淮入沂整治工程、洪泽湖大堤除险加固工程已经基本完成。

10.5.3　淮河入海水道二期工程

2009 年，淮河水利委员会与江苏省水利厅联合组织开展入海水道二期工程立项阶段的前期工作。在以往工作的基础上，中水淮河规划设计研究有限公司与江苏省水利勘测设计研究院有限公司为承担单位共同完成。

针对洪泽湖防洪标准低，低水位时洪水出路规模不足，周边滞洪区调度控制基础设施不健全，缺乏合理的调度和管理方案，存在进退洪难以控制、运用难度大且可靠性差等突出问题。入海水道二期工程在已有工程基础上扩挖河道、加固堤防，

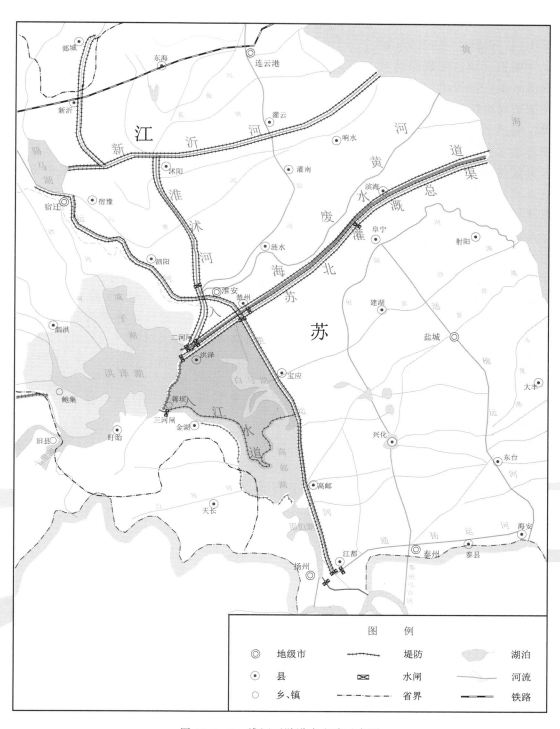

图 10.5 - 1　淮河下游洪水出路示意图

基本不改变现有南北堤防堤线位置，扩建二河、淮安、滨海和海口枢纽，改建淮阜控制和沿线桥梁等，2015年5月，完成《淮河入海水道二期工程可行性研究报告（报批稿）》，并通过水利部审查。

根据《淮河流域综合规划（2012—2030年）》，洪泽湖防洪标准为300年一遇，入海水道行洪规模按此要求经综合比选后确定。同时，入海水道行洪规模也与洪泽湖周边滞洪区的使用范围、运用方式和条件等密切相关。为此，针对洪泽湖周边滞洪区滞洪面积大、人口和耕地多、圩区分散等特点，拟采取分区滞洪方式，结合洪泽湖各洪水出路通道，经综合比选确定了入海水道行洪规模。其中，洪泽湖周边滞洪区分区方式分为全部滞洪、部分滞洪、不滞洪三种方式。入海水道开挖规模拟定的行洪流量分别为 $5700 m^3/s$、$6570 m^3/s$、$7000 m^3/s$ 和 $7680 m^3/s$。经分析各方案配合洪泽湖其他出湖通道运用，均能满足洪泽湖300年一遇设计洪水位不超过16.0m、100年一遇洪水位不超过15.0m的目标。考虑淮河入海水道二期工程建成后，洪泽湖洪水调度涉及入江水道、入海水道、分淮入沂、苏北灌溉总渠和废黄河的洪水调度研究，以及洪泽湖周边滞洪区的运用方式研究等，各项工程调度运用方式的关系十分复杂，综合洪水调度的灵活性、工程投资和防洪效益等因素，以及为今后洪泽湖蓄滞洪调整留有余地，因此，论证确定淮河入海水道二期工程设计流量为 $7000 m^3/s$，遇300年一遇洪水时，在洪泽湖周边滞洪区不滞洪条件下蒋坝水位为15.95m，并可将100年一遇洪水位控制在15.0m以下。

平 原 除 涝

淮河流域低洼易涝地区面广量大，总面积约 10 万 km²，涉及耕地约 1 亿亩。主要分布在沿淮地区，淮北平原地区，南四湖湖西平原地区，邳苍郯新地区，洪泽湖、南四湖、骆马湖、白马湖等湖泊滨湖地区，以及里下河地区。

淮河流域是我国重要的粮食主产区，低洼易涝地区分布范围广、面积大，涝灾频发、损失大，除涝在流域治理中占有重要的地位。

11.1 概述

淮河流域易涝洼地大致可分为平原坡地、河湖洼地（滨河滨湖洼地）、水网圩区等几种类型。平原坡地主要分布于干支流中下游平原，地域广阔，地势平坦，虽有排水系统和一定的排水能力，但遇较大降雨时，往往因坡面漫流或洼地积水而形成灾害。淮北平原、南四湖湖西平原地区以及邳苍郯新地区洼地属于平原坡地。河湖洼地（滨河滨湖洼地）主要分布在沿河、沿湖周边的低洼地区，因受河、湖水位顶托而排水受阻或丧失自排能力，沿淮地区和洪泽湖、南四湖、骆马湖、白马湖等湖泊滨湖地区洼地，以及行蓄洪区就属于此类。水网圩区，里下河地区为易涝易渍的水网圩区。

造成淮河流域涝灾频发的原因是多方面的。①特殊的地形条件使得淮河流域极易引发洪涝灾害。淮河流域平原面积比重大、地势低平，广大平原地区蓄排水条件差，造成排涝困难；沿淮、沿湖等滨河滨湖地区，在汛期河、湖洪水位高于周边洼地，洼地涝水无法自排或缺乏抽排条件，形成关门淹；里下河地区地势低洼，中间低四周高，排水极为困难。另外，黄河夺淮 600 多年，打乱了淮河原有水系，淤塞河道，恶化广大平原地区的排水条件。②排涝工程体系薄弱。已建除涝工程由于历史等多方面原因，相当一部分工程建设标准偏低、配套不完善，如作为 19 项骨干工程治理的洪汝河、奎濉河干流排涝标准只有 3 年一遇，汾泉河、包浍河只达到 3 年一遇除涝流量的 90%、82%；加之年久失修，河道淤积，建筑物损毁，已有工程体系排涝能力和标准降低；有些支流河道尚未经过系统治理；面上配套不完善，一些地方由于投入不足、管理不到位等原因，排水系统小沟与中沟不通，中沟与大沟不通，大沟与河道不通，"一尺不通、万丈无功"，排水不畅。另外，沿淮等滨河滨湖地区在汛期外河水位经常高于地面，骨干泵站建设不足，内水缺乏外排出路，形成内涝。③强降雨面广量大，发生超设计标准暴雨的机会多。淮河流域地处我国南北气候过渡带，降雨量年际变化大，暴雨集中，雨期长、雨区广。据分析，淮河流域一天暴雨超过 100mm、200mm、300mm 的最大笼罩面积别达到 48760km²、11090km²、5980km²。一般情况下，第一次暴雨后土壤水分饱和，到第二、三次暴雨时地面积水剧增，加上河道水位猛涨，排水不及时造成内涝。④水土资源开发不尽合理、局部地区过度围垦加重了灾情。淮河流域人口密度大，群众对土地依赖程度高，近几十年来随着人口的持续增长，在一些地区出现了无序开发、过度围垦的现象。这种通过围垦河湖的开发利用方式，不仅降低了湖泊洼地的调蓄能力，加剧了灾情，同时这些圩区由于地势低洼，成为淮河流域洪涝灾害最为频繁的地区。

淮河流域涝灾具有突发、频发和旱涝交替、连涝连旱等特点。遇强降雨，往往在降雨当天或次日就成灾。涝灾频发，沿淮地区平均 2～3 年就会发生一次涝灾，淮北平原中北部 4～5 年就发生一次涝灾，局部性的涝灾几乎年年都有。另外，旱涝交替、连旱连涝也是淮河流域涝灾的特点。

治涝历来是淮河治理的重要内容。1952 年夏，淮河流域发生严重内涝，主要分布在淮北平原坡水地区，河南、安徽两省受涝面积约 2500 万亩。为此，治淮委员会于 11 月 22—29 日召开豫皖苏三省治淮除涝代表会议，出席者有淮河上中下游各省区、专区、县、治淮干部和农民代表共约 300 人。会议讨论了各地区涝灾原因和今后治理的意见，提出了以蓄为主、以排为辅的除涝方针。会后治淮委员会提出了《关于进一步解决淮河流域内涝问题的初步意见》。以后历次的流域规划都就治涝问题提出了要求，各地也根据本地区具体情况，因地制宜，采取多种措施开展了治涝工作。

新中国成立以来经过多年治理，淮河流域除涝能力普遍有了较大提高，排涝条件有了明显改善，但总体而言，排涝标准仍然偏低。据统计，2010 年全流域近 1 亿亩易涝耕地中，除涝标准未达到 5 年一遇的面积约占易涝面积的一半左右。涝灾频发的格局仍未得到根本改观。

11.2 淮河流域重点平原洼地除涝规划

11.2.1 规划背景和工作过程

1. 规划背景

淮河流域平原面积约占流域总面积的 2/3，低洼易涝区范围较大，总面积约 10 万 km²，其中耕地约 1 亿亩。受自然地理、气候、人类活动及工程条件的影响，淮河流域历来洪涝灾害频发。新中国成立后，虽经过多年的治理，平原洼地除涝标准仍然较低，大部分地区不足 3～5 年一遇，远不能适应社会主义新农村建设和全面建设小康社会的要求。1991 年、2003 年和 2007 年洪水中的涝灾损失占洪涝灾害损失的比例均在 2/3 以上，严重的内涝不仅使农作物受灾，甚至危及部分村庄及工矿区的安全，涝灾已成为制约流域社会经济发展，尤其是制约解决"三农"问题的因素之一。

国家对淮河流域洪涝治理非常重视，2002 年《国务院办公厅转发水利部关于加强淮河流域 2001—2010 年防洪建设若干意见的通知》（国办发〔2002〕6 号）和 2003 年水利部印发的《加快治淮工程建设规划（2003—2007 年）》中，都明确了加强淮河流域重点平原洼地治理，提高防洪除涝标准，并将重点平原洼地治理工程列为加快治淮建设新增三项工程之一，要求加快建设。为改善平原洼地内群众的生产、生活条件，保障粮食安全，促进区域经济社会可持续发展，根据水利部部署，淮委会同流域四省水利厅，按照"全面规划、突出重点、因地制宜、统筹兼顾、综合治理"的原则，开展了淮河流域重点平原洼地除涝工程规划编制工作。

2. 工作过程

规划工作 2006 年 10 月启动，淮委组织流域四省水利厅召开淮河流域重点平原洼地除涝规划编制工作会议，明确了除涝规划的任务要求和工作分工。2007 年 7 月水利部批复规划项目任务书。

流域四省水利厅先后组织编制完成各省淮河流域重点平原洼地排涝规划报告，2007 年 11 月，中水淮河规划设计研究有限公司在此基础上编制完成《淮河流域重点平原洼地除涝规划报告》（以下简称《除涝规划》）；同月，淮委组织召开了《除涝规划》审查会，会后，中水淮河规划设计研究有限公司对规划报告进行了修改完善。2007 年 12 月，淮委将《除涝规划》报送水利部。

2008 年 3 月，水利部水利水电规划设计总院组织对《除涝规划》进行了审查。根据会议讨论意见，淮委组织流域四省有关单位对规划报告进行了修改补充和完善。12 月完成《除涝规划》报告修改稿，并征求了四省水利厅意见。

2009 年 4 月，水利部水利水电规划设计总院对《除涝规划》进行了复审。同年 6 月，淮委组织修改完成规划报告并上报水利部。2009 年 8 月，淮委组织有关设计单位对工程占地情况进行补充分析，提出了《淮河流域重点平原洼地除涝规划工程占地情况补充说明》。

2010 年 4 月，水利部批复《淮河流域重点平原洼地除涝规划》。

11.2.2 主要规划成果

《淮河流域重点平原洼地除涝规划》分治理区概况、除涝形势、除涝建设的必要性和迫切性、除涝水文、总体规划、除涝工程规划、工程管理规划、工程占地及移民安置规划、环境影响评价、水土保持、工程投资与实施意见、治理效益与评价以及建议等 13 章。主要内容如下：

11.2.2.1 规划范围

淮河流域重点平原洼地除涝规划范围包括沿淮、淮北平原、淮南支流、里下河、白宝湖、南四湖、邳苍郯新、沿运、分洪河道沿线和行蓄洪区洼地等 10 大片，总面积约 59829km²，耕地 5505 万亩。

沿淮洼地包括淮河上游圩区洼地、淮河以北的谷河洼地、润河洼地、焦岗湖、八里湖、架河洼地、泥黑河洼地、西淝河下游洼地、茨河洼地、北淝河下游洼地、郜家湖及其他洼地等，淮河以南的临王段、正南洼、高塘湖、天河洼、黄苏段、高邮湖洼地、淮南市石涧湖及其他洼地等，治理面积 7005km²，耕地 688 万亩。

淮北平原洼地包括洪汝河下游小洪河、大洪河及分洪道洼地，周口以上颍河、贾鲁河下游及夹挡区和新运河洼地，惠济河洼地，沿颍洼地，沿涡洼地，浍河洼地，汾泉河洼地，北淝河上段洼地，澥河、沱河、北沱河、唐河、石梁河本干及两岸洼地，新汴河水系中的沱河上段、洪碱河、大沙河、龙岱河等洼地。治理面积 20142km²，耕地 1995 万亩。

淮南支流洼地包括史灌河洼地、淠河洼地、濠河洼地、池河洼地等，治理面积 545km²，耕地 55 万亩。

里下河洼地包括腹部圩区和沿运、沿苏北灌溉总渠自流灌区与圩区之间的次高地，斗南垦区大丰王港以北、中子午河和大四河以西地区，斗北垦区射阳河两岸及其以南地区，总面积 10907km²，耕地 927 万亩。

白马湖、宝应湖区域易涝低洼地主要是指涝水受湖泊高水顶托不能自排入通湖河道及其上级支流的区域，白马湖主要分布在地面高程 5.5～8.0m 之间区域，宝应湖主要分布在地面高程 5.5～7.5m 之间区域。本区治理面积 1111km²，耕地 80 万亩。

南四湖洼地包括滨湖洼地、湖西平原洼地、复新河洼地、顺堤河及苏北堤河洼地和废黄河洼地等，治理面积 4336km²，耕地 441 万亩。

邳苍郯新洼地包括邳苍片的陶沟河及其以东，沂河以西，中运河以北，祊河分水岭以南地区 3340km²；郯新片的分沂入沭以南，新沂河以北，沂、沭河之间地区 1500km²；沭河以东黄墩河流域 117km²；治理总面积 4957km²，涉及耕地 393 万亩。此外，分沂入沭以北临沂临沭洼地约 1126km²，耕地 89 万亩。洼地治理总面积 6083km²，耕地 437 万亩。

沿运洼地包括沿韩庄运河洼地、中运河以西洼地、黄运夹滩洼地、六运夹滩洼地等，治理面积 1513km²，耕地 141 万亩。

分洪河道沿线洼地包括怀洪新河两岸洼地、茨淮新河水系洼地、苏北灌溉总渠渠北洼地、淮沭河以西洼地等，治理面积 3031km²，耕地 292 万亩。

行蓄洪区主要包括沿淮行蓄洪区和其他支流滞洪区，包括濛洼、城西湖、城东湖、瓦埠湖、邱家湖、姜唐湖、寿西湖、董峰湖、石姚段、汤渔湖、荆山湖、洛河洼、方邱湖、临北段、香浮段、花园湖、潘村洼、鲍集圩沿淮行蓄洪区，杨庄、老王坡、蛟停湖、泥河洼、黄墩湖滞洪区，以及洪泽湖周边滞洪圩区。共计 24 处，治理面积 5155km²，耕地 452 万亩。

11.2.2.2 规划目标

以现有防洪体系为基础，兼顾生态环境和水资源的可持续利用，协调人与自然的关系，构建除涝减灾体系。在设计标准内，能够通过除涝工程设施及时除涝除灾；在超标准情况下，能够通过除涝工程设施及时排除部分涝水，尽量减少涝灾面积，降低经济损失，使治理区内的广大人民群众生产、生活条件得到较大改善，流域社会经济可持续发展进程不受到重大干扰。

近期规划水平年（2015年），安排治理沿淮洼地、淮北平原洼地、里下河、南四湖洼地、沿淮行蓄洪区及黄墩湖滞洪区等涝灾严重的地区，使除涝标准基本达到5年一遇，里下河地区基本达到10年一遇，防洪标准达到10~20年一遇，区域除涝条件得到明显改善，进一步提高除涝减灾能力；建设洪涝灾情评估及减灾决策支持系统，为流域防灾减灾提供信息服务，为除涝规划工程防洪除涝效益可持续发挥创造条件并提供技术支撑。远期规划水平年（2020年）对其余重点平原洼地排涝系统进行完善，持续提高除涝减灾能力，建立起与治理区社会经济发展相适应的除涝减灾体系。

11.2.2.3 分区治理规划

针对各分片洼地地形特点、涝灾成因、现状排涝分区、现有水利条件及社会经济状况，确定合理的治理标准和措施，以治涝为主要目标，兼顾洪、旱、渍的防治，工程措施与非工程措施相结合，分片综合治理。在合理分析洼地现状排涝分区的基础上，按照高水高排、低水低排、分片排水，相机自排等原则，合理确定抽排规模，因地制宜地采取蓄、排、截等工程措施。除涝工程措施主要包括高截岗、疏沟排水、抽排建站、出口建闸、加固圩堤等。另外，为提高流域内的排涝能力，减少投资，灵活调度，增设流动泵站。对治理区内严重影响河道行洪和湖泊调蓄能力的圩区，应采取废圩、退圩等措施处理。加强圩区管理，圩区内的土地利用和产业布局要与防洪标准相适应；要控制区内人口增长，有条件的逐步将区内人口迁出。

1. 沿淮洼地

淮河上游圩区洼地、淮河以北的谷河洼地等沿淮洼地，除涝标准一般为5年一遇，部分重要洼地可适当提高标准。防洪标准为10~20年一遇。治理措施为：实施高水高排，疏整沟渠，新建、加固圩区堤防，扩建涵闸；适当建站，增强外排能力；对易涝地区，进行产业结构调整，发展湿地经济和保护湿地；对沿湖周边洼地，实行退垦还湖，增加湖泊调蓄能力。

2. 淮北平原洼地

洪汝河、颍河、贾鲁河下游等淮北平原洼地，除涝标准一般为5年一遇，其中贾鲁河下游本干除涝标准为3年一遇。防洪标准为10~20年一遇。治理措施为：各支流上游以干沟疏浚为主，扩大排水出路，同时结合水资源利用，适当建控制工程蓄水灌溉；各支流下游多为低洼地，采用高低水分排，低洼地建站抽排，部分洼地或退耕还湖或改种耐水作物；沿河一些地势最为低洼的地区，可作为滞涝区。

3. 淮南支流洼地

史灌河洼地、淠河洼地等淮南支流洼地，除涝标准为5年一遇，其中抽排标准为

5年一遇，自排标准为10年一遇。防洪标准为10～20年一遇。治理措施包括：沿河或圩区设置自排涵闸和排涝泵站，对圩区内的排涝干沟进行疏浚，新建、加固现有河道及圩区堤防，对局部堤距狭窄的河段进行退建；按照高水高排、低水低排的原则，在洼地与岗畈过渡地带设置撇洪沟，减少岗区汇水对圩洼地区的影响；对现有较零散的圩区进行统一规划、合并治理；对一些面积较小、阻碍排洪的生产圩堤，实施退垦还湖（河）。

4. 里下河洼地

里下河腹部地区除涝标准为10年一遇，次高地及垦区为5年一遇。防洪标准20年一遇。治理措施为：充分利用江都站、高港站、宝应站等泵站，并沿里下河周边结合江水东引，兴建贾家集二站、富安二站，进一步扩大抽排能力；在中部河湖洼地加强滞涝措施，恢复湖荡滞涝能力；恢复扩大"四港"自排能力，扩大川东港，进一步增加自排入海泄量。

5. 白马湖、宝应湖洼地

白马湖、宝应湖洼地除涝标准为5年一遇，防洪标准为10～20年一遇。治理措施为：通过实施河湖清障，增加湖泊滞蓄能力，恢复巩固自排口门，结合南水北调工程扩大区域排水出路；疏浚淤塞严重、排水不畅的骨干排水河道和排涝干沟；加固湖堤，消除防洪隐患，增加圩区外排动力，改造病险涵闸泵站，实施圩区封闭工程，加固圩堤。

6. 南四湖洼地

南四湖洼地除涝标准为5年一遇，防洪标准为10～20年一遇。治理措施为：以干流治理为基础，对淤积严重、排水能力不足的河沟进行清淤治理；对排水不畅的圩区，合理调整局部圩区布局，以利高低水分排；妥善处理洼地外洪内涝的关系，通过扩大河道断面，提高排水和防洪能力。

7. 邳苍郯新洼地

邳苍郯新洼地除涝标准为5年一遇，防洪标准为10～20年一遇。治理措施为：建立以陶沟河、运女河、西泇河、白马河、吴坦河等27条支流为骨干河道的排水体系，局部低洼地建站抽排，在沂河、沭河、中运河、邳苍分洪道及区间河道堤防两侧新建和改造排涝泵站。

8. 沿运洼地

沿运洼地除涝标准为5年一遇，防洪标准为10～20年一遇。治理措施为：疏浚河道和开挖排水干沟，加固堤防和进行河道险工处理，辅以修建提排泵站，解决"死洼区"的涝水问题，发挥工程整体效益。重点解决洼地防洪除涝标准低、现有工程损坏、老化严重的问题。

9. 分洪河道沿线洼地

怀洪新河、茨淮新河等分洪河道沿线洼地，除涝标准为5年一遇，防洪标准为10～20年一遇。治理措施为：针对分洪河道沿线洼地特点，实施高水高截，减轻下游洼地排水压力，疏浚沿线两岸排水大沟，充分利用自排、抢排，减小抽排水量，缩短抽排时间，提高抽排效益。对地势较高，面积较小，抽排概率不大的洼地，建设流动泵站。

10. 行蓄洪区洼地

行蓄洪区洼地除涝标准一般为 5 年一遇，其中泥河洼滞洪区为 3 年一遇，石姚段、洛河洼、方邱湖等城区段除涝标准为 10 年一遇。防洪标准为 10～20 年一遇。治理措施为：建设排涝泵站、疏浚主要除涝河道（沟），提高洼地的除涝能力；对行蓄洪区内保护面积小、堤身单薄、有碍滞洪的圩堤尽可能退垦还湖，调整农业结构，发展特色农业。

11.2.2.4　面上配套及退垦还湖等非工程措施

1. 面上配套

《除涝规划》中仅纳入了各片易涝地区治理中干沟以上治理内容，但根据各片洼地现状情况分析，面上中沟与小沟未形成排水网络，排水不畅，中小排水沟断面不足，淤积严重，堵坝较多，"一尺不通，万丈无功"的现象仍然普遍存在，使滞蓄在面上的涝水无法及时排出，极易形成涝灾。

因此，《除涝规划》提出，为了发挥洼地骨干河道的除涝效益，完善面上排水系统，改善农业生产条件，保障粮食生产安全，需加强干沟以下面上配套工程建设，有步骤地实施面上配套工程。面上配套面积约 4589 万亩。

2. 退垦还湖

淮河流域湖泊、湿地是淮河洪涝水的重要滞蓄场所，由于社会的发展、人口的增长，许多湖泊、湿地被开发、围垦，降低了湖泊、湿地的滞蓄能力。从环境与经济的可持续发展角度考虑，需采取退耕还湖措施。

规划对沿淮及行蓄洪区、里下河洼地、白宝湖洼地实施退耕还湖，退耕还湖总面积 405km²。其中沿淮及行蓄洪区退出面积 145km²，其退耕范围主要包括焦岗湖、八里湖、西淝河下游、北淝河下游、高塘湖、高邮湖、濠河、池河、城西湖、城东湖、瓦埠湖和花园湖等；里下河退出面积 158km²；白宝湖洼地退出面积 105km²。此外，洪泽湖周边非法圩区需退垦还湖。

焦岗湖等洪涝问题比较突出的低洼易涝地区以及有条件退垦还湖的低洼易涝地区，也应当采取措施退垦还湖，扩大洪涝水的调蓄能力。对非法围垦的圩区应予以坚决废弃。

3. 洪涝灾情评估及减灾决策支持系统

洪涝灾情评估及减灾决策支持系统以信息采集系统为基础，利用和依托现有通信系统和计算机网络系统，以淮河防洪除涝减灾实体模型、淮河流域洼地涝灾成因及对策分析成果、数据库技术、模型库技术为支撑，以 GIS 系统为运行平台，采用最新的软件集成技术与信息处理技术，通过对系统的建设和开发，最终能预报出各湖洼地区的水位过程，继而实现对流域重点平原洼地地区的洪涝灾情评估，为这些地区防洪除涝调度决策和指挥抢险救灾提供技术支持。

11.2.2.5 管理规划

1. 管理体制与机构

针对除涝工程的不同情况，主要排涝河道仍采用现行的由省、市、县三级管理的体制，并逐步建立市场化、专业化和社会化的水利工程维修养护体系，实行管养分离。水管单位具体负责水利工程的管理、运行和维护，保证工程安全和发挥效益。田间配套工程管理建议成立农民排灌协会，由县级水利主管部门负责技术指导和监督，农民排灌协会负责管理；对大中型水闸、泵站重建或改建，原则上维持原管理单位，对新建的，成立管理所，交由县级或县级以上水行政管理部门统一管理。对小型涵闸、泵站等工程，能与堤防结合的交由堤防管理单位统一管理；不能结合的交乡镇负责日常维护和管理。对田间工程由乡镇或农民排灌水协会管理。

2. 运行维护

承担排涝水利工程管理运行维护任务的水管单位为纯公益性水管单位。根据受益范围和对象，划分责权，按分级管理、分级负担的原则，建立各级政府财政拨款制度，多渠道落实相应的管理维护费用。

11.2.2.6 规划实施安排

淮河流域重点平原洼地除涝规划工程总投资 331.12 亿元。针对各洼地的治理工程现状、历年受灾情况，按照轻重缓急、逐步实施的原则，成片治理，逐步完善，计划至 2020 年完成全部工程建设。

根据各片洼地历年受灾情况，按轻重缓急的原则，在 2015 年前优先安排标准低、灾情严重、灾后社会影响较大和问题突出且见效快，能尽早发挥排涝工程效益的低洼易涝地区先期治理。结合重点平原洼地外资项目的进展，先期安排实施沿淮洼地、淮北平原洼地、里下河洼地、南四湖洼地、沿运洼地、邳苍郯新洼地和行蓄洪区洼地的大部分治理工程。治理面积约 3.53 万 km^2，其中河南、安徽、江苏、山东 4 省治理区面积分别为 0.62 万 km^2、1.43 万 km^2、1.24 万 km^2、0.24 万 km^2。

11.3 淮北平原除涝规划与治理

11.3.1 概况

安徽省淮河北岸为广阔的平原，主要支流有洪河、谷河、润河、颍河、泉河、茨淮新河水系、涡河、怀洪新河水系、新汴河水系、奎濉河等，其中茨淮新河、怀洪新河、新汴河为人工河道，其余均为天然河道。

淮北平原，北自废黄河，南到淮河岸边，除北部 1150km² 为零星低山外，全系微倾平原，地面自西北向东南倾斜，地面高程 $50 \sim 14m$，地面坡度 $1/7000 \sim 1/10000$，地形平坦，但又具有大平小不平的特点，形成许多碟形洼地。从地貌上可分为北部黄泛平原区、中间河间平原区、南部河口湖洼地。

淮北地区涉及淮北、亳州、宿州、蚌埠、阜阳和淮南 6 市，国土面积 3.87 万

km²，占全省的 28%；人口 2775 万人，占全省的 44%；在全省经济发展中的地位举足轻重。新中国成立以来，经过大力治淮，水利条件得到了明显改善，促进了农业生产的发展。安徽省淮河流域粮食产量占全国总产量的 3.3%。淮北平原为全国主要产麦区，小麦产量约占全国的 6%~7%。

11.3.2　淮北平原涝灾及成因

根据 1949—2007 年的灾情统计资料，安徽省淮河流域多年平均受涝面积约 600 万亩，成灾面积 570 万亩。其中 1990 年以来平均受涝面积为 760 万亩，成灾面积为 600 万亩。1954 年、1956 年、1962 年、1963 年、1964 年、1965 年、1979 年、1982 年、1984 年、1991 年、1996 年、1998 年、2003 年、2007 年等年份的受涝成灾面积都超过 1000 万亩。受涝成灾面积最大的是 1963 年，达到 2800 万亩。2003 年淮河洪水，安徽省淮河流域农作物受灾面积 3128 万亩，其中，涝灾面积占 70% 以上，主要分布在沿淮及淮北平原。

安徽省淮北平原地势平缓低洼，干流和支流洪水、洪水和面上涝水相互影响，经常出现因洪致涝，洪涝并发的局面。淮北平原易涝的原因是多方面的，主要是：①雨量大，雨期长，雨区广，大面积遭遇暴雨机会多。淮北汛期暴雨相对集中，各地出现超过其本地除涝能力的暴雨频繁，每隔 3~5 年就有涝灾发生，雨区大、雨期长、灾情重是淮北地区涝灾的特点。②河道泄水能力不足，客水来量大，占用了排水河槽，内水无法排出，有些地区缺乏排水系统。受黄泛影响，淮北平原内部排水系统受到严重破坏，排水出路不畅。淮北平原的支流河道，不仅下游出口受淮河洪水顶托，而且本身的排涝能力很低，高的只有 5 年一遇，低的还不到 3 年一遇。③淮北地形条件坡度平缓，各处都分布有很大面积洼地，受涝机会多，受灾面积大。第一种是各河道两岸的许多洼地，河岸高于一般平地；第二种是两河交叉地区，这些地区地势低，外水高，而本身还要承受上游来水；第三种是平坦的湖地，这种地区主要缺乏排水通道；第四种是零星分布在各个地区的洼地，大都缺乏必要的排水出路。这几类易涝地区在淮北占很大面积。④土壤条件差，旱作物耐涝耐渍性能弱。淮北地区是冲积平原，淮北地区北部大都是黄淤土，土壤主要有砂土和潮土，排水沟渠的边坡不稳定，以致沟渠很易淤积使排水能力减退。淮北地区中部，为大面积的砂姜黑土，土壤质地黏重致密，透水性能弱，干时坚硬，湿时泥泞。涝水消退缓慢，最易发生涝、渍灾害。淮北地区是传统的旱作区，夏季以小麦为主，秋季以大豆、玉米等旱作为主，旱作物耐涝耐渍性能很弱，也是淮北地区容易出现涝、渍灾害的一个原因。⑤灌溉与排水存在矛盾，旱时拦河作坝，汛期暴雨排水不及时形成内涝。

11.3.3　1950 年以来的治涝实践

1. 治淮初期（1950—1957 年）

对治涝问题，在治淮初期就给予充分重视，政务院于 1950 年 10 月《关于治理淮河的决定》中指出"淮河流域，内涝成灾，亦至严重，应同时注意防止，并列为今冬明春施工重点之一，首先保障明年的麦收"。在初期治淮的七八年间，由于方针正确、领导坚强，充分发动群众，各级治淮机构健全，还得到全国各地的支援，所取得的成绩是巨大的。在除涝方面，对淮北多数河道都进行了整治，洪河、汾泉河、黑茨河、西淝河、沱河、新北沱河、濉河等河道初步具备了低标准的排涝能力；另外又做了一些必要的水系调整工程，其中规模最大而且效益显著的是五河以下内外水分流工程，其次还有北淝河、茨河、西淝河的水系调整工程，这些工程使沿淮重涝地区洪涝灾情大为减轻。

1952年淮北发生了一次涝灾，通过三省除涝会议，淮委提出了"以蓄为主，以排为辅"的除涝方针，要求尽量地蓄，适当地排，排中带蓄，蓄以抗旱，因地制宜，稳步前进，使防洪与除涝、除涝与抗旱相结合。

1953年后淮北地区推行"改种避灾"的"三改"措施。一是在经常遭受涝旱灾害的地区，应改变季节的收成比重；二是改种高产作物，改种耐水作物，改变某些作物的播种方法；三是改变广种薄收的习惯，采用深耕细作的办法进行耕种。沿淮地区运用"防洪保堤"、"除涝保收"和"三改"三种办法，消除灾害，保证收成。

1956年以后，为了继续推广稻改，又要求效仿沿江地区圈圩改种。由于操之过急，一哄而起，未能因地制宜安排确定建圩的适当地点。有些圈圩工程位置不当，未起效用。

2. 河网化时期（1958—1961年）

1957年冬全国掀起了一个兴修水利的高潮，当时中央提出了"以蓄为主，以小型为主，以社办为主"的"三主"治水方针，安徽省委又决定了"水网化，水稻化，变淮北为江南"的治水方针，接着提出了水网化（后改称河网化）10条规定，其具体要求主要是：淮北大部分耕地要改种水稻，达到70天不雨不旱，10天降雨400mm不排不涝（后改为5天降雨400mm不涝），县县通轮船，乡乡通木船，社社通小船木盆。其中水网由大、中、小沟组成，沿公路挖大沟，沿大路挖中沟，沿小路挖小沟，土方量25万 m³/km²，另外开挖新河补原有河道之不足，后来规划了10条骨干大河网，需挖土方3.65亿 m³。河沟上要修建控制涵闸节节拦蓄，全面蓄水。

河网化过分强调就地蓄水，治理要求的标准过高，它所要求的大规模稻改，大规模土方工程都远远脱离了实际实施的可能性。大河网工程规划粗糙，没有正式设计便仓促施工，不讲基本建设程序，中小河网又盲目的沿路开沟，于是有的河网半拉子停工不起效用，有的河网打乱了水系，引水有困难，排水有矛盾，有的河网挖在高地，旱无水蓄，涝无水排。1962年曾调查了1460km大中型河网工程，其土方工程量1.2亿 m³，当时能发挥工程效益者仅占20%。

总体而言，1958—1961年这一阶段，淮北平原治水违背了客观规律，搞主观主义瞎指挥，过多占用了农村劳力，挖压了大量土地，严重影响了农业生产。由于缺乏统一规划，片面强调"以蓄为主"，边界堵水排水矛盾日趋严重。

3. 国民经济调整时期（1962—1965 年）

1962 年党中央针对当时国民经济发展失衡的情况，提出了"调整、巩固、充实、提高"8 字方针，对于平原地区的水利工作，周总理在 5 省 1 市平原水利规划会议上作出了"蓄泄结合，排灌兼施，因地制宜，全面规划"的指示。中央又重新提出了以"小型为主，配套为主，社队自办为主"的具体方针，进一步为水利建设明确了方向。淮北面上农田排水工程逐渐开展，开始大搞沟恤条台，也改建利用了部分河网化工程，并按较高标准疏浚了新河及沱南浍北的一些排涝大沟。这些工程，经 1965 年大雨考验，效果良好。另外，在沿淮开始兴建电力排灌工程，使这些地区农业生产得到了发展。

4. "文革"及恢复时期（1966—1978 年）

1969 年起中央开始抓治淮的统一规划与统一治理。经过协商研究，1971 年初步拟定了进一步治理淮河的治理意见。在除涝方面，除新汴河、茨淮新河以外，还整治了王引河、龙河、润河等河道，沿淮及沿茨淮新河的电力排灌工程有较大发展。面上的排水系统，宿县地区着重于挖浅密排水沟，固镇的"三一沟网化"工程做得较好，阜阳地区则多挖结合蓄水引水的深沟。通过几次农业学大寨运动，大搞农田基本建设，排水河沟增多了不少，但配套较差。

这十几年的治水工作有成绩，但受干扰很大。骨干工程治理方向基本上正确，效益也比较明显。但因受到极"左"路线的干扰，工程施工工期长，效益慢，群众负担重，影响中小型水利工程的全面开展。

5. 除涝配套时期（1979—1999 年）

1979 年 9 月中旬起宿县地区持续 10 多天的连阴雨，总量并不是很大，3 天雨量仅有 150mm 左右，局部地方约合 3 年一遇的降雨量，但涝灾造成的损失很大。过去虽挖有 1300 多条排水大沟和成万条中沟，由于桥涵配套太少，地面水不能外排，土壤水不能下降，群众称"小河无水大沟满，小沟无水地里淹"，损失十分严重。各级水利部门总结深刻教训、对症下药。从当年冬天开始，在水利建设计划中，设立淮北地区除涝配套专项工程，作为安徽省水利建设的四大重点之一。

1981 年，安徽省水利厅颁布了《淮北地区除涝配套专项工程管理施行办法》，明确以一条或相邻几条大沟为一个治理单元，统一规划，通盘安排大、中、小沟配套及其相应的桥涵配套，一条条沟疏通，成片进行治理，构成健全的排水体系。大中沟要达到 3～5 年一遇的排涝标准，小沟按雨后 2 天使地下水位降到田面以下 0.5m 以上；桥涵按 5 年一遇标准建设，建桥的距离规定，大沟桥距 1.5km 左右，中沟桥距 1.0km，小沟桥距 300m 左右。

淮北地区除涝配套专项工程从 1979—1988 年的 10 年中，共投资 1.26 亿元，治理大沟 872 条，控制面积 1.8 万 km²。修建桥涵 64486 座。新增除涝面积 17.1 万 hm²，改善除涝面积 85 万多 hm²，大大提高了淮北地区面上除涝、除渍的能力。

随着茨淮新河的建成，为颍河、涡河间广大平原打开了新的排水出路，特别是西淝河、黑茨河两条骨干排水河道相继截引入茨淮新河，并经综合治理，大大提高了除涝能力。

进入 20 世纪 90 年代，相继开展了黑茨河、包浍河、汾泉河等支流河道的初步治理，并安排了部分支流及湖泊整治项目，包括焦岗湖、泥黑河、西淝河、北淝河、芡河、利民沟、闸河等支流及湖洼的局部整治。

6. 分片系统治理时期（2000 年以来）

2003 年大水后，水利部淮河水利委员会编制了《加快治淮工程建设规划》和《加快治淮工程建设实施方案》，强调要加强淮河流域重点洼地治理的力度，并单独作为加快治淮工程建设新增三项之一。

沿淮淮北地区先后实施了安徽省淮河流域重点平原洼地治理外资项目和安徽省淮河流域西淝河等沿淮洼地应急治理工程。治理范围涉及洪河、八里湖、焦岗湖、正南洼、西淝河下游、架河、高塘湖、北淝河上段、北淝河下游、高邮湖、濉河、沱河、天河等 13 片洼地，治理易涝面积 5360km²，耕地 505 万亩。治理标准自排 5～10 年一遇，抽排 5 年一遇。治理思路，一是建设大型排涝站，缓解沿淮湖洼地"关门淹"问题；二是对淮北主要支流河道进行疏浚，扩大现有河道的排涝防洪能力；三是加固堤防，提高干流、圩区堤防保护区防洪标准；四是新建、重建、扩建、维修加固圩区排涝泵站、涵闸等建筑物，有重点的实施部分排涝干沟疏浚及桥梁工程，使治理区形成一个完整的防洪排涝体系，提高抗御洪涝灾害能力，真正做到涝水排得出，洪水防得住。

通过项目的实施，沿淮建设了西淝河站、高塘湖站、城北湖站等大型排涝泵站，疏浚北淝河上段、濉河、沱河、苏沟、济河、港河等支流河道 205km，加固焦岗湖、正南洼、高塘湖、北淝河、天河等堤防 195km，兴建中小型泵站 75 座、涵闸 123 座，疏挖排涝干沟、撇洪沟 330km，配套桥梁 160 座，总投资 27.4 亿元。

同时，怀洪新河水系和沿淮行蓄洪区等其他洼地治理的前期工作正有序推进。

11.3.4 几种典型易涝洼地治理模式

11.3.4.1 蓄泄兼顾，综合治理

以颍上县八里湖为例，群众在八里河沿岸修筑了 20 多处圩堤，堤顶高程逐年加高，圩堤加高到 24.00～25.00m，堤身高度 4～5m，在圩堤上修建了许多排涝涵和排涝站，由于缺乏高水高排工程，洼地来水面积很大，洪水到来时外河水位多高于八里河水位，自流排水机会较少，要保住圩内耕地不淹，就需要不断地抽水排涝。当遭遇较大的洪水时，由于装机容量较小，不能满足排涝要求，洼地仍然受涝。最严重的是，每遇暴雨八里湖水位涨势凶猛，由于沿岸圩堤单薄，需投入大量的人力物力保圩。1991 年和 2003 年湖水漫堤，沿岸 20 多处圩堤全部溃决。1991 年洪水淹没耕地 32 万亩，受灾人口 24.95 万人，2003 年淹没耕地 35 万亩，受灾人口 18.75 万人。

八里河流域面积 480km²，总人口 38.2 万人，耕地 43.1 万亩，八里河支流主要

有柳沟、五里湖大沟和第三湖大沟，分别分布在流域的中部、左侧和右侧，集水面积分别为 123.5km²、137.8km² 和 113.0km²，占八里河流域面积的 78%。区间面积为 105.4km²，其中包括青年河流域面积 46.3km²。八里河洼地最高地面高程 28.5m，最低 17.5m，常年蓄水区目前正常蓄水位 21.5m，面积 27.1km²。根据八里河流域面积较大、地形高差较大的特点，规划采取"蓄泄结合、综合治理"模式，将八里河流域 480km² 分为第三湖片、班草湖片、五里湖片和八里湖区进行综合治理。

八里湖第三湖流域面积为 113km²，东西长 16.7km，南北宽 7km。地形为南北高中间洼，中间有一条 16.7km 长的第三湖中心大沟。南、北部一般地面高程 24.00～27.00m，坡洼地地面高程 20.00～24.00m。治理方案在高地与坡洼地交汇处 24.00～25.00m 高程开挖两条截岗沟进行高水高排，北截岗沟截引 25km² 高地的来水直接排入淮河，南截岗沟 33.7km² 的来水有 10km² 排入八里河，23.7km² 直接排入淮河。两条截岗沟之间 54.3km² 的坡洼地来水利用修建的陶坝孜电力排灌站抽排入淮河。低洼地采取调整种植结构，梯级开发，24.00～22.00m 高程种植水稻，22.00～21.00m 高程种植水杉、杞柳等耐水作物，21.00～20.00m 高程开挖精养鱼塘。这样既能解决第三湖的排涝问题，又能减轻八里河的洪涝灾害。

八里河流域余下的 367km² 的排涝问题，根据全流域的地形特点和内涝灾害情况，尽可能增加排水出路，开挖截岗沟，高水高排，不能高排的，修建电力排灌站抽排。充分利用当地灌溉水源，扩大水稻面积，增强全流域的蓄水除涝能力。充分利用八里河洼地蓄水灌溉，发展水产养殖业。

八里湖洼地经过高水高排和排灌站抽排后，直接排入八里河的来水面积只有 186km²，占全流域面积的 38.7%，这样就大大减轻了八里河洼地的滞涝负担和洪涝灾害。同时利用湖面发展养殖，坡地改种水稻，洼地种植水杉、杞柳和开挖精养鱼塘。规划的高水高排工程完成后，当发生 1991 年和 2003 年（约 10～15 年一遇）洪水时，利用这些高排和抽排工程，八里河的内水位将控制在 24.00m 以下，避免沿岸的洪涝灾害。

11.3.4.2 岗洼结合，旱涝兼治

对岗洼旱涝相互交替的地区，采取岗洼结合、旱涝兼治的措施，在治理中把岗地洼地看成一个整体，采取截岗抢排，深沟引水，排灌结合。

以凤台县为例。凤台县地处沿淮，属于淮北地区，总面积 1050km²，自然地形是北高南洼，西高东低，即由西北向东南倾斜呈万分之一坡降。一般高程在 21～26m 之间，个别湖洼地为 16～17m。岗地占 61.5%，洼地占 20%，水面占 14.5%，山地占 4%。境内有西淝河、港河、架河、泥河和焦岗湖。在汛期淮河水位顶托，内水经常排不出，造成了这些河道两岸洼地受涝，而离河道较远的岗地，由于远离水源，是易旱地区，岗地由于沟少且浅，渍害同样存在。凤台县全县在堤防确保区以内的 80 万亩耕地，均属于此类岗洼地，而其中岗地面积 70 万亩，洼地面积 10 多万亩。岗洼地面高差 6～8m，有大平小不平的特点。造成历史上多灾低产，洪、涝、旱、渍灾害

频繁。为做到岗洼结合、旱涝兼治，主要采取以下措施。

1. 截岗抢排，做到高水不入洼

港河、架河、泥河等几条天然河道都是从岗地流入洼地后流入外河的，一般洼地有较大的库容。开始外河水位较低，岗地的水是可以直接排出的，但是由于需要流入洼地后再排出。此时内水涨得慢，外水涨得快，当全流域的来水都集中在洼地，却失去了抢排的机会，形成了"关门淹"，如焦岗湖最长达100多天。此时即使有机排设备，往往是排了淹，淹了又排，电费花了，效果不显著，涝灾的面积有时要扩大到全流域的50%。为此，必须尽量将岗地来水直接送入外河，做到高水不入洼。

永幸河是一条截岗抢排的人工河道，它穿过架河、港河两个流域，全长43km，基本上布设在高地上。在淮河水位21.5m时，180km² 来水可以抢排入淮（占流域面积36%）。根据多年资料的统计，可以排出的水量约占总水量的50%，每年平均自流排出的水量1600万 m³，可以降低洼地水位0.4m，减少淹地面积1.4万亩，效果显著。

2. 挖深沟，做到引、排、蓄、航、养结合

截岗沟除了抢排外，还可以通过河口的抽水站和枢纽工程引来外水，保证灌溉用水。由于通向外河，只要将沟挖深，即可满足一般的通航要求，同时增大了蓄水库容，有较大的养殖水面。永幸河与淮河联通，通过翻水站可以引来淮水，保证55万亩耕地的灌溉水源，同时有船闸，使淮河船只可以通至沿河乡、村，发展乡村的水运里程150km。永幸河灌区内河道、大沟为平底坡，底高18m，沟深一般5m以上，这些深沟可以拦蓄地面径流500万 m³。当茨淮新河水源充沛时，也可以引一部分茨淮新河来水。

3. 建大站，提高排灌标准

永幸河枢纽工程，具有防洪、排涝、航运等功能。当淮河水位较低时，可以打开灌溉节制闸和防洪闸，永幸河可以自流抢排。当淮水顶托时，关闭防洪闸利用抽水站机排。当永幸河灌溉水源不足时，可以打开防洪进水闸，关闭灌溉节制闸，利用抽水站向永幸河补给灌溉用水。灌溉引水流量为40m³/s，排涝设计流量为80m³/s。

4. 分散建站，实行二级提水灌溉

20世纪60年代，沿淮建了一些排灌站。利用这些站，把灌溉水直接引到田里，即一级灌溉。经过实践检验，一级灌溉渠道长，送水不及时；二是渠高占地多，漏水严重；三是配套建筑物建设任务重；四是不便管理。20世纪70年代以来，结合截岗排涝开挖了许多大沟，利用河口抽水站把外水翻入内河大沟，保证大沟的灌溉水源，沿沟建小型二级提水站，每站一般55kW，灌溉3000～5000亩，并采取沿沟架输电线，促进了农村电网的建设。小站建设快，投资小，见效快，便于管理。而且站小能够做到及时灌溉，浅水勤灌。

5. 以沟为主，建设排灌网

20世纪70年代以前，往往是涝了挖沟排水，旱了建站打渠。后来提出了四级配套到田，即干、支、斗、毛四级渠道。同时做到沟、路、渠结合，沟在下渠在上的布

置。挖沟结合筑堤和修路。

采用"岗洼结合、旱涝兼治"模式，大大提高了凤台县抗御自然灾害的能力。改变了过去那种"大雨大灾，小雨小灾，无雨旱灾"的面貌。全县粮食年年增产，水稻发展的速度更为突出，由过去的1万多亩发展到50多万亩，亩产由100多kg增加到500多kg。永幸河原来是一条截岗抢排的人工河道，在永幸河枢纽建成后，就充分显现出其灌溉效益。永幸河灌区的建成，为凤台县的粮食生产和农业发展提供了可靠水源，也是发挥水利工程综合利用效益的典范。

11.3.4.3　退耕还湖，注重生态

以高塘湖为例。高塘湖位于安徽省淮河南岸窑河流域下游，通过窑河闸与淮河相通，窑河闸以上流域总面积1500km²。高塘湖流域平面形状呈扇形，东西向长约49km，南北向宽约46km。流域地势为四周高中间低，由边界向湖区倾斜。按地形划分，25m高程以上丘陵和低山区面积为1160km²，占流域总面积的77.4%；20～25m之间平原区面积为248km²，占16.5%；20m高程以下的面积为92km²，占6.1%，为高塘湖湖洼区。湖区20m高程以下基本上没有村庄，干旱年份20m高程以下面积也可耕种，基本上可以保夏季收成。高塘湖正常蓄水位17.5m，对应湖面面积为49km²，为充分利用当地水资源，近年来基本控制正常蓄水位在18～18.5m之间。

新中国成立以来，高塘湖流域陆续实施了一些治理工程。1951年，对窑河7.5km河道进行了疏浚；1963年大水后，修建炉桥圩；1965年建成窑河封闭堤和窑河闸，主要是拒淮河水倒灌高塘湖；20世纪60年代以来，沿湖圈建了部分生产圩，并在湖区修建了大量鱼塘，发展水产养殖业，标准较低。据统计，高塘湖周边共有圩口19处，圈圩面积50.4km²，保护耕地4.4万亩，保护人口3.45万人。存在的主要问题，一是受淮河高水位长时间顶托影响，湖区周边平原和洼地易发生较大面积的洪涝灾害；二是湖内低洼地居住人口较多，缺乏防洪设施，受灾频繁；三是沿湖周边圩口数量多，大多为群众自发圈建，缺乏统一规划，人水争地，阻水严重，导致防洪压力大，洪涝灾害频繁，造成周边湿地减少，恶化了湖泊生态环境。

为满足水资源利用、生态环境保护等的新要求，高塘湖洼地治理宜采用新建高塘湖排涝站的方案，同时结合低洼地移民及退垦还湖，从根本上解决高塘湖流域的洪涝灾害。

2018年建设的高塘湖排涝大站设计流量为150m³/s，1982年洪水最大可降低水位1.78m，1954年、1956年、1963年、2007年有1.0m以上的降幅，1980年、1991年、2003年均有超过0.6m的降幅。年最大减淹面积为75km²，另有6年减淹面积超过40km²，年平均减淹面积为31km²，水位降至20.0m的时间可提前10～20天，排涝效果明显。

为了扩大湖泊低洼地滞蓄洪（涝）水的能力，减轻防汛压力，现阶段建议在22.5m高程以下的区域要控制人口迁入；高塘湖新建排涝站后，对居住在20年一遇洪水位21.5m以下、没有堤防保护的居民（约2.5万人），应结合新农村建设和小城

镇建设，逐步实施搬迁，居民点布置应控制在 21.5m 高程以上。

为了恢复湖泊吞吐洪水和调节径流的自然功能，恢复原湖泊的自然生态环境，对沿湖 20m 高程以下土地实施退垦还湖。退垦还湖后，高塘湖正常蓄水位可抬高到 19m，可增加蓄水量 0.9 亿 m³，有效地提高水资源的调蓄能力；同时，经改变种植结构，发展水产、耐淹植物等，逐步形成湿地经济，改善生态环境，增加农民收入，实现良性循环。

11.3.5 淮北平原排涝规划

2003 年淮河流域出现了 1954 年以来的最大降雨。安徽省淮河流域洪涝造成农作物成灾 2238 万亩，直接经济损失 145 亿元，其中涝灾或因洪致涝占 80% 以上。大水后，安徽省水利厅编制了《安徽省淮河流域洼地治理规划指导意见》。2004 年易涝地区有关市编制了本地区洼地治理规划。2006 年安徽省水利水电勘测设计院编制完成了《安徽省淮河流域排涝规划》，2007 年 2 月安徽省人民政府批复了该规划。该规划涉及沿淮湖洼、淮北平原、淮南支流洼地等区域。

淮北平原排涝规划重点是建立并完善各区域的排水系统，通过治理支流河道为面上涝水的下泄与抢排创造条件；花大力气畅通排水干沟，改变由于沟道断面窄小、堵塞导致面上积水无法外排的局面。各支流上游以大沟疏浚为主，扩大排水出路，同时结合水资源利用，适当建一些控制工程蓄水发展灌溉；各支流下游多为低洼地，采用高水高排，低洼地建站抽排，迁移洼地人口，部分洼地或退耕还湖还林，或改种耐水作物，有条件则采用挖塘垫地。沿河一些地势最为低洼的地区，可作为滞涝区。实施中小沟以下的面上配套。

根据该规划，近年已治理或即将安排治理的怀洪新河本干、泉河、包浍河、奎濉河、颍河、涡河等干流河道防洪治涝标准近期暂不考虑进一步提高，远期除涝标准提高到 5 年一遇。其余各条河流的干流按除涝 5 年一遇，防洪 20 年一遇标准治理，对穿越城区等重要河道（段），除涝标准可适当提高。面上大沟疏浚和建筑物标准采用 5 年一遇。泵站抽排标准采用 5 年一遇，圩堤防洪标准 10～20 年一遇。

2016 年汛期，安徽省长江流域发生区域性大洪水。根据 2017 年安徽省人民政府批准的《安徽省灾后水利建设总体规划》，全省水利建设要补齐"中小河流防洪标准低、城乡排涝能力不足、湖泊防洪体系不健全、小型水库仍有安全隐患"等"四个短板"，淮河流域农村地区排涝标准采用 5～10 年一遇，经济条件较好或有特殊要求的地区可适当提高。

11.4 里下河地区除涝规划与治理

11.4.1 概况

里下河地区地处淮河下游的江苏省中部。古代京杭大运河淮扬段也称里运河，而在其东部有一条与之平行的串场河，由于地势较低，人称"下河"，其间广阔的水网平原被称之为里下河地区。该地区位于里运河以东，苏北灌溉总渠以南，扬州至南通 328 国道以北，东界通榆河，总面积约 11722km²，现有人口 980 万人，耕地面积 1172 万亩，是淮河流域面积最大，也是地势最低的平原洼地。由于特殊的地理位置和地形条件，加之黄河夺淮的影响，历史上洪涝灾害频繁，人民生活十分困苦。中华人民共和国成立以来，经过 60 多年的不断治理，初步形成了防洪除涝、水资源供给和水资源保护体系，经济社会发展迅速，已成为全国著名商品粮生产基地，也是国家重点发展战略中长三角地区和江苏沿海地区的一部分，是江苏省发展较快，而且最具潜力的地区。

距今 6000 多年前，长江、淮河分别在扬州、涟水一带入海。随着长江、淮河三角洲延伸，在里下河东部滨海浅滩形成沙岗，海水不再漫浸，境内广袤水面被分割成大、小湖泊和沼泽洼地。唐代沿沙岗筑常丰堰御潮，区内农业开发渐盛。北宋末，东部沿常丰堰加筑范公堤并在盐城东门置闸挡潮泄水，西部里运河堤防全线建成，区域四界逐步形成，陆续整治内部河道，加快筑堤围田的步伐。黄河夺淮初期，黄河、淮河洪水较少溃入里下河，射阳河排水通畅，新洋港、斗龙港形成，运河以西来水通过运河堤闸东汇里下河涝水入海。明万历年间，黄河开始南泛射阳河，淮河入黄受阻，高家堰（洪泽湖大堤）、运河堤时有溃决，里下河地区逐步成为淮河下游滞洪、行洪区。清初，高家堰、运河堤决溢日趋频繁，不得不设置减水坝导淮河洪水入江、入海，洪水挟带大量泥沙在里下河淤积，同时沿海滩涂不断向东延伸，并呈高仰态势，使得里下河地区排水更加困难。

里下河为江淮平原的一部分，由长江、淮河及黄河泥沙长期堆积而成，四周高，中间低，呈碟型，俗称"锅底洼"。区域地面高程 2.5m 以下的面积占全区总面积59%，高程 3.0m 以下占 80.2%，而江苏沿海平均潮位大约在 1.0m，历史上由射阳河、新洋港及斗龙港迂回 100 多 km 排水入海。既受淮河洪水行蓄洪影响，又因自身地形条件限制，排水、降水十分困难，加之受海潮倒灌、顶托的影响，农业生产条件十分恶劣，有"洪涝旱渍潮交替肆虐"之说。古代劳动人民为谋生计，创造性形成了该地区特有的生产形式，一种是环水堆土，形成高出水面的土地进行耕种，称之为"垛田"；另一种是在常年积水的土地上种植一季水稻或水生作物，称之为"沤田"，至中华人民共和国成立前为止全区"沤田"面积达 400 多万亩。

里下河地区气候处于亚热带向温暖带过渡地带，具有明显的季风气候特征，日照充足，四季分明。年平均气温 14~15℃，无霜期 210~220 天。区内降水相对丰沛，初夏梅雨和夏秋台风雨为主要降水系统，年平均降水量为 1016mm。受海洋性季风影响，年内降水分配极不平均，汛期降水量集中，6—9 月降水量约占年降水量的60%~70%，同时，降水量年际变化也较大，据有数据记载以来，年最大降水量1624mm（1991 年），最小降水量 494mm（1978 年）。年平均蒸发量为 960mm 左右。江淮之间的梅雨以及台风雨都有可能形成全区域的洪涝灾害。

历史上，直至黄河夺淮初期，黄淮洪泛较少溃入里下河，该地区排水基本通畅。随着淮水逐渐南下，高堰、运堤时有溃决，至清初，高堰、运堤决溢日频，每遇开放归海坝，里下河地区"巨浪拍天、波高及屋"，"鱼游城关、船行树梢"，诸河无力宣泄，积水数月不退。民国 20 年（1931 年）发大洪水，开归海坝后，里运河东堤又决口 26 处，兴化（梓辛河）水位高达 4.6m。里下河淹没农田 1330 万亩，灾民 350 万人，死亡 7.7 万人。直至民国 32 年（1943 年），抗日民主政权曾发动群众贷款修圩浚河。归海坝虽不再开放，但废黄河以南、通南地区及垦区南部高地来水汇集洼地，里下河地区涝灾仍十分严重。

新中国成立初，里下河虽有 51 个湖荡（0.5km² 以上湖荡，计 1024km²）及圩外河沟（505km²）共 1529km² 可供滞蓄涝水，但主要排水干河射阳河、新洋港、斗龙港弯曲淤浅，海口不畅，潮水顶托，泄量不足，加上垦区来水抢占河槽，退水缓慢。1949 年 7 月连遭暴雨台风，兴化水位涨到 2.93m，积水时间在 3 个月以上，到 10 月 10 日仍维持在 2.42m，淹没农田 857 万亩。

11.4.2 1950 年以来的治涝实践

历史上我们祖先为了生存，对里下河地区进行过不同程度的治理，如围湖兴垦、营造垛田、沤田，疏浚河道，加固圩堤等，对里下河地区的农业生产起到一定的作用，但工程简陋、未形成体系，抗御灾害的能力十分脆弱。大规模的全面系统治理始于中华人民共和国成立以后，基于对地区地形地貌和水情深入研究，抗御洪涝灾害的实践经验，经济社会和科学技术发展进步，规划与治理措施不断深化调整和逐步完善，初步建成了防御洪涝灾害体系，是成功治理平原河网地区洪涝灾害的典型。

1. 20 世纪 50 年代开展洪涝潮分治

20 世纪 50 年代，巩固外围防洪堤防，兴建挡潮屏障，解除洪水威胁，减轻卤潮危害，实现了洪涝潮分治；分区整治水系，减少腹部受水面积，垦区单独排水入海，实现高低分排；加筑内部圩堤，开挖圩内沟河，提高抗涝能力。

1950 年加固里运河堤防，封闭了归海坝，新生的人民政府郑重承诺"永远不开归海坝"，里下河地区不再受淮河洪水威胁。1951 年开挖苏北灌溉总渠，1952 年完成，拦截渠北地区 1000 多 km² 来水，里下河地区清除了 2000 多处明坝暗梗，疏通水系。1954 年汛期普降暴雨，江淮流域发生了大洪水，高邮湖水位 9.38m，在江苏省委省政府发出确保里下河号召下，不但全力防守里运河堤防，避免了洪水进入里下河，同时还堵闭通扬运河北岸和串场河两岸与里下河相通的河道，使得周边较高地区的涝水尽量少进入里下河。由于梅雨量 646mm，兴化水位高达 3.08m，退水缓慢，10 月 10 日兴化水位仍有 2.33m，全区被淹农田 744 万亩。当年 10 月，治淮委员会组织淮河流域四省开展编制淮河流域规划，江苏省水利厅于 1955 年编制完成《淮河下游里下河区域排水挡潮工程规划》，并列入《淮河流域规划报告（初稿）》。对里下河腹部及沿海垦区治理规划提出"挡潮御卤，蓄泄兼筹，增加排水效能，降低里下河水位，防止灌溉水量流失，达到粮棉增产目的"的治理方针。同时提出：分区整治水系，减少腹部地区受水面积，将通扬运河以南、东台串场河以东较高地区来水单独排水入江、入海，避免"四水投塘"；充分利用河、湖、洼地调蓄；疏浚射阳河、新洋港、斗龙港，必要时增辟黄沙港，兴化水位汛前降至 1.2m，控制最高汛期水位 2.3m，整治内部河道，普修圩堤。据此，里下河地区的防洪、排涝、供水等进入全面治理阶段。为了解决排水入海口门问题，1952—1954 年在射阳河口进行了水文测验，经数据分析得出结论：在潮水自由进出的情况下，能吞吐 $1000\sim2000\text{m}^3/\text{s}$ 流量的河道，日均排水流量仅在 $100\sim200\text{m}^3/\text{s}$。于是 1956 年、1957 年分别建成了射阳河闸、新洋港闸，提高排水入海能力。

1958 年，江苏省水利厅根据《江苏省水利规划提纲》总任务和中共江苏省委提出"淮水北调，江水北调，引江济淮"的战略决策，编制了《通扬盐地区水利规划概要》。计划开辟新通扬运河、泰州引江河、通榆河、海堤河等工程。做到"集中引水，分散送水，大引、大蓄、大排、大调度"。推行水利河网化，改造老河网，建立新水系，大规模联圩并圩。圩堤顶高程按兴化水位 3.1m 设计。依据规划，形成了里下河骨干河网的框架思路，为日后不断完善打下了基础。先后开挖靖盐河、渭水河、雌港、二里大沟、南关大沟、野田河、三阳河、新通扬运河、通榆河等骨干河道。其中，1958 年开始开挖新通扬运河，先后 4 次共历时 21 年，完成土方 4000 多万 m^3，建成了由芒稻河至串场河的一条引江供水线，也为后来利用江都站抽排里下河涝水打下了基础。通榆河自南通至赣榆全长 415km，该河于 1958 年冬开挖南起新通扬运河北至阜宁县射阳河长约 157km 河段，动员 15 万人开挖土方 2800 万 m^3，陈家圩至何垛河 28.7km 基本成河，底宽 35m、底高程－2m，何垛河至射阳河 128.3km 未能成河，宽窄不等，高低不一。实施通南、斗南封闭工程，将新通扬运河以南、通榆河以东以及渠北共 4500km² 高地来水截走，改变了里下河腹部四水投塘的局面。但内部河道及联圩工程规模较大，1960 年贯彻国民经济调整方针，工程相继停工，新河网未形成，部分老水系被打乱。

2.20 世纪 60—70 年代，形成了四港自排入海和江都站抽排入江的"上抽下排"格局

20 世纪 60—70 年代，大力开挖干河，扩大外排能力，继续加固圩堤，联圩并口建闸，增加排水动力。里下河地区形成了由射阳河、黄沙港、新洋港、斗龙港等四港自排入海和江都站抽排入江的"上抽下排"格局。

1962 年 9 月 1—9 日，里下河地区连续遭遇当年 13 号、14 号台风暴雨袭击，全区最大 7 日面雨量 304mm，暴雨中心溱潼降雨量 483.6mm，由于圩堤矮小，圩内动力缺乏，全区有 80% 圩区破圩，773 万多亩农田受灾，兴化水位陡涨至 2.93m。里下河全区"水连天、天连水、水天一色"，退水速度极为缓慢，11 月 17 日水位降至 2.0m，平均每天约 1.6cm。9 月中旬江苏省委在兴化召开会议，研究治理措施。11 月，江苏省水利厅编报了《江苏省里下河地区水利规划报告》。报告认为该地区历史上存在"洪、涝、旱、碱、风、潮、卤、淤"八害。提出"涝、旱、淤、盐综合治

理，江、淮、沂、泗相互调度，引淡排卤，冲淤保港，整治水系，巩固圩堤，分区分级、因时、因地控制适宜水位"的治理方针。河网设计兴化水位 2.5m，圩堤采用 3.0m 校核。当年冬季全区开始大规模修筑圩堤，疏浚河道，兴建排涝泵站。至 1965 年，原有 2 万～3 万个圩子经联圩并口，减少至 1.3 万个，圩内动力达到 9.92 万 kW。1963 年 1 月，《苏北引江灌溉江都枢纽工程设计任务书》经国务院批准，江都水利枢纽第一期装机规模为 250m³/s。1963 年 3 月江都第一抽水站建成，抽水能力 64m³/s，当年开机 20 天，首次抽排 1.02 亿 m³ 涝水入江。里下河地区自此有了引江能力和抽排入江的通道。1964 年，江都第二抽水站建成，1965 年拓浚新通扬运河，形成抽排涝水 120m³/s 的能力，使里下河南部 1250km² 地区排水不再迂回入海。

1965 年，里下河地区先旱后涝，旱涝急转。6 月 30 日起 36 天梅雨量 683mm，8 月 19 日 13 号台风暴雨过境，兴化水位由 2.42m 上涨至 2.90m。由于圩内动力增强，江都站参与排涝，较 1962 年涝情大为改观，全区仅破圩 966 个。1966 年 12 月，江苏省水利厅提出《苏北里下河地区水利修正规划报告》，强调里下河地区治理应"挡得住、排得出、排得快、灌得好、管得好；涝（渍）、旱、淤、盐综合治理，以治涝为主；修圩与扩大排水出路相结合，专港排水与多港辅排相结合，自流排水与抽排相结合，发展机电与利用三车（人力车、风车、牛车）相结合；江、淮、沂、泗水并用，以淮水为主；淮水北调，引江济淮，蓄引抽调结合"。按照规划，全区圩堤顶高程按 4.0m、顶宽 1.5m 的标准逐年进行加固，联圩并圩继续进行，开始兴建圩口闸，进一步发展机电排灌，兴建低扬程坽工泵站。1965 年 11 月开始进行斗龙港整治，对斗龙港上游进行改造，将原西团至头总河段成为斗龙港支河，称作老斗龙港。整治后的斗龙港从盐城县孙同庄兴盐界河至斗龙港闸全长 55.5km、底宽 45～90m、河底高程－2.5～－3.5m，分两期施工，于 1967 年 3 月竣工，完成土方 2650 万 m³。同时，为减轻西部来水对大丰的压力，疏浚三十里河至斗龙港的通榆河 18.36km，作为斗龙港的支河，1966 年建成斗龙港闸。1969 年江都第三抽水站建成，江都 3 座抽水站可抽排涝水 250m³/s。同年东台县在通榆河东建成安丰抽水站，此后又相继建成通榆河东的富安、东台、草堰 3 座抽水站，结合抽排涝水 60m³/s，里下河地区抽排能力进一步增强。在扩大外排能力的同时，内部骨干河道陆续整治，先后拓浚宝应潼河下段、向阳河、芦泛河、大溪河；高邮六安河；兴化雄港；江都赤练港、龙耳河；泰县卤汀河下段等。

20 世纪 70 年代初，国务院召开北方地区农业会议，提出把农田基本建设当作一项伟大的社会主义事业来办，全区迅即掀起以建设"吨粮田""双纲田""千斤田"为目标的农田水利治理高潮。1971 年冬全面整治黄沙港。黄沙港原为垦区排水河道，自上冈向东至黄沙港闸长 40.5km。整治工程西自黄土沟经上冈至黄沙港闸，长 88.9km，河底宽 40～90m、河底高程－2.5～－3.5m，开挖土方 3758 万 m³。同时建黄沙港新闸，使黄沙港成为里下河地区的骨干河道，汇水面积 865km²。里下河地区已形成射阳河、新洋港、斗龙港和黄沙港的四港排水入海格局。

1974 年，江苏省治淮指挥部再次对里下河治理进行了全面规划，提出《里下河地区水利规划报告》。规划要求"涝渍旱淤盐兼治，以治涝渍为重点"。规划标准：排涝保 1962 年、1965 年型，抗旱保 1966 年、1967 年型连续干旱。外河网排涝设计兴化水位 2.5m。圩区做到"四分开、二控制"，即：洪涝分开、内外分开、高低分开、灌排分开，控制外河水位、控制地下水位。农田水利达到日降雨 150～200mm 不受涝，地下水位离地面 1.0～1.5m，70 天无雨保灌溉，排灌分开，深翻、平整土地，粮棉达超纲要。圩堤修筑标准为新中国成立后历史最高水位加超高 1.0～1.5m。结合南水北调规划，工程措施上提出了"排、降、引、冲"四字方针。供水方面：按 1966 年旱情，包括冲淤保港总用水量 116.8 亿 m³，要求新通扬运河、泰州引江河自流引江 1150m³/s，江都、高港、宝应站抽引江水 1250m³/s。1975 年开始兴建江都第四抽水站；疏浚三阳河（北至三垛镇）；1979 年 11 月，第四次拓浚新通扬运河，到 1980 年 2 月完成，使江都抽水站排涝能力达 500m³/s。里下河西南片涝水可直接由三阳河南下进入江都站抽排入江。

新洋港原起盐城天妃闸接串场河，向东至新洋港闸入黄海长约 63km，1950 年、1957 年、1958 年、1971 年曾进行过裁弯疏浚。1975 年开始，又连续 3 年进行了新洋港整治，整治工程西自盐城九里窑，东至射阳新民河口长 23.4km，河底宽 80～200m，河底高程－4.0～－6.0m，开挖土方 2343 万 m³。上段大纵湖及蟒蛇河段，下段新民河口以下未能实施。射阳河是里下河地区最大的排水入海河道，1956 年建闸后闸下淤积加剧，排水能力持续衰减。1980 年对闸下东小海段作了裁弯整治，新开河道 7.5km，使闸下引河从 31km 缩短至 15km。这两条河道的整治，都有效提高了里下河地区外排入海的能力。

这个阶段治理思路逐步完善，工程投入最大，成效最显著。周边封闭工程和沿海挡潮闸基本完成，形成了以江都抽水站为主"上抽"，射阳河、新洋港、黄沙港、斗龙港排水入海的"下排"工程格局，圩内动力达到 0.5m³/(s·km²)，约 5 年一遇标准，400 万亩"沤田"改造全部完成，农业生产条件得到根本性改变，为经济社会发展打下了良好基础。

3.20 世纪 80—90 年代圩区除涝能力进一步提高，但滞蓄和入海能力下降

20 世纪 80—90 年代，农田水利建设持续不断，圩内除涝能力进一步提高，开辟了泰州引江河、通榆河。但湖荡开发利用过度，入海河道闸下淤塞严重，使滞蓄能力和入海能力下降。

进入 20 世纪 80 年代，经济社会迅速发展，圩区排涝标准不断提高。1981 年江苏省水利厅在《里下河腹部地区修订水利规划报告》中提出"上抽、中滞、下排"的治理原则，在加固加高圩堤、巩固排涝功能的同时，扩大滞蓄面积，减缓圩外水位上涨速度。此后，圩堤加固和圩口闸建设步伐加快，但上抽下排骨干工程由于国家基建投资压缩，未能按计划实施。期间，兴化还开挖了茅湾河、车路河，宝应、盐城开挖向阳河、西塘河，泰县整治了唐港河，并开始机电排水设备的更新改造。到 80 年

代末，里下河内部骨干河道基本形成"五纵六横"布局。

通榆河是苏北沿海地区引水、航运、综合开发的关键工程。早在1958年就断断续续开挖了阜宁至海安157km河道，中途停建。1992年冬季，利用日本海外协力基金开始实施中段工程（海安—响水段），1999年通水，2002年竣工，发挥引水能力的同时兼有调度四港排水作用。泰州引江河工程既是南水北调的水源工程，也是江苏开发"海上苏东"的战略工程，是以引水为主，兼具灌溉、排涝、航运、生态、旅游综合利用的大型水利设施，南起长江，北接新通扬运河，全长24km。工程1995年11月开工，1999年9月主体工程投入运行，2002年10月竣工，江边建有高港抽水站，设计抽排能力300m³/s，为里下河地区增加了又一座"上抽"排涝站。

随着经济的发展，这个时期湖荡开发利用速度加快，导致湖荡开发利用过度，对区域防洪除涝造成不利影响。1965年尚有湖荡水面积1073km²，1979年减少到495km²，1991年仅剩216km²，河湖滞蓄能力严重下降，四大港排水能力从建闸时1712m³/s下降至878m³/s，每遇降雨河网水位上升速度也加快。1991年江淮流域再次发生大洪水，梅雨期长达56天，里下河面雨量达957mm，为有资料记录以来之最，最大点雨量正发生在"锅底洼"中心兴化，达1300mm，最大15日降水量是1954年的近2倍，里下河地区水位普遍高于中华人民共和国成立以来最高水位0.20～0.63m，兴化水位高达3.35m。两个月"四大港"共排水32亿m³，江都抽水站抽排13亿m³，其余中型站抽排2亿～3亿m³。里下河水位从最高水位降至2.0m以下共历时24天，较1954年的96天已发生了极大的变化。但因雨量过大，全区仍有300余万亩农田受灾。同时也暴露工程体系中存在的湖荡库容剧减和四港排水能力下降问题，一些次高地缺少挡排措施，变成重灾区。

根据暴露出的问题，1992年江苏省政府以"苏政发〔1992〕44号文"批转省水利厅《关于里下河腹部地区滞涝、清障的实施意见》，该意见针对多年来一些地方湖荡盲目圈圩和在行水通道上人为设障，致使湖荡调蓄能力严重下降，提出了"中滞"工程实施方案，确定了当时的湖泊湖荡面积和三批滞涝圩面积共计695km²：即保证现有216km²湖荡滞涝能力，当兴化水位2.5m时，第一批滞涝圩滞涝，面积285km²；当兴化水位3.0m时，第二批滞涝圩滞涝，面积89km²；当兴化水位超过3.0m，并有继续上涨趋势时，第三批滞涝圩滞涝，面积105km²，以上三批滞涝圩共计479km²。里下河地区治理作为淮河流域湖洼治理工程，实施新洋港干河闸下裁弯、生建裁弯、龙冈卡口段处理、大纵湖清障和出湖口门处理及四港沿线部分圩口闸封闭配套等一系列工程，圩区建设得到进一步增强。

4.2000年之后防洪除涝能力进一步提升

2000年之后，新时期的水利工作进一步深化，里下河地区一批引排骨干河道和大量农田水利及机电排灌工程逐步实施，区域防洪除涝能力进一步提升。

2001年泰东河工程开始实施，2002年南水北调东线第一期工程经国家批准正式启动，位于里下河地区的三阳河、潼河、宝应站工程开工建设。

2001 年 12 月水利部在《关于加强淮河流域 2001—2010 年防洪建设的若干意见》中指出要加快流域重要支流及湖洼、里下河地区的防洪排涝设施的建设，改变 1991 年型暴雨造成淮河大面积涝灾的状况，并提出了湖泊洼地防洪标准达到 10～20 年一遇，里下河地区排涝标准达到 5～10 年一遇。

2003 年汛期淮河流域再次发生特大洪涝灾害，里下河地区 30 日梅雨量 600mm，降雨中心偏北部，最大点雨量宝应站为 772.3mm。兴化最高水位 3.24m，仅比 1991 年低 0.11m，北部地区射阳湖镇、建湖、阜宁等地最高水位均高于 1991 年，兴化站从最高水位 3.24m 降落到 2.0m 历时 30 天左右。里下河四大港排水总量 45.1 亿 m³，江都站抽水 9.6 亿 m³，高港站抽水 7.1 亿 m³。全区受淹面积 1185 万亩，其中破圩 54 处，面积 19.2 万亩。8 月，江苏省水利厅组织编制的《江苏省加快治淮防洪建设方案》将里下河洼地治理工程列入建设方案中，并将里下河湖荡第一批滞涝圩进退水口门建设、328 国道病险涵闸除险加固、四港沿岸病险涵闸除险加固、里下河腹部骨干河道穿堤病险涵闸除险加固、车路河兴化城区束窄段整治、射阳河干河阜宁城区束窄段整治等工程列入了《江苏省淮河流域 2003 年灾后重建应急工程实施方案》，灾后重建应急工程部分项目经淮委批复后实施。

2006 年、2007 年里下河地区连续 2 年发生较大暴雨，兴化水位均超过 3.0m。2006 年暴雨中心在北部地区，全区最大 7 天面雨量达 298mm，仅次于 1991 年，沙沟、射阳湖镇站最大 7 天雨量为历史最大值，陆庄等部分水文站出现超历史最高水位；2007 年梅雨时间长达 36 天，全区面雨量 432.1mm，降雨中心分布在腹部区及斗南区的北部。灾后编制的《里下河洼地治理应急工程实施方案》提出了里下河洼地除涝的整体工程布局和应急项目清单，该方案是较为完备的除涝治理方案，成为汇入《淮河流域重点平原洼地除涝规划》的基础；2007 年灾后由江苏省政府批准了里下河、洪泽湖等区域应急治理实施方案，启动了射阳河整治（阜宁切滩、闸下港道疏浚、戛粮河裁弯）和川东港工程（闸外移）等。

2006 年 10 月，淮委启动了《淮河流域重点平原洼地除涝规划》的编制工作，2010 年 3 月获水利部批准。除涝规划明确的里下河洼地治理范围是里下河腹部圩区和斗北垦区。规划中部分工程已实施或正在实施，主要包括：里下河东南片（泰东河工程、泰州市里下河片城区和里下河腹部的农业开发区治理工程）、川东港工程、四港整治工程中部分工程（射阳河上游戛粮河、蔷薇河、新洋港干河盐城城区新越河）、上抽泵站改造工程（贲家集二站续建、富安抽水站改建）。

2010 年 11 月，南水北调东线第一期工程里下河水源调整工程开工建设，实施卤汀河、大三王河两大水源工程。实施的卤汀河工程，南起泰州引江河出口，北至兴化上官河，全长 55.9km。实施的大三王河南自潼河，北至芦泛河。骨干河网进一步连通，建成宝应抽水站，为里下河"上抽"又增加了 100m³/s 能力。

2011 年 3 月，世界银行贷款江苏省淮河流域重点平原洼地治理工程泰东河工程全面开工建设。实施的泰东河工程自泰东河与新通扬运河交汇口至东台市泰东河与通榆河接口段,全长 48.7km,连通了泰州引江河和通榆河。

2013 年 12 月,淮河流域重点平原洼地里下河川东港工程开工建设。川东港工程(车路河—川东港)为里下河入海的第五大港,工程线路自泰州兴化市车路河至盐城东台、大丰市丁溪河、何垛河,再经川东港入海。川东港整治主体工程已基本完成,为里下河地区新增了一条设计流量 200m³/s 的入海新通道。2014 年实施射阳河整治工程,建设内容是对上游戛粮河段、蔷薇河段河道拓浚;对下游射阳河闸下港道段河道拓浚;建设中游河道沿线闸站建筑物及河道沿线封闭工程等。到 2017 年射阳河整治主体工程已基本完成。2016 年 10 月,新洋港整治工程开工建设,建设内容包括蟒蛇河上段整治工程,盐城城区段整治工程及沿线封闭建筑物工程。

11.4.3 治理成就与面临的新情况、新问题

1. 治理成就

经过 60 多年来建设,里下河地区发生了天翻地覆的变化,从一个自然灾害频发的地区,变成一个米粮仓,进而跟上了社会经济发展的步伐,是一个区域治理比较成功的范例。治理工程十分浩大,据不完全统计,挖填土方达 50 多亿 m³。成功的关键还在于科学合理的规划与决策,主要有以下方面:一是确定"内外水分开、高低水分排"原则。将淮河洪水另辟路径,不再东犯里下河,是里下河全面治理的前提,将 4500km² 高地来水截走,大幅度减小治理难度。工程技术人员曾分析,将里下河地区同样水量排出,是其他滨江临海地区工程量的 8 倍左右。二是不断扩大入海能力。中华人民共和国成立初期里下河主要依靠射阳河、新洋港为主,合计日平均排水流量仅 300～400m³/s 左右,通过 50 年代兴建沿海挡潮闸、60—70 年代整治斗龙港、开辟黄沙港,2013 年开辟川东港,排海能力不断提升,基本稳定在 1500～1800m³/s 左右。三是"上抽"是提升里下河排水能力的关键,起到了事半功倍的作用。从 60 年代开始,新通扬运河开挖、江都站兴建,原本都是灌溉工程,但经过优化布局,均能结合里下河地区排涝,而且效果显著。随后兴建泰州引江河、高港站,南水北调东线一期工程三阳河、潼河、宝应站,以及东台堤东地区和沿总渠几座中型抽水站都是灌排结合。现状抽排能力接近 1300m³/s,大幅度减小了洪涝治理的难度,使里下河地区排水能力提升成为现实。四是内部河网改造,满足了引排调度需要。里下河地表河网,原本有网无纲、杂乱无章、深浅不一,并不通畅,先后实施了新通扬运河、泰州引江河、泰东河、通榆河、三阳河、卤汀河等区域骨干工程和一大批县级骨干河道,大多数已具备了一定规模,形成"五纵六横"布局,区内引排调度能力大幅度增强。五是圩区建设使效益发挥落到实处。里下河建圩历史已久,但原来圩区圩堤矮小,圩内排涝靠人力畜力,抵御区域洪水和排涝能力都很脆弱。中华人民共和国成立后大规模圩区建设,采取联圩、并圩、圩堤达标建设,增加圩区排涝动力,到目前为止,建成圩区 1671 个,总面积 8640km²,建成圩堤 14959km,圩区总抽排能力 8986m³/s,排水模数 1.04m³/(s·km²),基本上达到 10 年一遇标准。

里下河地区虽然历史上是洪涝灾害的重灾区，但也有地势平坦，土地肥沃，气候温和，适宜稻、麦、棉生长的有利条件。中华人民共和国成立后大规模水利治理使得这些优势得到充分发挥，水源充沛也为经济社会发展提供了保障。经初步统计，里下河地区粮食总产量从 1949 年的 152 万 t 增加到 2014 年的 1064 万 t，是 1949 年的7 倍（同期江苏省为 4.5 倍），亩产从 1949 年的 69kg 增加至 465kg，是 1949 年的6.74 倍（同期江苏省为 6 倍），成为江苏省粮食单产最高的地区。我国重要的商品粮基地之一，地处里下河中心的兴化市变化最大，粮食产量较 1949 年增加 9 倍，成为江苏省商品粮第一县（市），全国淡水养殖第一县（市）。经济发展方面，区内兴化市、东台市、高邮市、海安县、建湖县等都先后进入全国百强县（市）行列，贫穷落后的面貌彻底改变，里下河地区水利条件的改善功不可没。

2. 面临的新情况、新问题

随着经济社会发展和工程情况的变化，里下河地区也面临着一些新的情况和问题，主要有这几方面：

（1）湖荡过度开发利用，区域洪水调节能力下降。据统计，里下河地区 1965 年尚有湖荡水面积 1073km²，1979 年减少到 495km²，到 2016 年湖荡水面积包括部分圩外河网仅有 58.5km²，防洪调节库容由原来 20 亿 m³ 减少到不足 1 亿 m³，防汛调度方案中制定的滞洪方案难以及时、有效落实到位，致使河网水位上升速度加快。21世纪以来，已有 3 年兴化水位超 3.0m。

（2）圩区排涝动力增加迅速，区域外排能力与之不相适应问题愈加突出。近些年，随着区域经济社会发展和城市化进程加快，圩内排水标准越来越高，排水能力越来越强，排涝动力的迅速增加改变了所在地区河网的汇流特性，加重了区域骨干河网排水压力，也是迅速抬高河网水位的主要原因之一。

（3）入海港道淤积，冲淤保港水源不足，挡潮闸排水能力衰减。由于江苏沿海为淤泥质海岸，海相来沙较多，挡潮闸下河道淤积严重。建闸初期的几年内，因港道迅速回淤，出闸流量减小约 35％～55％。尽管在管理运行上采取多种冲淤保港措施，但总体来看四大港的排水能力仍呈逐步衰减的发展趋势。

（4）圩区建设仍需加强，并且妥善处理次高地受淹问题。里下河的圩子是圩区防洪除涝的基本单元，圩堤、圩口闸和内部排涝动力是防洪除涝的基本手段，圩堤、圩口闸是抵御外河网高水位的基本阵地，圩内河网、水域是圩区除涝能力的内部条件，圩内抽排动力直接保护农田不受淹。今后仍应继续坚持以圩堤为阵地，按防御各地历史最高水位，加固加高圩堤，巩固达标成果并做好圩口闸的加高改造。圩内要按照保护对象的除涝要求，按标准配足排涝动力。近年来由于区域工情水情的变化，导致里下河水位上涨速度加快、不断抬高，次高地的淹没风险越来越大，迫切需要妥善处理次高地受淹的问题。一方面要通过进一步的区域治理来降低外河网洪涝水位，另一方面在有条件的地区要利用外河网河堤、高等级公路等分割形成大圩区，建设形成圩堤封闭圈并配足排涝动力。

里下河地区今后进一步治理方向是在已建工程体系的基础上，保持一定数量的自由水面和滞洪库容，加大退渔还湖的力度，不仅有利于防洪除涝，对水资源利用和生态环境改善也十分有益。继续完善骨干河网改造，保持区域水系畅通。通过挡潮闸下移措施，保持并提高排水入海的能力。结合水资源开发利用，适时增加"上抽"能力，以适应经济社会发展的需要。

11.5 南四湖湖西地区规划与治理

11.5.1 概况

山东省南四湖湖西地区系指南四湖及梁济运河以西、废黄河以北、黄河右堤以南的三角地带，山东省境内总面积 16180km²。包括菏泽市的全部和济宁市的任城、鱼台、金乡、嘉祥、汶上、梁山等县（区）以及泰安市东平县、宁阳县的一部分，总人口 1354 万人，其中农业人口占总人口的 80%，耕地面积为 99.27 万 hm²，其中旱田面积 89.33hm²，是一个典型的农业旱作区。区域内除梁山、嘉祥、金乡有寒武纪、奥陶纪石灰岩残丘出露外，其余均由第四纪堆积层覆盖，为黄泛冲积平原。沿黄河及故道地势略高，中部略低，呈簸箕状。西部最高海拔达 70m，东部湖滨最低为33.50m。微地形复杂，有岗地、坡地和洼地。洼地又分为槽状、碟状和滨湖缓平洼地。湖西地区多年平均降水量 675mm，降水量年际变化较大，季节分布不均匀，全年降水量的 70% 集中在 6—9 月，特别是 7 月、8 月降水量占全年的 50%，并且多以暴雨形式出现。由于降水时空分布不均，蒸发量大，经常出现春旱秋涝、涝后再旱和连旱连涝的现象。

湖西古河道以泗水、济水为主干，南北分流。历史上遭黄河长期夺淮影响，湖西地区河流水系发生巨大变化，在泗水两侧低洼地区逐步形成南阳湖、独山湖、昭阳湖、微山湖，统称为南四湖。新中国成立时，湖西地区主要有赵王河、洙水河、万福河 3 条入湖河道承泄区域内洪涝水，南四湖湖西大堤为湖西地区低标准的防洪屏障。由于水系紊乱，出路不畅，河槽窄浅，滨湖地区又受湖河常年侧渗影响，洪、涝、旱、碱灾害频繁。

据 1952 年至 1963 年的资料统计，湖西整个地区每年平均受水灾面积就达 536.9 万亩，占全部面积的 34%，其中 1957 年大水是毁灭性的灾害，仅菏泽地区就达 912 万亩，1963 年达 982 万亩，平均每年因水灾减产粮食，整个湖西地区要在 2.5 亿 kg 上下，成为全省有名的"湖西涝区"。其中：

1957 年 7 月，南四湖流域发生了近 100 年一遇暴雨，入汛至 9 月底四个月降雨38 天，降雨量 950mm，其中 6 月、7 月降雨 30 天，降雨量 800mm，相当于多年平均同期降雨量的 2 倍。湖西大堤决口 2 处，长 200m；河道决口 400 余处，湖堤河堤，漫溢 120 余段。湖内水与湖外水连成一片，湖外积水达 60 亿 m³，积水深度达 0.5～3.0m，受灾面积 1850 万亩，减产粮食 2.5 亿 kg。水围村庄 2400 多处，倒塌房屋 230

万间，死亡 219 人，受伤 742 人，小型农田水利工程几乎全部被毁。

1963 年，南四湖地区汛期平均降雨量 629mm，7—8 月间降雨数达 40 多天，阴雨连绵，地下水位升高，平原地区积水，沟满壕平，内涝成灾。湖西地区，万福河、梁济运河、赵王河、洙水河的水位均超过防洪保证水位，有 20 多条河道入湖段，受湖水位顶托倒漾决口 72 处，漫溢 22 处。金乡县境内北大溜决口淹没土地 14 万亩，有 70 多个村庄被水包围，平地水深 1～3m，受灾人口 6.5 万人。南四湖地区受涝面积 1016 万亩。倒塌房屋 14.8 万间，死亡人口 92 人。

11.5.2　湖西地区除涝规划沿革

11.5.2.1　流域规划安排

1953 年沂沭汶泗地区水利划归淮委系统后，在历次的淮河流域规划中，湖西地区的治涝问题都不同程度地纳入规划治理的安排中。1954 年淮委编制了《沂沭汶泗流域洪水处理初步意见》，提出南四湖和沂沭运地区洪水处理方案，要求建设滨湖排涝工程。

1956 年 3 月，淮委编制了《万福河流域综合治理规划》。该规划本着以除涝为主，截源并流，适当调整水系，逐步建立完整排水系统的原则，提出系统治理，分期实施的方案。

1957 年 3 月，淮委勘测设计院，交通部，江苏、山东、河南三省水利和交通部门，提出了《沂沭泗流域规划报告（初稿）》，主要内容包括防治水灾的措施和综合利用枢纽工程规划，灌溉、航运、水力发电、水土保持等方面的规划。其中就南四湖湖西地区涝灾治理问题，要求调整湖西水系，疏浚河道、开挖新河，以高低水分排、洪涝分治。

1971 年 2 月，治淮规划小组正式向国务院上报的 1971 年规划中，提出"四五"期间调整南四湖水系，开挖梁济运河、红卫河北支，治理南四湖湖区，扩大南四湖湖腰，以降低上级湖水位，扩大韩庄运河、中运河和新沂河以利南四湖洪水下泄。

1991 年完成的《淮河流域综合规划纲要（1991 年修订）》提出，对南四湖湖西地区东鱼河、洙赵新河、梁济运河以及其他低标准河道按 20 年一遇防洪、3～5 年一遇除涝标准进行治理，对滨湖洼地按 3 年一遇标准更新、扩建已有的排涝泵站。

《淮河流域综合规划（2012—2030 年）》中除涝问题是防洪除涝规划重要组成部分，规划提出按排涝 5 年一遇、防洪 10～20 年一遇的标准，治理南四湖滨湖洼地、湖西平原洼地、复新河洼地、顺堤河洼地等，治理面积约 6315km²。

2010 年水利部批复了《淮河流域重点平原洼地除涝规划》，规划提出对南四湖湖西平原、滨湖等洼地，按 5 年一遇排涝、20 年一遇防洪的标准，通过疏浚河道和新建、加固堤防，新建、重建、扩建和维修改造排涝泵站、涵闸、桥梁，疏浚开挖干沟等措施进行治理，治理面积约 3860km²，使治理区形成一个较完整的防洪除涝体系，提高治理区抗御洪涝灾害的能力。

11.5.2.2 山东省相关规划

除以上流域规划外，山东省相关部门在不同时期，围绕湖西地区排涝问题，开展一些规划工作。

1963年7月，山东省水利勘测设计院编制了《南四湖流域湖西地区治涝规划简要报告（初稿）》。规划范围南至太行堤水库，西与北至黄河临黄堤，东至梁济运河，并与滨湖电力排灌范围相接，东南与复兴河水系接壤。规划原则以除涝为主，从排入手、干支并举，治湖与治河适应，排滞结合，改造利用洼地，田间工程与骨干工程适应，建立完整的排水系统，提高除涝能力，稳定和发展农业生产。治理标准，郓郓梁地区排水入梁济运河，暂按3年一遇，其余地区均采用5年一遇，防洪20年一遇。1972年2月，山东省治淮南四湖流域工程指挥部编制了《山东省南四湖流域"四五"规划要点（1972—1975）》，"四五"期间安排湖西骨干工程有：滨湖排灌站配套；洙赵新河配套，对赵王河、箕山河、安兴河、郓城新河、巨龙河和三分干按3年一遇除涝，20一遇防洪治理；梁济运河干流按3～5年一遇除涝，20年一遇防洪治理；梁济运河支流湖东排水沟及琉璃河按3年一遇除涝，20年一遇防洪治理。

1975年9月，《山东省南四湖流域湖西地区（1976—1985）十年水利规划（初稿）》。其中排水规划提出，十年期间要围绕建设旱涝保收稳产田。以防碱、治碱为重点，配合其他措施，严格控制地下水位，全面配套，直到田间，并在此基础上，部分流域提高标准。"五五"期间梁济运河提高到3年一遇的标准，万福河结合通航开挖到3年一遇标准。湖西各河支流深度按照排碱要求，全部按3年一遇标准配套。"六五"期间，红卫河、万福河流域提高到排涝5年一遇标准。

1980年12月，山东省治淮南四湖流域工程指挥部编制完成了《山东省梁济运河流域规划》，提出采取退堤、整治沿线建筑物（桥梁、涵洞及排灌站），支流配套治理等措施，对梁济运河进行治理。

1987年5月，山东省治淮南四湖流域工程指挥部勘测设计室编制了《山东省南四湖流域湖西地区防洪除涝规划》。将湖西地区洙赵新河、万福河、东鱼河及其支流和湖西地区独流入湖的河道，及跨省边界工程和湖西小流域等纳入其范围，拟分期进行治理。治理标准：湖西地区洙赵新河、万福河、东鱼河及其$100km^2$以上的支流和湖西地区独流入湖的河道及跨省边界工程的规划治理标准，近期按3年一遇除涝，20年一遇防洪标准进行治理；远期按5年一遇除涝，20年一遇防洪标准进行治理。各河道上的桥、闸建筑物按5年一遇除涝标准修建，涵洞按10年一遇标准修建。八片小流域治理工程，分别为东明总干西片、单县小苏河片、成武智楼与纯集洼片、定陶万北半堤洼片、菏泽西北洼片、郓城杨庄集洼片、巨野万北洙南洼片、曹县太行堤四库至七库片，规划治理标准按3年一遇除涝，20年一遇防洪。

2013年10月，山东省发展和改革委员会、山东省水利厅印发《山东省淮河流域综合规划》，提出：坚持洪涝兼治、除害与兴利并举的原则。针对河湖洼地不同的地形条件和致灾因素，治理的基本措施是：对平原洼地内的主要骨干排水河道进行疏浚；对易涝地区，进行产业结构调整，发展湿地经济；高水高排，低水低排，扩建涵闸，适当建站，增强外排能力；堤防险工段按设计标准除险加固。流域内平原洼地面积大，排涝标准视不同地区情况合理确定，排涝措施宜采取自排、抽排和流动站相结合的排水原则。

11.5.3　湖西地区治涝实践

新中国成立初期，山东省对湖西平原地区赵王河、万福河、洙水河等主要排水河道采取疏浚等措施进行了局部治理，标准较低；从20世纪60年代中期开始，按照统一规划，采取了高水高排，低水低排，洪涝分治，截源并流等治理措施，对湖西水系进行了大规模的调整。20世纪70年代以来，从实际出发，因地制宜采用深沟河网，排、灌、蓄、滞相结合的治理措施；在滨湖地区大力兴建机电排灌工程，采取分片圈围，改种水稻，将滨湖涝洼不利因素变为有利条件。历经逐年持续治理，形成了现在的以东鱼河、万福河、洙赵新河和梁济运河等四条河道为骨干的平原河网防洪排涝体系，田间涝水通过沟系汇积后提排或自排进入相应骨干河道，后排入南四湖。

11.5.3.1　综合整治措施

湖西平原地区地势西高东低，沿南四湖34.79m（1985年国家高程基准）等高线以下地区常年承受湖、河侧渗影响，严重的在地上积水0.1～0.2m，地表水失去了自排条件；沿湖34.79～36.79m等高线之间地区汛期受湖、河水位顶托，严重影响区内涝水自排；沿湖36.79m等高线以上地区不受湖、河水位顶托影响，绝大部分地区涝水能够自排。基于当地地形等具体条件，经过长期治理的探索和实践，逐步形成高低水分排、洪涝水分治等治理对策。

1.　高低水分排、洪涝水分治

新中国成立后，山东省对湖西平原地区进行河道治理，先后疏浚了赵王河、万福河、洙水河等主要排水河道，但当时多系局部治理，标准低。从20世纪60年代中期开始，按照统一规划，采取了高水高排，低水低排，洪涝分治，截源并流等治理措施，对湖西水系进行了大规模的调整，先后开挖了洙赵新河、东鱼河两条骨干排水河道及其支流，留出原有入湖各河排当地涝水，妥善解决了洪与涝，上、下游之间的矛盾。

2.　蓄泄兼筹，排灌并重

自20世纪70年代以来，从实际出发，因地制宜采用深沟河网，排、灌、蓄、滞相结合的治理措施。深沟水网断面大、排水能力强，不仅为汛期排水创造条件，也为冬春灌溉蓄水打下基础。实施河道内建闸蓄水，发展灌溉，建立起一个能泄能蓄、能排能灌的水利工程网络。大力发展机井灌区，通过井灌井排，提高除涝效果。在引黄灌区，采取"以排定灌，以灌定引"和"以河补源，以井保丰"等措施。下游滨湖地区大力兴建机电排灌工程，采取分片圈围，改种水稻，将滨湖涝洼不利因素变为有利条件。通过引、蓄、排、提，改变了水量在地区上和时间上的不平衡，改善了蓄泄关系。

3. 治水与改土结合，旱、涝、碱综合治理

在排水系统不断完善的基础上，因地制宜的采取了深沟排碱、灌排分设、井灌井排与沟排井灌结合等措施，控制地下水位，结合农田基本建设，平整和深翻土地，实行沟、渠、田、林、路统一规划，综合治理，把治水与改土有效结合起来，通过改善水与土的关系，改良盐碱地。沿黄地区充分利用黄河泥沙，放淤改土，改变土壤物理性状，增加有机质，来改造低洼盐碱地和盐碱荒地。

11.5.3.2　湖西平原水系调整

南四湖湖西地区河道水系变迁过程既受到黄河泛滥的影响，也受到人类活动的影响。1855年黄河北徙后，湖西地区河道几经变迁，在山东省境内逐步形成了赵王河、洙水河、万福河等较大水系。新中国成立以后经多年治理和水系调整，山东境内湖西地区逐步形成了梁济运河、洙赵新河、万福河、东鱼河等排高水河道及洙水河、老万福河等排低水河道的格局。梁济运河、洙赵新河、万福河、东鱼河等骨干河道治理变迁如下。

1. 洙赵新河

洙赵新河系湖西地区20世纪60—70年代新开挖的排水骨干河道，包括原洙水河流域，赵王河流域大部，梁济运河流域少部，承接菏泽地区东明、菏泽、鄄城、郓城、巨野和济宁地区的济宁、嘉祥、微山县的来水，总流域面积4206km²。

1931年冬至1932年春，山东省建设厅曾主持对洙水河干流及支流薛公岔，进行了一次较大规模的治理，主要依原河道疏浚扩大，局部裁弯取直，但水系无大改变。通过这次治理后，洙水河干流上起菏泽县雨佃户屯，下至南阳湖，全长146km。

中华人民共和国成立后，从50年代初即对洙水河和赵王河进行原河道低标准治理。1953年春，济宁地区自济宁县孟庄南将洙水河改入赵王河，两河合流后，于路口入南阳湖，段长7.1km。从此，赵王河则成为洙水河的支流，不再独流入湖了。1959年梁济运河开挖后，又将赵王河于马村集改道向东，经山营南，于济宁县秦咀入梁济运河。自此，该段赵王河则属于梁济运河水系。改道截流以下至洙赵渠口一段，称为老赵王河。1960—1962年，菏泽专区于巨野县境内将洙水河自朱烟墩至夏官屯段长25km，进行了大裁弯，原河成了洙水河的支流，后称老洙水河。

1965年起在山东省水利厅主持下，对该流域进行了统一规划，采取了高水高排，洪涝分治，截源并流的治理措施，对水系作了大规模的调整，其规划方案为：开挖洙赵新河，上游自菏泽地区郓城县王老虎截赵王河，向东南于丁庄截老洙水河，于巨野县新城截洙水河干流，于曹楼截邱公岔，下至济宁县安兴集北入南阳湖，全长53.9km，总流域面积2442km²（其中截取赵王河1375km²，截取洙水河1020km²，截嘉祥县小王河47km²）。洙水河自巨野西南毛官屯截流以下段，仍独流入南阳湖，全长66.5km，流域面积为753km²。工程于1965年1月开工，至1966年完工。

1971—1972年，又进一步作了水系调整。即自东明县菜园集南穆庄，沿七里河

北支至临卜沙河口，直向东截赵王河后，另开新道，于巨野丁庄入洙赵新河。自此，整个洙赵新河骨干排水河道完全形成，并按 3 年一遇除涝、10 年一遇防洪的标准，进行了治理，于 1973 年，五查四定时，丁庄上下整个河流，正式定名为洙赵新河。

1993 年冬至 1994 年汛前按 3 年一遇除涝、10 年一遇防洪的标准对干流河道进行了全线清淤、疏浚与复堤，同时对边界支流邱公岔进行了入口段削坡及回水段复堤。2004 年开始对干流沿岸 124 座建筑物进行了新建、改建、迁建、扩建及加固处理。2013 年山东省发展和改革委批复《山东省洙赵新河徐河口以下段治理工程可行性研究报告》，按照 5 年一遇除涝、50 年一遇防洪的标准进行治理，治理内容包括干流开挖 43.2km，干流复堤长度 27.6km，支流复堤长度 9.8km，河道险工段护砌以及排灌站、涵洞新建加固等。该工程于 2014 年 4 月开工建设，2016 年汛前完成。

2. 东鱼河

东鱼河是南四湖地区最大的一条骨干河道，主要是为了防治万福河以南地区洪、涝灾害的大型排水河道。干流起源于东明县刘楼村南，流经东明、菏泽、曹县、定陶、成武、单县、金乡、鱼台八个县（市），河道全长 172.1km，流域面积 5923km²，两岸保护耕地面积 515 万亩，人口 402 万人。东鱼河支流流域面积 100km² 以上的有 9 条，分别是南支、北支、团结河、胜利河、东沟、乐城河、定陶新河、惠河、白马河。

东鱼河于 1963 年开始规划时，称湖西大改道截水工程，后称湖西新河，是 1965 年冬经水电部淮河规划组及山东省水利厅统一查看、规划的一项调整水系的大型防洪除涝工程。1966 年设计阶段称万南新河，1967 年施工时，又称红卫河，1985 年根据山东省地名委员会通知，定名为东鱼河（取其始于东明县，止于鱼台县之意），按 3 年一遇除涝、20 一遇防洪标准设计，于 1967 年春开工至 1969 年春季完成。东鱼河完成后总截去万福河原流域面积 75%，减轻了万福河下游洪水压力，同时也减少了洪涝灾害的威胁。经过 30 多年的运行，河道淤积严重，于 2000 年对干流进行疏浚治理，同时对主要支流进行了削坡治理。2004 年开始对干流沿岸 124 座建筑物进行了新建、改建、迁建、扩建及加固处理。

3. 梁济运河

梁济运河是一条新开挖的河道，北起梁山县，流经梁山、汶上、嘉祥、济宁市市中区，于任城区的大张庄入南阳湖，流域面积 3306km²，河道全长 87.82km，两岸保护耕地 313.6 万亩，人口 300.7 万人。是山东省淮河流域湖西地区的以防洪排涝、承泄东平湖新湖区滞洪后相机下泄洪水、引黄补湖、灌溉航运及南水北调输水等大型综合利用河道。流域面积在 100km² 以上的支流有 13 条。

梁济运河历史上是沟通南北运输的大运河，清咸丰五年（1855 年）黄河自铜瓦厢决口夺清后，被黄河截断。黄河以南到南四湖一段，河道弯曲，水源不足，又因年久失修，河床淤淀，已不能满足通航要求。1958 年交通部报经国务院批准，整治运河，恢复航运，1959 年起自黄河南岸至南阳湖之间另开新河，至 1960 年开通。由于还不能形成贯通南北的新京杭大运河，故将此段取名为梁（梁山）济（济宁）运河。1958 年结合修筑湖西大堤，开挖了龙拱河以下的湖内部分，1959 年继续完成龙拱河以上至济宁市五里营下 7.8km，1960 年春为满足东平湖排渗和两岸排涝要求，自黄河南岸路那里低标准开挖到五里营与湖内京杭运河沟通。1962 年又扩大治理了长沟至泉河口段，1963 年为满足东平湖排底水种麦，又从长沟扩大到柳畅河口，1964 年在湖堤取土塘基础上疏浚了柳畅河至路那里一段，1966 年至 1967 年为了通航又疏浚长沟至郭楼闸一段，修建了郭楼船闸形成了现在的梁济运河。

梁济运河流域面积原为 4810km²，经过几次疏浚和水系调整，干支流排水系统逐步形成，1972 年为减轻该河道的排水压力，将 1504km² 面积截入洙赵新河，成为目前的 3306km²。

1989—1990 年，按东平湖相机下泄 1000m³/s、内河按 3 年一遇除涝流量的 50% 开挖河槽，10 年一遇防洪筑堤，进行治理。

4. 万福河

万福河原为南四湖湖西主要排水河道，流域面积达 6000 多 km²，但历史上受黄河决口泛滥影响，水系变迁频繁，据史书记载，万福河前身即为古代河道济水的分支菏水。自定陶县北经成武、金乡县北注入古泗水，是连接济泗两水、沟通中原与东南地区的一条通道。相传是春秋末（约公元前 480 年），吴王夫差时所开，又因受黄河多次泛滥淤积而淹没。但由于西高东低的自然流势，作为排泄涝水的通道，故历代依然存在。

1934 年山东省建设厅编印《浚治万福、洙水河》记载，万福河干流自定陶县仿山洼开始，蜿蜒曲折，东流经定陶、成武、巨野、金乡，至鱼台县吴坑村北入南阳湖，全长 121km。其主要支流有：南堤河、南坡河、乐成河、大沙河、东沟、涞河、白马河、彭河等。

1931—1932 年，山东省建设厅曾对万福河进行过一次治理，疏浚了干流和支流。主要有南渠河、大沙河、东沟、涞河、西沟等五条支流，并兴建了南北大溜堤防和隋林、刘堂两处滚水坝，为万福河分洪固定了口门，但这次治理，系原河道疏浚，标准很低，治理后，1936 年受黄河于鄄城县董庄决口泛滥影响，水系又遭到破坏，河槽淤积，自此，全流域又陷于洪涝灾害的威胁之中。

中华人民共和国成立后，对湖西水系进行调整，使万福河水系发生了根本变化。1953 年，疏浚万福河干流大沙河入口以下段，由湖西专署组织 6 县民工 7.4 万人，疏浚河道 35km。1956 年 3 月淮委编制了《万福河流域综合治理规划》，该规划本着以除涝为主，截源开流，适当调整水系，逐步建立完整排水系统的原则，提出系统治理，分期实施的方案。1956—1958 年，按此规划，由山东省水利厅统一安排，济宁、菏泽两专区出工，对万福河干流进行较大规模治理，开挖刘堂坝至南阳湖段南大溜 29.2km，刘堂坝以上至定陶县油小楼 51km，对原河道裁弯取直、扩大治理，与刘堂坝以下南大溜相接称新万福河；大沙河入口以下万福河原河段，称老万福河；随林、刘堂两坝拆除，北大溜于方庙堵闭，不再承担万福河分洪，成为独流入湖排涝河道。1960—1962 年，自定陶新河入口向西延长到菏泽县吕陵店，此段曾称黄万运河。1962 年按 3 年一遇除涝，10 年一遇防洪标准，自菏泽市吕陵店以下至安济河口进行了疏浚。1965 年又上延至东明县鱼沃河口，此段曾称东明新河。使新万福河全长达 128km，流域面积 5178km²。至 1966 年，万福河演变成新、老万福河和北大溜 3 条独流入湖河道。

这一时期对万福河的治理，虽对减轻上游地区的涝灾有一定效果，但导致洪水来量增加，下游严重淤积，排水能力逐年降低，加之南阳湖阻水障碍较多，排泄不畅，加重了下游洪、涝、碱灾害。鉴于此，遂调整万福河水系开挖东鱼河。1970 年开挖了东鱼河北支，自大薛庄截万福河 3000 多 km² 的流域面积入东鱼河北支，万福河流域面积仅余 1283km²。

自 1970 年春东鱼河北支截流后，开始对万福河进行除害兴利相结合的综合治理。经过多次治理，干流达到 20 年一遇防洪标准，3～5 年一遇除涝标准，航道为 6 级标准。至此，万福河向东流经成武、巨野、金乡、鱼台，在任城区的大周入南阳湖，河道全长 77.3km，流域面积 1283km²，两岸保护耕地面积 116 万亩，人口 87.9 万人。直接入干流的支流有 8 条，分别为小吴河、大沙河、友谊河、老西沟、彭河、金城河、安济河、柳林河。

11.5.3.3 滨湖地区稻改及耕作制度改革

为改造滨湖洼地，1958 年济宁地区根据滨湖洼地的特点，发动群众大造龙骨水车，改旱田为水田，车水种稻 30 万亩。但当时南四湖无闸坝控制，水稻高峰用水期基本无水可引，靠龙骨水车也不可能长距离大量输水，改种水稻因缺水而失败，仍恢复旱作。1960 年又本着以排为主的原则，修建了一批排水泵站，但仅靠少量泵站很难将大面积涝水及时排出，地下水及河湖渗水更难排出，旱作物不是被淹也因渍涝减产或绝产，仅靠泵站排水而不结合灌溉和稻改治理滨湖涝洼地的尝试也不成功。

1962 年，鱼台县大翟家大队在修建的泵站排灌区外围修筑围埝，防止客水进入排灌区，使滨湖这块最低洼的土地秋季有了收成。同时，田庄、华庄泵站灌区改水稻获得丰收。济宁地区通过总结经验，于 1964 年在滨湖地区大搞"圈围建站，改种水稻"的治涝稻改工程。修建并配套机电排灌泵站，圈围封闭，修筑灌排渠系，改旱田为稻田，涝时将圈围内多余水提排入河湖，旱时提河湖水浇灌稻田。1965 年，已建成机电排灌站 150 处，改种水稻 97 万亩，获得亩产 200kg 的好收成，激发了干部群众兴修治涝稻改工程的积极性，至 1970 年，泵站排灌区达 367 处。1971—1980 年，国家安排部分投资重点进行已建泵站设备配套和机泵更新，并对部分泵站排灌区进行调整。至 1980 年，泵站排灌区达到 593 处，提水规模达到 958m³/s，排涝面积 1777km²，灌溉面积 190 万亩。此后，不断进行泵站更新改造和灌排渠系配套，并进行耕作制度改革，实行稻麦轮作。80 年代持续干旱，湖水不足，实施引黄补湖，推广节水灌溉技术，农作物产量由低而不稳到高产优质，促进了滨湖地区农村经济的全面发展。

自 20 世纪 70 年代以来，山东南四湖湖西地区从实际出发，因地制宜，采取综合措施进行除涝，取得显著成效。按照"高低水分开、洪涝水分开、主客水分开，排涝与引水结合"的思路，排、灌、蓄、滞综合治理，建立了一个能泄能蓄、能排能灌的水利工程网络。先后对梁济运河、洙赵新河、东鱼河等骨干河道进行了清淤治理，初步形成了高水高排、低水低排、洪涝分治的格局，防洪除涝能力明显提高；滨湖地区大力兴建机电排灌工程，采取分片圈围，改种水稻，将滨湖涝洼不利因素变为有利条件共治理涝洼地 36.9 万 hm^2，改造盐碱地 6.1 万 hm^2，种植高产水稻达 6.4 万 hm^2；亩均单产提高 551%。昔日荒湖洼地，如今成为了河道纵横、渠成网、林成行、田成方，夏季小麦翻金浪、秋季一片稻谷黄的"鱼米之乡"。

参 考 文 献

［1］ 水利部. 关于加强淮河流域 2001—2010 年防洪建设的若干意见［M］. 北京：中国水利水电出版社，2002.

［2］ 水利部淮河水利委员会. 淮河流域综合规划（2012—2030 年）［R］. 蚌埠：淮河水利委员会，2013.

［3］ 水利部淮河水利委员会. 淮河流域综合规划纲要（1991 年修订）［R］. 蚌埠：淮河水利委员会，1992.

［4］ 水利部淮河水利委员会. 淮河流域防洪规划［R］. 蚌埠：淮河水利委员会，2009.

［5］ 治淮委员会勘测设计院. 淮河流域规划报告（初稿）［R］. 蚌埠：治淮委员会勘测设计院，1956.

［6］ 治淮委员会勘测设计院. 沂沭泗区流域规划报告（初稿）［R］. 蚌埠：治淮委员会勘测设计院，1957.

［7］ 水利部淮河水利委员会. 加快治淮工程建设规划（2003—2007 年）［R］. 蚌埠：淮河水利委员会，2003.

［8］ 水利部淮河水利委员会. 进一步治理淮河实施方案［R］. 蚌埠：淮河水利委员会，2013.

［9］ 水利部淮河水利委员会水文局. 淮河流域片水旱灾害分析［R］. 蚌埠：水利部淮河水利委员会水文局，2002.

［10］ 中水淮河规划设计研究有限公司. 淮河干流行蓄洪区调整规划［R］. 蚌埠：中水淮河规划设计研究有限公司，2008.

［11］ 中水淮河规划设计研究有限公司. 淮河流域重点平原洼地除涝规划［R］. 蚌埠：中水淮河规划设计研究有限公司，2010.

［12］ 中水淮河规划设计研究有限公司. 淮河流域蓄滞洪区建设与管理规划［R］. 蚌埠：中水淮河规划设计研究有限公司，2011.

［13］ 中水淮河规划设计研究有限公司. 淮河干流设计洪水复核报告［R］. 合肥：中水淮河规划设计研究有限公司，2015.

［14］ 淮河水利委员会科学技术委员会. 复淮导淮方略辑要及其借鉴［R］. 蚌埠：淮河水利委员会科学技术委员会，2007.

［15］ 中国水利史典编委会. 中国水利史典：淮河卷 1　淮系年表全编［M］. 北京：中国水利水电出版社，2015.

［16］ 中国水利史典编委会. 中国水利史典：淮河卷 2　说淮［M］. 北京：中国水利水电出版社，2015.

［17］ 中国水利史典编委会. 中国水利史典：淮河卷 2　淮河流域地理与导淮问题［M］. 北

京：中国水利水电出版社，2015.

[18]　中国水利史典编委会. 中国水利史典：淮河卷2　勘淮笔记［M］. 北京：中国水利水电出版社，2015.

[19]　中国水利史典编委会. 中国水利史典：淮河卷2　导淮之根本问题［M］. 北京：中国水利水电出版社，2015.

[20]　中国水利史典编委会. 中国水利史典：淮河卷2　导淮工程计划［M］. 北京：中国水利水电出版社，2015.

[21]　中国水利史典编委会. 中国水利史典：淮河卷2　入海水道计划［M］. 北京：中国水利水电出版社，2015.

[22]　中国水利史典编委会. 中国水利史典：淮河卷2　导淮工程计划附编［M］. 北京：中国水利水电出版社，2015.

[23]　水利部淮河水利委员会，《淮河志》编纂委员会. 淮河志　第二卷　淮河综述志［M］. 北京：科学出版社，2000.

[24]　水利部淮河水利委员会，《淮河志》编纂委员会. 淮河志　第四卷　淮河规划志［M］. 北京：科学出版社，2005.

[25]　水利部淮河水利委员会，《淮河志》编纂委员会. 淮河志　第五卷　淮河治理开发志［M］. 北京：科学出版社，2004.

[26]　水利部淮河水利委员会沂沭泗水利管理局. 沂沭泗河道志［M］. 北京：中国水利水电出版社. 1996.

[27]　治淮委员会. 治淮汇刊　第一辑［Z］. 蚌埠：治淮委员会办公厅，1951.

[28]　治淮委员会. 治淮汇刊　第二辑［Z］. 蚌埠：治淮委员会办公厅，1952.

[29]　治淮委员会. 治淮汇刊　第三辑［Z］. 蚌埠：治淮委员会办公厅，1953.

[30]　治淮委员会. 治淮汇刊　第四辑［Z］. 蚌埠：治淮委员会办公厅，1954.

[31]　治淮委员会. 治淮汇刊　第五辑［Z］. 蚌埠：治淮委员会办公厅，1955.

[32]　治淮委员会. 治淮汇刊　第六辑［Z］. 蚌埠：治淮委员会办公厅，1956.

[33]　治淮委员会. 治淮汇刊　第七辑［Z］. 蚌埠：水利电力部治淮委员会办公室，1982.

[34]　江苏省地方志编纂委员会. 江苏省志. 水利志［M］. 南京：江苏古籍出版社，2001.

[35]　水利部治淮委员会《淮河水利简史》编写组. 淮河水利简史［M］. 北京：水利电力出版社，1990.

[36]　宁远，钱敏，王玉太. 淮河流域水利手册［M］. 北京：科学出版社，2003.

[37]　陈克天. 江苏治水回忆录［R］. 南京：江苏人民出版社，2000.

[38]　李伯星，唐涌源. 新中国治淮纪略［M］. 黄山：黄山书社，1995.

[39]　康复圣. 淮河沧桑［M］. 北京：中国科学技术出版社，2003.

[40]　安徽省地方志编纂委员会. 安徽省志（水利志）［M］. 北京：方志出版社，1999.

[41]　江苏省水利工程规划办公室等. 里下河地区水利规划报告（2004年征求意见稿）［R］. 南京：江苏省水利厅，2004.

[42]　江苏省水利勘测设计研究院有限公司. 里下河地区湖泊湖荡保护规划［R］. 南京：江苏省水利厅，2006.

[43]　江苏省革命委员会水利局. 江苏省近两千年洪涝旱潮灾害年表［R］. 南京：江苏省革命委员会水利局，1976.

［44］ 菏泽地区水利志编纂委员会. 南四湖流域湖西水系调整治理与水库建设资料长编［Z］. 菏泽：菏泽地区水利局，1989.

［45］ 刘思兰，胡振珠，夏明庆. 山东省湖西平原地区科学治水的实践与探索［J］. 山东水利，2006（8）73-74.

［46］ 矫勇. 在2007年淮河抗洪工作座谈会上的讲话［J］. 治淮，2007（12）：4-7.

［47］ 安徽省防汛抗旱指挥部. 安徽省防汛抗旱工作［Z］. 治淮汇刊年鉴（2008）. 蚌埠：水利部淮河水利委员会，2008.

［48］ 中国水利水电科学研究院水利史研究室. 洪泽湖的演变［R］. 北京：中国水利水电科学研究院，2009.